Die Autorin:
Renate Backmann ist renommierte Fachfrau auf dem Gebiet der Schienenfahrzeuge. Für die Fachpublikation „Straßenbahnen, Stadtbahnen und U-Bahnen" greift sie auf detailreiche Kenntnisse des öffentlichen Personennahverkehrs zurück.

Renate Backmanns beruflicher Werdegang ist eng mit dem ÖPNV verknüpft. So erlernte sie zunächst den Beruf „Facharbeiter/in für städtischen Nahverkehr" (entspricht der „Fachkraft im Fahrbetrieb"). Anschließend erfolgte die Ausbildung zur Verkehrssachbearbeiterin und zur Fahrlehrerin. Nach Abschluss ihres Meisterstudiums für Verkehrs- und Transporttechnik (anerkannt durch die IHK als „Kraftverkehrsmeister") erwarb sie zusätzlich die Ausbildereignungsprüfung und den Busschein (Fahrerlaubnisklasse D).

Bis zu ihrem Renteneintritt am 01.01.2021 arbeitete die Autorin als Fachvorgesetzte der Straßenbahnfahrschule, Fahrlehrerin, Dozentin, Trainerin und Prüferin für Fahrpersonale im Auftrag des Betriebsleiters BOStrab. Renate Backmann ist auch heute noch im Prüfungsausschuss der IHK zu Leipzig und bei der PAL (Prüfungsaufgaben- und Lehrmittelentwicklungsstelle) der IHK Stuttgart tätig. Sie engagiert sich aktiv im Verein Historische Nahverkehrsmittel e.V. Leipzig bei der Restaurierung von Straßenbahnen, führt Führungen im Museum durch und bildet ehrenamtlich junge Vereinsmitglieder auf den historischen Fahrzeugen aus. Außerdem fährt sie als Minijobberin in Leipzig und ehrenamtlich in Naumburg Straßenbahn.

7. Auflage, 2026

Bestell-Nr. 28163 (Buch)
Bestell-Nr. 281639 (E-Book)
www.huss-shop.de

ISBN 978-3-949994-25-8 (Buch)
ISBN 978-3-949994-26-5 (E-Book)

HUSS-VERLAG GmbH
Joseph-Dollinger-Bogen 5
80807 München
Tel. +49 (0)89 32391-0
Fax +49 (0)89 32391-416
www.huss.de

Produktmanagement: Julia Bönsch
Satz und Layout: Petra Steigerwald
produkte@hussverlag.de

Titelbild: HeiterBlick GmbH/Martin Brockhoff; Rückseite: HeiterBlick GmbH/Michael Narten
Herstellung: documenteam GmbH & Co. KG, Bielefeld

Renate Backmann

Straßenbahnen, Stadtbahnen & U-Bahnen

Grundlagen der Fahrzeugtechnik und Infrastruktur des ÖPNV

huss

Inhalt

Einleitung

Das Anliegen dieses Buches ist es, die Lobby der Schienenfahrzeuge im ÖPNV zu stärken und das Interesse für ihre Technik, sowie das Verständnis für die Betriebsanlagen zu wecken. Es gibt unterschiedliche Fahrzeuge, die der so genannten Straßenbahn-Bau-und Betriebsordnung (kurz BOStrab) unterliegen. Sie gilt nicht nur für Straßenbahnen, sondern auch für Stadtbahnen, U-Bahnen, People Mover, die Wuppertaler Schwebebahn, Zahnradbahnen, Translohr und für automatische Züge. Auf all diese Fahrzeuge wird im weiteren Verlauf des Buches eingegangen.

Autonomes Fahren gibt es bei unabhängigen Bahnen schon lange. In Nürnberg fahren beispielsweise bereits zwei von drei U-Bahnlinien autonom. In anderen europäischen Ländern, wie etwa in Frankreich, Großbritannien, etc, gibt es ganze unabhängige Bahnsysteme. Im vorliegenden Buch werden alte und neue Bahnsysteme betrachtet und erklärt, wie neue Technologien auf alter Technik aufbauen.

Die Straßenbahn wurde von den 1950er bis Ende der 1970er Jahre in vielen Städten in Westeuropa eingestellt. Hier setzte man damals auf Busse. London besaß bis 1933 eines der größten Straßenbahnnetze der Welt. Doch genau in diesem Jahr beschloss die Stadt die Umstellung des Nahverkehrs auf die roten Doppeldeckerbusse. Im Jahr 1952 wurde die letzte Straßenbahnlinie in der Metropole eingestellt. In Hamburg beschloss 1958 der Senat die Einstellung der Straßenbahn. Die letzte Linie fuhr 1978. Städte, die ihre Straßenbahn behielten, bauten ihr Netz häufig zu Stadtbahnnetzen um. Die Bahn verschwand im Innenstadtbereich unter die Erde (wie in Stuttgart, Köln, Frankfurt am Main, etc.). Im Osten Deutschland (und auch Europas) war die Straßenbahn nicht so gefährdet. Sie ist bis heute dass Hauptverkehrsmittel in vielen Städten und wird von den meisten Bürgerinnen und Bürgern geliebt. Selbst in Kleinstädten, wie Bad Schandau (Sachsen), Gotha (Thüringen) und nicht zu vergessen Naumburg an der Saale in Sachsen Anhalt gibt es auch heute noch eine Straßenbahn. Letztere ist mit 2,9 km Streckenlänge und 9 Stationen der kleinste Verkehrsbetrieb der Welt. Als der Betrieb nach der Wiedervereinigung 1991 eingestellt wurde, engagierten sich Bürger von Naumburg in einem Verein und kämpften für ihre Bahn. Seit dem 31. März 2007 verkehrt die Bahn wieder täglich im Linienbetrieb auf einem Teilstück ihrer alten Strecke unter dem Namen Naumburger Straßenbahn. Sie ist dort zur echten Attraktion geworden, weil sie mit liebevoll aufgearbeiteten, historischen Wagen verkehrt.

Doch seit den 2000er Jahren erfährt die Straßenbahn in Europa eine Renaissance. So wurden in Frankreich in vielen Städten in kurzer Zeit Straßenbahnlinien neu gebaut. Auch London hat seit Mai 2000 im Süden der Stadt wieder 4 Linien auf einem 28 km langen Netz. Da überall der Ruf nach umweltfreundlichem ÖPNV lauter wird, steht der Straßenbahn und ihren verschiedenen Bauformen eine große Zukunft bevor.

1

In Dresden wurde am 01.10.2021 die neue Straßenbahn für die Dresdner Verkehrsbetriebe AG (DVB) vorgestellt. Der Hersteller Alstom präsentierte den ersten neuen Stadtbahnwagen im Betriebshof Gorbitz.

2

Naumburger Straßenbahn 2020

Definitionen:

Straßenbahnen:
Straßenbahnen fahren stets auf Sicht. Sie verkehren im öffentlichen Verkehrsraum, häufig auf straßenbündigem Bahnkörper, zu geringen Teilen auch auf besonderen oder unabhängigen Bahnkörpern (§16 BOStrab). Die Haltestellen sind von allen Seiten frei zugänglich. Die Haltestellenabstände sind kurz. Die Reisezeit relativ lang. Es gelten die StVO, die DFStrab und die BOStrab mit Signalordnung. Straßenbahnen dürfen nicht länger als 75m und nicht breiter als 2,65m sein. Die Stromzuführung erfolgt in der Regel über Fahrleitung und Dachstromabnehmer (Bild 3).

Stadtbahnen:
Stadtbahnen sind eine Mischform aus Straßenbahnen und U-Bahnen. Sie verkehren in weiten Streckenabschnitten unterirdisch oder auf separaten Strecken mit Zugsicherungsanlagen (§22 BOStrab), gänzlich unabhängig vom übrigen Verkehr. In diesen Abschnitten fahren die Bahnen im Raumabstand. Die Fahrgäste haben nur an Stationen Zutritt. In diesen Abschnitten ist die Reisezeit kurz. Es gilt nur die DFStrab und BOStrab. Doch stellenweise, meistens am Stadtrand endet die Zugsicherung und die Bahn wird zur Straßenbahn. Sie fährt dann auf Sicht und die Haltestellen sind frei zugänglich. Nun gilt zusätzlich die StVO. Die Strecke kann dann sowohl straßenbündig als auch auf besonderem Bahnkörper verlaufen. Es gelten die gleichen maximalen Fahrzeugmaße wie für Straßenbahnen. Die Stromzuführung erfolgt in der Regel über Fahrleitung und Dachstromabnehmer (Bild 4).

U-Bahnen:
U-Bahnen verkehren in einem geschlossenen, völlig separaten, unabhängigen System. Sie haben keinerlei Berührung mit anderen Verkehrsmitteln oder Passanten. Sie fahren im Raumabstand mit Zugsicherungsanlagen nach §22 BOStrab. Weichen werden grundsätzlich über Stellwerke gestellt. Fahrgäste haben nur Zutritt an den Stationen. Die Reisezeit ist kurz. Die Stromzuführung erfolgt über einer neben dem Gleis verlegten Stromschiene und wird mit seitlich am Fahrzeug angebrachten Schleifern (Stromabnehmern) abgegriffen (vgl. Kapitel 19 U-Bahnen S. 92). Fahrzeuglänge und Breite sind nicht vorgeschrieben. Sofern die Bahnsteige lang genug sind, können U-Bahnen über 100m lang sein. Es gelten nur die BOStrab und betriebliche Vorschriften (Bild 5).

3

Berlin Flexity Berlin

4

Stuttgart Stadtbahn

5

Hamburg U-Bahn

Teil 1
Straßenbahntechnik und U-Bahnen

KEIN EINSTIEG

1

NGT 12 (XXL FLEXITY Classic von Bombardier Transportation) in Leipzig*

2

FLEXITY Classic von Bombardier Transportation für Berlin

3

Bombardier Flexity Blackpool

** BOMBARDIER, MITRAC, FLEXX, FLEXITY und PRIMOVE sind eingetragene Marken der Bombardier INC. oder ihrer Tochtergesellschaften.*

1. Fahrzeuggestaltung

Der Oberbegriff Fahrzeuggestaltung umfasst grundsätzlich alles, was mit dem Bau und Betrieb von Fahrzeugen zu tun hat. Inhalte sind die gesetzlichen Vorschriften über sicherheitsrelevante Baugruppen und Einzelteile sowie Designlösungen zur Erhöhung des Komforts. Im Rahmen des ÖPNV befasst sich die Fahrzeuggestaltung speziell mit Formen und Designs von Fahrzeugen, die als Transportmittel genutzt werden. Dabei sind die gesetzlichen Vorschriften der BOStrab (Bau- und Betriebsordnung Straßenbahn) zwingend zu beachten.

Um ein Fahrzeug betriebs- und verkehrssicher zu bauen, muss bei der Fahrzeuggestaltung den wirkenden Kräften Rechnung getragen werden. Zu berücksichtigen sind Anfahrbeschleunigung, Bremsverzögerung, Fahrzeuglauf, Eigen- und Nutzlast sowie sonstige im Betrieb auftretende Gegebenheiten. Bei der Berechnung der Nutzlast bei Fahrzeugen zur Personenbeförderung wird von einem Fahrgast mit einem durchschnittlichen Körpergewicht von 75 kg ausgegangen. Auf einem Quadratmeter Stehplatz rechnet man mit maximal vier Personen, pro Sitzplatz mit einer Person.

Der **Fahrgastraum** ist so zu gestalten, dass Unfälle und Brände möglichst im Vorfeld vermieden werden oder im Havariefall eine Bergung von Personen schnell und ohne Verletzung möglich ist.

Zur **Unfallvermeidung** müssen Fenster zum Beispiel grundsätzlich so gebaut sein, dass das Hinauslehnen nicht möglich ist. Fußböden sind mit rutschhemmenden Belägen auszulegen, Kanten an Trittstufen müssen gut erkennbar (gegebenenfalls farblich gekennzeichnet) und trittsicher sein. Es dürfen nirgendwo Teile hervorragen, die Fahrgäste oder andere Personen verletzen könnten. Fahrzeuge mit Gelenken müssen so gestaltet sein, dass sich Personen ohne Gefährdung im Gelenkbereich aufhalten können. Außerdem ist im gesamten Fahrzeug eine ausreichende Menge Festhalteeinrichtungen anzubringen. Ergeben sich im Fahrbetrieb erkennbare Mängel in diesen Bereichen, sind sie umgehend zu beheben.

Um den notwendigen **Brandschutz** zu gewährleisten, werden in Fahrgasträumen nicht brennbare oder schwer entflammbare Baustoffe verwendet. Sollte es doch zum Brand kommen, bei dem sich Hitze, Dämpfe und Gase ausbreiten, müssen die Fahrgäste das Fahrzeug schnell und unkompliziert verlassen können. Personenfahrzeuge besitzen deshalb Notausstiege, beispielsweise Fenster aus Sicherheitsglas (keine scharfen Kanten am Glasbruch), die mit frei zugänglichen Nothämmern versehen sind.

Unter Einhaltung der gesetzlichen Vorschriften kann jeder Verkehrsbetrieb entsprechend seiner finanziellen Möglichkeiten und der Kundenwünsche den Fahrgastraum, die Fahrerkabine, sowie die gesamte Fahrzeugausstattung mit **individuellem Design und Komfort** ausgestalten. Beispiele dafür sind

- Fahrgastinformationssysteme,
- Fahrgastfernsehen mit Haltestellenanzeige (Infotainment),
- Fahrgastwechselsprechstellen mit dem Fahrer (Intercom),
- Fahrkartenautomaten, besondere Sitzanordnungen,
- elektrische oder mechanische Rampen für Rollstühle,
- handbetätigte oder hydraulische Kupplungen,
- Anordnung und Gestaltung der Armaturen etc.

Auch der Prozentsatz des Niederfluranteils ist dem Verkehrsbetrieb selbst überlassen. Selbstverständlich sind aber alle Verkehrsbetriebe daran interessiert, für mobilitätseingeschränkte Personen zumindest einen kleinen Niederfluranteil zu schaffen.

In einem anderen Bereich der Fahrzeuggestaltung geht es um das Betreten des Fahrzeugs durch das **Fahrpersonal**. In vielen Städten werden bisher nur Fahrzeuge eingesetzt, in denen die erste Tür auch den Fahrgästen zur Verfügung steht – der Fahrer kann das Fahrzeug also ausschließlich über den Fahrgastraum betreten oder verlassen. Anderswo werden Fahrzeuge bevorzugt, die eine separate Fahrertür besitzen: Der Fahrer kann das Fahrzeug gesondert betreten oder verlassen. Außerdem existieren vereinzelt auch noch offene Fahrerkabinen, wie häufig in Omnibussen üblich. Aus Sicherheitsgründen hat man sich jedoch von dieser Variante wieder verabschiedet.

5A

Halle Straßenbahn

5

Tatra mit zwei Triebwagen und Beiwagen

6

Kirnitzschtalbahn in Bad Schandau

7

Fahrschulwagen in Leipzig mit Stadtrundfahrtwagen als zweiten Triebwagen

8

Ebbelwei-Express in Frankfurt am Main

9

Bistrowagen in Düsseldorf

Fahrzeuggestaltung lässt sich demnach in verschiedenste Kriterien einteilen *(siehe Kapitel 1.1 Beispiele)*. Jeder Verkehrsbetrieb bestellt individuell nach seinen Wünschen und unter Beachtung der Sicherheitskriterien ein persönliches Design und ein speziell für den Einsatzort gestaltetes Fahrzeug. Aus diesem Grund wird der gleiche Wagentyp eines Herstellers in jeder Stadt etwas anders aussehen *(z. B. Bild 1 und 2 auf S. 10)*.

1.1 Beispiele zur Fahrzeugeinteilung

So vielfältig wie die Wünsche der Kunden sind auch die Fahrzeuggestaltung und die Kriterien, nach denen man sie einteilen kann.

Am ältesten und bekanntesten ist der **Triebwagen** *(Bild 6 S. 11 und Bild 10 S. 13)*. Er besitzt zwischen zwei und vier Achsen. In Triebwagen können alle Achsen angetrieben sein, aber auch nur ein Motor pro Fahrwerk ist möglich. Die Stromaufnahme von der Fahrleitung geschieht bei Triebwagen von Straßen- und Stadtbahnen mittels des Pantographen (Stromabnehmer). Inzwischen haben die Firmen Bombardier und Alstrom ein innovatives System zum Fahren ohne Stromabnehmer entwickelt, das sich im Straßenbahnbetrieb sicherlich als zukunftsweisend herausstellen wird *(siehe dazu auch S. 66 – 71)*. Bei U-Bahnen wird der Strom über Schleifer von einer Stromschiene abgenommen. Ein weiteres wichtiges Kennzeichen des Triebwagens ist die Fahrerkabine mit Steuereinrichtung und Fahrerstand. Ein Triebwagen kann je nach Bedarf mit einem oder mehreren Triebwagen *(Bild 5 S.11)* und/oder einem *(Bild 4 S.11)* oder zwei Beiwagen *(Bild 12 S.13)* gekuppelt werden.

Der **Beiwagen** hat keinen eigenen Antrieb, er muss von einem oder mehreren Triebwagen gezogen werden. Früher war es üblich, an einen Triebwagen zwei Beiwagen zu kuppeln *(Bild 12 S. 13 und 13 S. 14)* – heute ist es dagegen meist nur noch ein Beiwagen. Eine typische Ausnahme ist die Kirnitzschtalbahn *(Bild 6 S. 11)*, eine Traditionsbahn in Bad Schandau/Sächsische Schweiz, die noch täglich nach Fahrplan verkehrt.

Relativ selten im Straßenbahnbetrieb ist der **Steuerwagen**. Er besitzt keinen Antrieb, aber einen Fahrerstand und wird von einem Triebwagen aus gesteuert. Bei der Deutschen Bahn (DB) findet man diese Steuerwagen sehr häufig.

Trieb- und/oder Beiwagen können für bestimmte Zwecke umgebaut werden. So existieren eine ganze Reihe **Sonderwagen**, wie zum Beispiel Fahrschulwagen *(Bild 31 S. 19)*, die nur zu Ausbildungszwecken verwendet werden und eine Eingriffsmöglichkeit für den Fahrlehrer aufweisen müssen. Für Stadtrundfahrten gibt es Aussichtswagen (beispielsweise in Leipzig den „Gläsernen Leipziger", *Bild 7 S. 12, hier als zweiter Triebwagen am Fahrschulwagen*). In vielen Städten sind heute auch Partybahnen sehr beliebt. Die Bekannteste ist sicher der „Ebbelwei-Express" (Apfelweinexpress) in Frankfurt am Main (*Bild 8 S. 12*). Bistrowagen (ähnlich denen der DB) können, wie in Düsseldorf, auf längeren Linien Beiwagen oder Teile eines Gelenkwagens sein *(Bild 9 S. 12)*. Nicht zu vergessen sind auch die Museumswagen (*siehe Bild 10 S. 13*), die Vorgänger der modernen Straßenbahnzüge. In den meisten Städten werden sie von einem vom Verkehrsbetrieb geförderten Verein liebevoll restauriert und gepflegt. Manche Verkehrsbetriebe oder Vereine leisten sich sogar ein Museum.

Fahrzeuge lassen sich zudem anhand der Gestaltung ihres **Wagenkastens** einteilen. Fahrzeuge mit **starren Wagenkästen** *(Bild 27 S. 17)* können mit unterschiedlichen Fahr-/Laufwerken ausgestattet sein. Bei Fahrzeugneubauten findet man selten starre Wagenkästen, da Gelenkfahrzeuge sich besser zur komfortablen Fahrgastbeförderung eignen *(siehe auch Bild 21 – 26 und 28 auf S. 17)*. Außerdem dürfen Fahrzeuge mit starrem Wagenkasten in Deutschland nicht länger als 16 Meter sein. Dies deshalb, weil die meisten Gleisanlagen der städtischen Infrastruktur keine längeren Wagenkästen zulassen: Bei zu langen Fahrzeugen mit starrem Wagenkasten würde sich sonst eine zu große Hüllkurve und mangelnde Stabilität ergeben.

Ein **Gelenkfahrzeug** besteht aus mehreren, mindestens aber zwei Teilen. Gelenkwagen können ebenfalls mit verschiedenen Fahrwerken ausgestattet sein. So gibt es auch hier starre Fahrwerke und Laufwerke, wie beim Combino von Siemens, und Triebdrehgestelle/Laufdrehgestelle, zum Beispiel beim FLEXX Urban Bogies in Brüssel und der FLEXITY-Classic-Reihe von Bombardier *(Bild 16 S. 15)*. Gelenkwagen haben einen Nachteil: Sie können in verkehrsschwachen Zeiten nicht einfach abgekuppelt werden. Kurzgelenktriebwagen wie der Leoliner (NGT 6) der Leipziger HeiterBlick GmbH *(Bild 17 S. 15)* sind

10

Typ 29 in Leipzig mit Drehgestellen und Mitteleinstieg – bis 1971 im Liniendienst, heute Museumswagen

11

fahrbereiter historischer Triebwagen in Dresden

12

Triebwagen Typ 22c nach dem Umbau in den 60er Jahren mit starrem Wagenkasten und Laufgestell (starrem Fahrwerk)

13

Stuttgarter Zweiachser-Zug mit Triebwagen und zwei Beiwagen

14

Combino in Erfurt von Siemens mit starrem Fahrwerk

15

Chemnitzer Variobahn mit 100 Prozent Niederfluranteil

kuppelbar gebaut. Der NGT 6 ist nur etwa 22 Meter lang und kann in verkehrsschwachen Zeiten „solo", in Spitzenzeiten als Doppeltraktion fahren. Die Vorteile des Gelenkwagens überwiegen aber diesen Nachteil:

- mehr Platz für die Fahrgäste, da die Kupplungsräume wegfallen oder es nur einen Kupplungsraum gibt
- bessere Platzverteilung der Fahrgäste aufgrund der Durchgängigkeit
- gute Übersicht des Fahrers über das Wageninnere
- zusätzlicher Raum für die elektrische Ausrüstung

Sowohl Fahrzeuge mit starrem Wagenkasten als auch Gelenkwagen können als Ein- oder Zweirichtungswagen gebaut werden.

Ein **Einrichtungswagen** hat nur eine Fahrerkabine mit Fahrerstand – und zum Rangieren oder zum Wenden an Gleisdreiecken einen Rückfahrstand, der sich abgedeckt und verschlossen im Fahrgastraum befindet *(Bild 14 und 15 S. 14)*. Es gibt jedoch noch Fahrzeuge, die mithilfe von Rangierpersonal und den Rangiersignalen nach SOStrab vom Fahrerstand aus rückwärts gefahren werden. Einrichtungsfahrzeuge haben nur an einer der Längsseiten Türen.

Zweirichtungsfahrzeuge weisen auf beiden Seiten eine komplette Fahrerkabine mit Fahrerstand und an beiden Längsseiten Türen auf. Zweirichtungswagen benötigen zum Wenden nur einen Gleisstumpf mit Federweiche (auch „Rückfallweiche" genannt), während Einrichtungsfahrzeuge immer eine Gleisschleife oder wenigstens ein Gleisdreieck benötigen. Heck an Heck gekuppelte Einrichtungsfahrzeuge (mit Adapter) werden oft in Städten, die nur Einrichtungsfahrzeuge betreiben, bei Baustellen zum Pendelverkehr auf einem Gleis benötigt *(siehe Fotogalerie S. 165)*. Diese werden dann „unechte Zweirichtungswagen" genannt. Sie haben den Nachteil, dass stets nur ein Wagen zur Fahrgastbeförderung genutzt werden kann.

Eine weitere Möglichkeit zur Unterteilung ist die Abgrenzung nach Anzahl der Achsen.

Einachser als selbstständige Fahrzeuge existieren nicht. Ein einachsiges „Fahrzeug" ist immer nur Teil eines gesamten Fahrzeugs (meistens Gelenkwagen).

Zweiachser *(Bild 12 S. 13)* sind oft mit starrem Fahrwerk versehen.

Dreiachser *(Bild 19 und 20 S.15)* weisen in der Mitte des Fahrzeugs eine Achse mit kleineren Rädern auf. Sie hat die Aufgabe, über Deichseln die äußeren lenkbaren Radsätze radial einzustellen und die Wagenmasse mitzutragen.

Vierachser *(Bild 10 S. 13 und Bild 4 und 5 S. 11)* mit starrem Wagenkasten sind mit zwei voneinander unabhängigen, zweiachsigen Drehgestellen ausgestattet. Sie zeichnen sich durch einen guten Kurvenlauf in Städten mit kurvenreichem Streckennetz aus, da sie sich zum Bogenmittelpunkt unabhängig voneinander radial einstellen. Bei den Drehgestellen lassen sich gleichachsige Drehgestelle und Maximumdrehgestelle unterscheiden.

Gleichachsige Drehgestelle sind symmetrisch gebaut und besitzen identische Achsen mit gleich großen Rädern. Bei Triebdrehgestellen können sowohl eine als auch beide Achsen angetrieben sein. Heute werden nur noch gleichachsige Drehgestelle verwendet. Maximumdrehgestelle, die als Triebdrehgestelle dienen, weisen eine angetriebene Achse mit großen Rädern und eine nicht angetriebenen Achse mit kleinen Rädern auf. Die Achse mit den kleinen Rädern dient nur zur Führung in der Gleisgeometrie *(siehe 3.3 Drehgestelle und Fahrwerke)*.

Mehrachser sind Gelenkwagen, die mit unterschiedlichsten Fahr- und Laufwerken bis hin zu Einzelrad- Einzelfahrwerken (EEF), Radnabenmotoren und nicht angetriebenen Einzel-Einzelradlaufwerken ausgestattet sein können *(Bild 16 und 18, S. 15)*. Jeder Verkehrsbetrieb entscheidet entsprechend seiner Infrastruktur und seiner Bedürfnisse selbst, welche Antriebsart er wünscht.

neuer FLEXX Urban Bogies in Brüssel

Leoliner NGT 6 in Leipzig

Bremer Niederflurstraßenbahn

beide Fotos: Dreiachser mit Faulenzerachse in Leipzig

Alle Grafiken: Th. Backmann

G 1

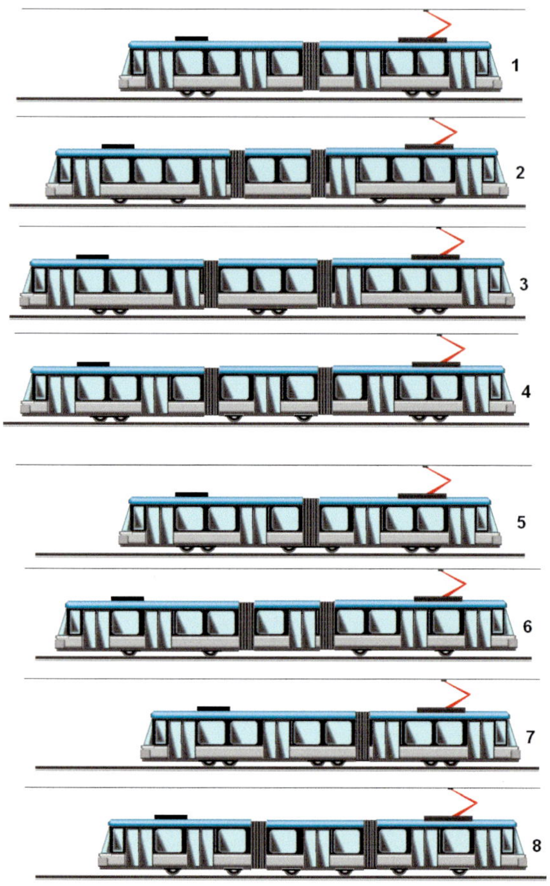

Beispiele für Fahr- und Laufwerke in Gelenkfahrzeugen:

1. Gelenkfahrzeug mit Triebdrehgestell (TDG) unter beiden Teilen (Kurzgelenkwagen)
2. Gelenkfahrzeug mit TDG vorn und hinten und Sänfte als Mittelteil
3. Gelenkfahrzeug mit TDG vorn und hinten und Laufdrehgestell (LDG) unter dem Mittelteil
4. Gelenkfahrzeug mit starren Fahrwerken oder TDG vorn und hinten und Einzelrad-Einzellaufwerke (EEF) unter dem Mittelteil
5. Gelenkwagen mit TDG vorn und hinten und Jakobsdrehgestell unter dem Gelenkteil
6. Gelenkwagen mit starren Fahrwerken vorn und hinten und Sänfte als Mittelteil
7. Gelenkwagen mit TDG vorn und hinten, im zweiten Wagenteil vorn LDG
8. Gelenkwagen mit starrem Fahrwerk vorn und hinten und starrem Laufgestell in der Mitte

Die gezeigten Kombinationen sind nur Beispiele und sollen die vielfältigen Möglichkeiten verdeutlichen. Hier noch ein Beispiel einer Kombination von Triebdrehgestellen mit Laufdrehgestellen NGT 12 und Sänften am Beispiel des Leipziger Zwölfachsers von Bombardier (XXL FLEXITY Classic):

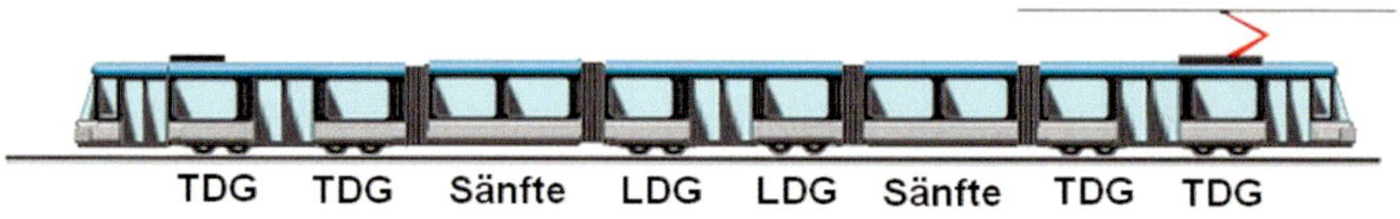

Übersicht zu verschiedenen Bauarten von Gelenkfahrzeugen

21

Hansa/MAN: Kurzgelenktriebwagen GT4 mit Kurzgelenkbeiwagen GB4 in Bremen

22

G4 Gotha Gelenkwagen mit starren Fahrwerken vorn und hinten und Sänfte in der Mitte in Leipzig

23

Tatra: KT4D Kurzgelenktriebwagen in Leipzig mit Triebdrehgestellen vorn und hinten

24

NGT 8 in Leipzig mit Triebdrehgestellen vorn und hinten, unter dem Mittelteil zwei Laufdrehgestelle

25

DÜWAG GT6 mit Jakobsgestell unter dem Faltenbalg in Mannheim

26

DÜWAG, Sechsachser mit Jakobsdrehgestellen in Gotha

27

historischer Triebwagen mit Beiwagen (etwa 1920) in Berlin mit starrem Wagenkasten

28

Kurzgelenktriebwagen GT 4 in Doppeltraktion in Stuttgart

29

Der Rohbau von Straßenbahnen gleicht sich überall: Rohbau einer Straßenbahnkarosse in Bautzen

30

Rohbau einer Straßenbahnkarosse eines Leoliner in Leipzig

Eine weitere Einteilung kann anhand der Fußbodenhöhe erfolgen.

Hochflurwagen haben zum Ein- oder Aussteigen an den Türen Stufen. Die Fußbodenhöhe, die immer ab Schienenoberkante gemessen wird, beträgt mehr als 70 cm. Manche Wagen sind in der Mitte abgesenkt, haben dann aber die Stufen im Wageninneren. **Mittelflurwagen** besitzen ebenfalls Stufen an den Einstiegen und sind dem Hochflurwagen sehr ähnlich. Ihre Fußbodenhöhe beträgt 35 bis 70 cm. **Niederflurwagen** weisen immer einen Anteil stufenloser Einstiege auf. Je nach Niederfluranteil können ein oder zwei Einstiege mit Stufen versehen sein. Die Fußbodenhöhe liegt unter 35 cm. Nur bei 100-prozentigen Niederflurwagen *(Bild 38 S. 20)* sind alle Einstiege und das gesamte Wageninnere stufenlos. Bei einem niedrigeren Prozentsatz können im Fahrzeuginneren entweder Stufen oder Rampen zum Ausgleich zwischen der unterschiedlichen Höhe der Fahr- und Laufwerke dienen.

Straßen- und Stadtbahnen lassen sich auch anhand ihrer Wagenkastenkonstruktion unterscheiden. Die älteste Konstruktion ist der **aufgesetzte Wagenkasten**, eine nicht selbsttragende Bauart. Für den Boden wurde ein Rahmen aus Profilstahl (als Quer- und Längsträger) hergestellt, dann das Wagenkastengerippe aus Holz darauf aufgebaut. Der Rahmen war genietet oder, in späteren Jahren, geschweißt. Das verkleidete Kastengerippe bestimmte die äußere Form des Wagens. Eine Besonderheit dieser Wagenkästen bestand in den Laternendächern. Die feste Bauweise hat den Nachteil, dass der Wagen im Vergleich zur Größe sehr schwer ist. Heute ist diese Bauart veraltet. Der **mittragende Wagenkasten** ist eine Ganzstahlkonstruktion. Die Bauweise ist leichter und haltbarer als beim aufgesetzten Wagenkasten. Der Rahmen und das komplette Stahlgerippe werden miteinander verschweißt. Durch das Anbringen der Dach- und Außenbleche wird der Konstruktion eine hohe Festigkeit verliehen. Der **selbsttragende Wagenkasten** ist aufgrund seiner hohen Stabilität und Montagefreundlichkeit heute vorherrschend. Die Konstruktion ist noch leichter als die des mittragenden Wagenkastens. Boden, Seitenwände und Dachgerippe bilden eine verwindungsstabile Einheit. Profilteile sind verschraubt oder verschweißt. Das Traggerüst aus dünnem Walzstahl erhält durch Sicken, Winkel und Doppelwinkel seine hohe Stabilität *(Bild 29 und 30 S. 18)*. Für die Stirn- und Heckseite wird häufig stabiles gepresstes Glasfasermaterial, das mit Metall verstärkt werden kann, verwendet. Das reduziert das Gewicht und verleiht den Wagenteilen die äußere Form. Die Bleche werden vor der Verarbeitung witterungsbeständig bearbeitet, die entstehenden Hohlräume dienen als Kabel- oder Lüftungskanäle. Nicht benötigte Hohlräume werden ausgeschäumt, sodass kein Wasser eindringen kann.

Die einzelnen **Betriebsfahrzeuge** lassen sich ebenfalls in verschiedene Gruppen einteilen. Betriebsfahrzeuge, die in der BOStrab als Fahrzeuge, die nicht zur Personenbeförderung dienen, beschrieben werden, gliedern sich in folgende Hauptgruppen:

- Güterfahrzeuge:
  - offener Güterwagen (mit Bordwänden)
  - geschlossener Güterwagen
  - Kippfahrzeug
  - Schwerlasttransportwagen
  - Plattenwagen
  - Drehschemelwagen
  - Rollfahrzeug
  - Gepäckwagen
  - Postwagen
- Arbeitsfahrzeuge
  - Mehrzweckfahrzeug
  - Rangierfahrzeug
  - Fahrschulfahrzeug
  - Hilfsgerätefahrzeug
  - Werkstattfahrzeug
  - Reklamefahrzeug
  - Fahrleitungsrevisions- und Montagefahrzeug
  - Kabeltrommelwagen
  - fahrbares Gleichrichter-Unterwerk
  - Mess- und Prüffahrzeug
- Arbeitsfahrzeuge Gleisbau
  - Kranfahrzeug
  - Schweißgerätefahrzeug – fahrbare Stopfmaschine
  - Schienenreinigungsfahrzeug
  - Saugfahrzeug
  - Weichenspülfahrzeug
  - Kurvenschmierfahrzeug
  - Schienenschleifwagen *(Bild 34 – 36 S. 20)*
- Arbeitsfahrzeuge Winterdienst
  - Schneepflug
  - Schneefege
  - Salzstreufahrzeug
  - Sandstreufahrzeug

31

Fahrschulwagen T4D-MC, Leipzig

32

Oberleitungswagen in Dresden

33

Salzlore in Düsseldorf

34

Schienenschleifwagen, Freiburg

35

Leipzig Schneepflug

36

Düsseldorf Schleifwagen

37

Schneepflug in Bremen

38

Der ULF von Siemens ist ein Niederflurwagen mit 100 Prozent Niederfluranteil. Dafür wurden die Fahrwerke mit senkrechtem Motor und Kardanantrieb im Gelenkportal aufgehängt.

- Arbeitsfahrzeuge Sozialdienst
  - mobile Arztstation
  - Bibliotheksfahrzeug
  - Aufenthaltswagen

1.2 Einrichtungen für mobilitätseingeschränkte Fahrgäste

Um den Anforderungen von mobilitätseingeschränkten Fahrgästen gerecht zu werden und allgemein das Einsteigen bequemer und zügiger zu gestalten, wurden bereits in den 20er Jahren Versuche gemacht, den Wagenkasten zwischen den Drehgestellen oder Achsen tiefer zu legen, um niedrigere Einstiege zu erhalten. Heute haben die Fahrzeuge mechanisch, elektrisch oder hydraulisch ausklappbare Rampen, über die ein Einsteigen mit dem Rollstuhl oder Kinderwagen auf leichte Art und Weise erfolgen kann. Auch die Haltestellenanlagen sind häufig mittels Hochbahnsteigen so gestaltet worden, dass ein höhengleicher Einstieg möglich ist. Für sehbehinderte Bürger wurden an vielen Haltestellen Blindenleitstreifen mit Aufstellfeld eingerichtet. So kann sich der sehbehinderte oder blinde Fahrgast mit seinem Taststock genau orientieren.

Das Fahrpersonal hat in seinen Vorschriften genaue Anweisung, wie es sich gegenüber mobilitätseingeschränkten Personen jeder Art zu verhalten hat. Durch entsprechende Schulungen wird bundesweit das Fahrpersonal für die Probleme dieser Menschen sensibilisiert. In manchen Verkehrsbetrieben wird eng mit den entsprechenden Verbänden zusammengearbeitet. So waren beispielsweise in Leipzig in einem Schulungszyklus der Fahrerschulung zu jeder Schulung jeweils ein Sehbehinderter und ein Rollstuhlfahrer, in einem anderen Zyklus eine taubstumme Mitbürgerin mit Gebärden-Dolmetscher, als Gesprächspartner mit anwesend. Durch die direkte Konfrontation des Fahrpersonals mit den Behinderten wächst das Verständnis füreinander, die Berührungsängste schwinden bei einem lockeren Gespräch. Andere Verkehrsbetriebe verwenden in ihren Schulungen Rollstühle und Anzüge, mit denen man eine gebrechliche Person nachempfinden kann. Die Schulungsteilnehmer müssen dann diese Dinge ausprobieren, um sich in die Lage von mobilitätseingeschränkten Personen hinein zu versetzen. Auch Brillen, die simulieren wie Menschen mit eingeschränktem Sehvermögen ihre Umwelt wahrnehmen, kommen bei den Schulungen zum Einsatz. Es gibt viele Möglichkeiten das Verständnis füreinander zu schulen.

Möglichkeiten, mobilitätseingeschränkten Menschen das Einsteigen zu erleichtern

ebenerdiger Einstieg (Hochbahnsteig und Niederflurwagen)

manuell ausklappbare Rampe

In der BOStrab (§§ 34, 55) sind folgende maximale/minimale Fahrzeugmaße festgelegt:

- maximale Breite (bis 3,40 m über Schienenoberkante) 2,65 m
- maximale Breite (oberhalb von 3,40 m über Schienenoberkante) 2,25 m
- maximale Höhe über Schienenoberkante (bei abgezogenem Stromabnehmer) 4 m
- maximale Fahrzeuglänge (im öffentlichen Straßenverkehr) 75 m
- minimale lichte Höhe in Fahrgasträumen 1,95 m
- minimale lichte Höhe in Fahrgasträumen über den Sitzen 1,70 m

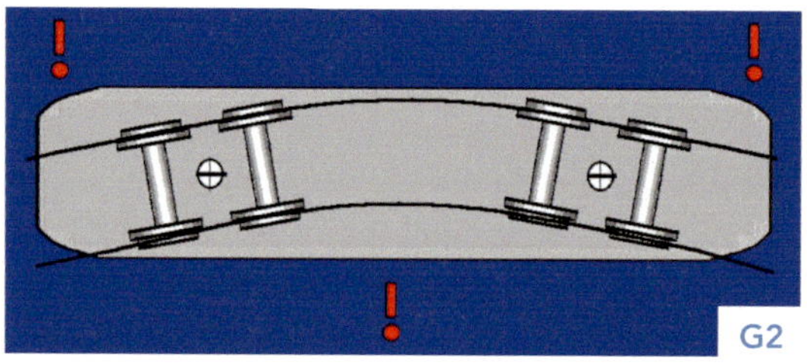

G2

Wagenkastenausschlag eines vierachsigen Fahrzeugs mit gleichachsigen Drehgestellen/ Grundlage der Hüllkurvenberechnung

G3

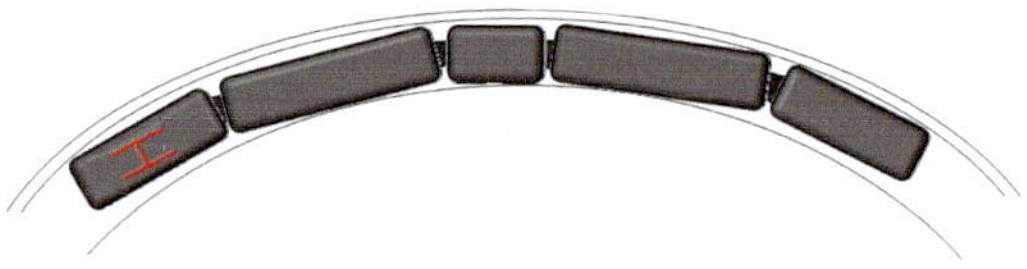

G4

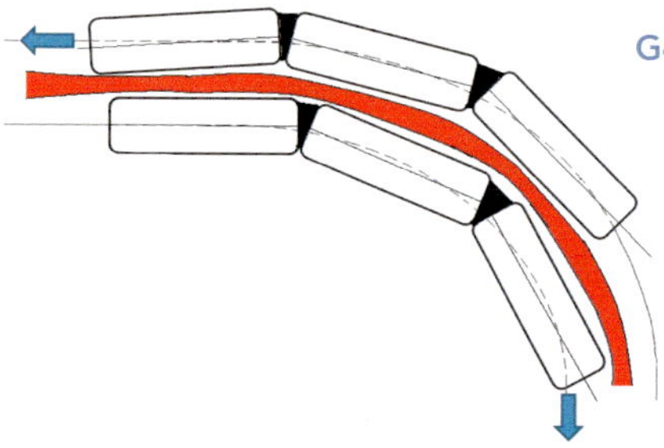

Hüllkurve eines Gelenkfahrzeugs (G3) und Hüllkurvenverlauf bei der Begegnung zweier Fahrzeuge (G4)

Grafiken: Th. Backmann

2. Fahrzeugmaße

Das Fahrzeugmaß bezeichnet nicht nur die Länge, Breite und Höhe eines Fahrzeugs. Vielmehr ist darunter der gesamte, maximale Platzbedarf zu verstehen, den ein Fahrzeug braucht. Es gibt ebenfalls vor, wie groß die maximale **Hüllkurve** des Fahrzeugs für die Gleismaße des jeweiligen Verkehrsbetriebs sein darf und welcher maximale Wagenkastenausschlag im Gleisnetz möglich ist *(siehe auch Grafiken G2, G3 und G4 S.22)*. Es gibt bundesweit gültige Höchstmaße, die wiederum in der BOStrab vorgeschrieben sind.

Fahrzeugmaße und Gleise sind so zu wählen, dass es im Betriebszustand lichtraumtechnisch zu keinem Zeitpunkt zu einer Gefahr zwischen dem Fahrzeug und Fahrzeugen auf benachbarten Gleisen oder Gegenständen kommen kann. So schreibt die Verordnung vor, dass auf straßenbündigem Bahnkörper der Lichtraumbedarf im Gleisbogen höchstens 0,65 Meter mehr betragen darf als auf gerader Strecke. Dies führt häufig zu „eingezogenen" Fahrzeugstirn- und Heckseiten. In Verkehrsbetrieben, in denen Fahrzeuge mit unterschiedlicher Wagenkastenbreite verkehren, kann der untere Bereich des Fahrzeugs in der gesamten Länge eingezogen sein, um problemlos den Halt an den gleichen Bahnsteigen zu ermöglichen.

Für Bahnen, die **nicht** im öffentlichen Straßenverkehr fahren, gibt es keine Festlegung über die Fahrzeuglänge. Allerdings dürfen Fahrzeuge mit ungeteilten Wagenkästen in Deutschland nicht länger als 16 Meter sein. Längere Fahrzeuge müssen als Gelenkwagen in Sektionen aufgeteilt sein. Als längstes Einzelfahrzeug in dieser Form wird in Deutschland der FLEXITY Classic (NGT 12) von Bombardier in Bautzen gebaut – mit einer Länge von etwa 45 Metern ist er in mehreren Städten im Einsatz.

Für die meisten Verkehrsbetriebe, die in hohem Maße straßenbündige Bahnkörper besitzen, spielt die Hüllkurve eine große Rolle. Als **Hüllkurve** bezeichnet man den maximalen Platzbedarf, den ein Fahrzeug in jeder Situation einer Kurvenfahrt benötigt. Hat ein Verkehrsbetrieb in seinem Gleisnetz einen geringen Gleismittenabstand, muss das Fahrzeug eine kleine Hüllkurve besitzen, um Begegnungsverbote (gekennzeichnet nach BOStrab Anlage 4/Signale So 5 und So 6) zu vermeiden. Bei der Neubeschaffung von

Schienenfahrzeugen für Straßenbahnstrecken mit vorwiegend straßenbündigem Bahnkörper sollte also unbedingt die maximal mögliche Wagenkastenbreite sowie die Hüllkurve berücksichtigt werden. Bei Stadtbahn- und Neubaustrecken spielt die Hüllkurve nur noch eine untergeordnete Rolle: Die Anlagen werden von vornherein großzügig gestaltet *(Fahrzeugmaße siehe Kasten S. 22 oben)*.

Exkurs: Grundlagen der Elektrotechnik

➜ Stromstärke: I in Ampere = A
➜ Spannung: U in Volt = V
➜ Widerstand: R in Ohm = Ω
➜ Leistung: P in Watt = W

Das Ohm´sche Gesetz:

$R = \frac{U}{I}$ $U = R \times I$ $I = \frac{U}{R}$ $\frac{1V}{1\Omega} = 1A$ $1\Omega \times 1A = 1V$ $\frac{1V}{1A} = 1\Omega$

Stromverteilung in verzweigten Widerständen
1. Kirchhof´sches Gesetz
Die Summe der einem Knotenpunkt zufließenden Ströme ist gleich der Summe der abfließenden Ströme. Der kleinste Widerstand muss stets größer sein als der Gesamtwiderstand.

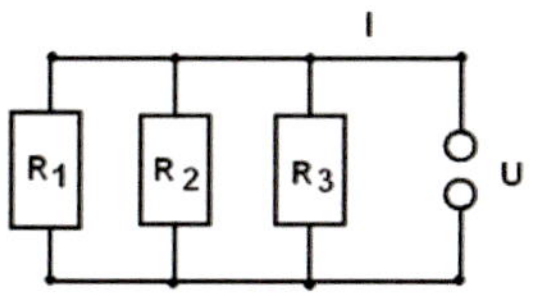

Spannungsverteilung bei in Reihe geschalteten Widerständen
2. Kirchhof´sches Gesetz
Die Summe aller Urspannungen ist gleich der Summe aller Spannungsabfälle. Die Spannung an jedem Leiterstück ist gleich dem Produkt aus seinem Widerstand und der Stromstärke.

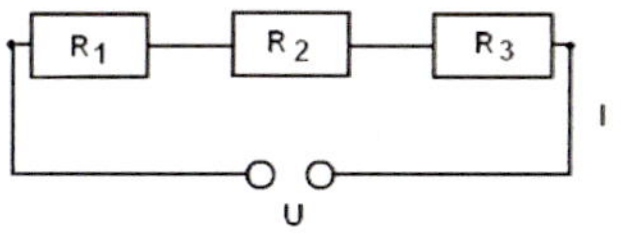

Reihenschaltung:
In einer Reihenschaltung teilt sich die Spannung durch die Anzahl der Verbraucher. Die Stromstärke bleibt jedoch bei allen Verbrauchern gleich. Fällt in einer Reihenschaltung ein Verbraucher aus, ist der Stromkreis unterbrochen und alle Verbraucher im Stromkreis fallen mit aus.

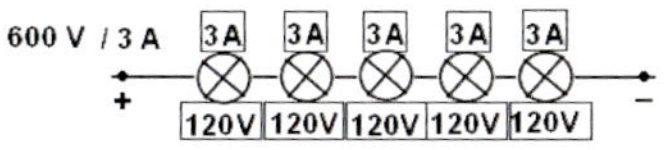

Parallelschaltung:
In Parallelschaltungen bleibt die Spannung an allen Verbrauchern gleich und die Stromstärke teilt sich auf die Verbraucher auf. Fällt ein Verbraucher aus, funktionieren die anderen Verbraucher weiter.

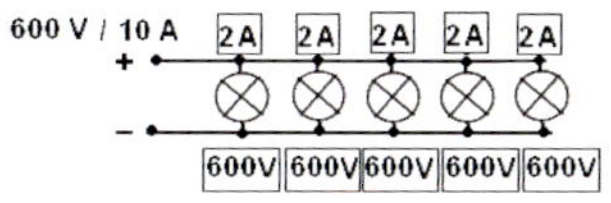

Gemischte Schaltungen:
Gemischte Schaltungen sind Verknüpfungen von Reihen- und Parallelschaltungen. Im Beispiel sind zwei Fahrmotoren in Reihe und die beiden Reihen zueinander parallel geschaltet.

Elektrische Leistung
Die elektrische Leistung (P) wird in Watt angegeben. Um die Leistung zu errechnen, ist folgende Formel notwendig: P = U x I. Die VA (Voltampere), die man bei der Berechnung als Maßeinheit erhält, werden Watt genannt. Bei Motoren wird die Leistung auf dem Typenschild in kW (Kilowatt) angegeben. Hin und wieder wird die Leistung auch in PS angegeben. Diese in KW umzurechnen, ist ganz einfach:

1 PS sind 0,73 kW **1 kW sind 1,36 PS**

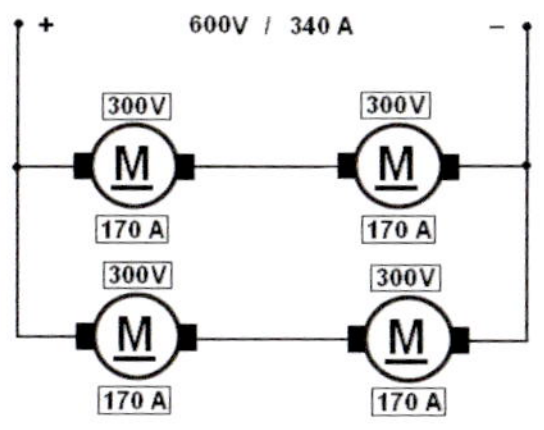

3. Fahrwerke mit verschiedenen Antrieben

Unter „Fahrwerk" (alter Begriff: „Laufwerk") sind bei Schienenfahrzeugen die von einem Antrieb bewegten Bauteile, die zur kraftschlüssigen Führung und Stützung auf den Gleisen dienen, zu verstehen. Darunter fallen starre Fahrwerke (auch „Laufgestelle" genannt), Drehgestelle und Einzelradfahrwerke. Sie dienen zur Fortbewegung und Abstützung des Fahrzeugs.

Fahrzeug- und Gleismaße müssen so gestaltet sein, dass bei der jeweils zulässigen Geschwindigkeit und Abnutzungstoleranz aller Bauteile eine sichere Spurführung und höchstmögliche Laufruhe gewährleistet sind. Die sichere Spurführung muss auch bei Schäden an Federung oder Dämpfung erhalten bleiben (§ 35 BOStrab).

Unter „Antrieb" versteht man Fahrmotoren, Getriebe und sonstige Bauteile zur Kraftübertragung, die unter Berücksichtigung der Streckenverhältnisse, Zugzusammensetzung und Fahr- geschwindigkeit für die größten betrieblich vorkommenden Antriebs- und Bremskräfte bemessen sein müssen. Insbesondere müssen sie auf

- Beanspruchung beim generatorischen Bremsen,
- beim Schleudern und Gleiten sowie
- auf stoßartiges Ändern der Fahrleitungsspannung

ausgelegt sein.

Es lassen sich **Triebfahrwerke** (Räder sind angetrieben) und **Lauffahrwerke** (Räder sind nicht angetrieben) unterscheiden *(siehe auch Abb. S. 30)*. Das Fahrwerk besteht aus:

- Rahmen
- Radsätzen
- Achsen (Achslager)
- Erdungskabel
- Federung
- Bahnräumer
- Schienenbremsen
- Verbindung zum Wagenkasten
- Betriebsbremse und Feststellbremsen (bei Gelenkwagen teilweise nur in Triebfahrwerken)
- Fahrmotoren (nur Triebfahrwerke)
- Getriebe (nur Triebfahrwerke)
- Spurkranzschmierung (nur Triebfahrwerke)
- Drehzahlgeber (nur an nicht angetriebenen Achsen)

Fahrwerke teilen sich auf in **Laufgestelle** (starres Fahrwerk) und **Drehgestelle**. Das Triebfahrwerk der Straßenbahn umfasst alle Bauteile, die notwendig sind, um das zum Fahren benötigte Drehmoment der Fahrmotoren über das Achsgetriebe auf die Treibradsätze zu übertragen. Im Fahrwerk sind Verkabelungen der Fahrmotoren zum Steuerelement im Wagenkasten untergebracht. Des Weiteren trägt das Fahrwerk den Wagenkasten.

3.1 Antriebsarten

Es gibt verschiedene Antriebsarten. Man unterscheidet: Einzelachsantrieb, Doppelachsantrieb, Einzelradantrieb, Gruppenradantrieb.

a) Einzelachsantrieb:

- Achsmotor
- Tatzlagerantrieb
- Querantrieb
- Hohlwellenantrieb
- Längsantrieb

b) Doppelachsantrieb:

- Monomotorantrieb
- Längsantrieb mit einem oder zwei Motoren

c) Einzelradantrieb:

- Längsantrieb
- Querantrieb
- Antrieb mit Vertikalmotor
- Radnabenmotor
- Direktmotorantrieb

d) Gruppenradantrieb:

- quer gekoppelter Einzelradantrieb (Zweirad-Querantrieb)
- längs gekoppelter Einzelradantrieb (Zweirad-Längsantrieb)

3.2 Laufgestelle (starres Fahrwerk)

Der Wagenkasten ist über Federung sowie Längs- und/oder Querlenkern mit dem Laufgestellrahmen verbunden. Die klassische Form ist das zweiachsige Laufgestell. Von meist zwei Elektromotoren (ein Motor pro Achse) wird das Drehmoment unmittelbar über Ritzel und Großzahnrad auf die Radsätze übertragen. Die Lagerung des Motors erfolgt einerseits über sogenannte Tatzlager auf der Achse, andererseits über eine elastische Aufhängung am Fahrwerksrahmen. Durch den Achsstand (Entfernung der Radsätze voneinander) wird das Fahrverhalten der Straßenbahn in Kurven beeinflusst. Im Kurvenlauf soll der vordere Radsatz an die äußere Schiene anlaufen und der hintere Radsatz sich radial dazu einstellen. Ist der Achsstand zu groß oder die Kurve zu eng, verschlechtern sich die Fahreigenschaften. Das Fahrzeug „drängelt" und quietscht. Der Verschleiß an Radsätzen und Schiene sowie der Energiebedarf steigen enorm. Um auch in den kleinsten Gleisbogenradien die Entgleisungssicherheit zu gewährleisten, ist der maximal mögliche Achsstand in Laufgestellen begrenzt (bis zu 3,6 Meter).

Bei Fahrzeugen mit Laufgestell sollte der Überhang des Wagenkastens in Längsrichtung an den Wagenenden nicht zu groß sein, da dies ein „Nicken" des Fahrzeugs beim Fahren sowie erhöhten Platzbedarf in Kurven zur Folge hat. Konstruktiv wird das Laufgestell mit dem Wagenkasten mittels Wagenkastenfedern (Primärfederung) verbunden. Zusätzlich werden Schwingungsdämpfer zwischen Wagenkasten und Fahrwerk eingesetzt, um ein „Schlingern" des Fahrzeugs zu verhindern *(siehe Fahrzeugbewegungen Punkt 3.8).*

3.3 Drehgestelle und Fahrwerke

Bei vierachsigen Straßenbahnwagen und/oder Fahrzeugen, die mehr als zwölf Meter lang sind, werden Drehgestelle *(siehe dazu auch Bild 54 - 58 und Grafik G17 auf S. 31)* verwendet. Der Wagenkasten ruht auf den um die senkrechte Achse drehbaren Gestellen. Am Wagenkasten befinden sich die Drehzapfen, die fast immer in der Mitte der Drehgestelle auf der Federung in der Drehzapfenpfanne oder dem Drehkranz ruhen. Der Drehzapfenabstand beträgt regulär zwischen fünf und zwölf Meter. Der Achsstand innerhalb eines Drehgestells beträgt meistens zwischen 1,5 und 2,3 Meter. Dadurch können Schlingerbewegungen der Drehgestelle unterdrückt werden. Drehgestelle haben eine größere Laufruhe und einen besseren Kurvenlauf als Laufgestelle. Dadurch sind auch Verschleiß an Schienen und Rädern sowie der Geräuschpegel geringer.

Im Triebdrehgestell (TDG) sind die Antriebe (Fahrmotoren und Getriebe), Feststellbremsen, Schienenbremsen, Federung und Radsätze in kompakter Bauform untergebracht. In Laufdrehgestellen (LDG) fehlen die Antriebe. Je nach

42

Laufgestell (starres Fahrwerk) mit Tatzlager-Antrieb

43

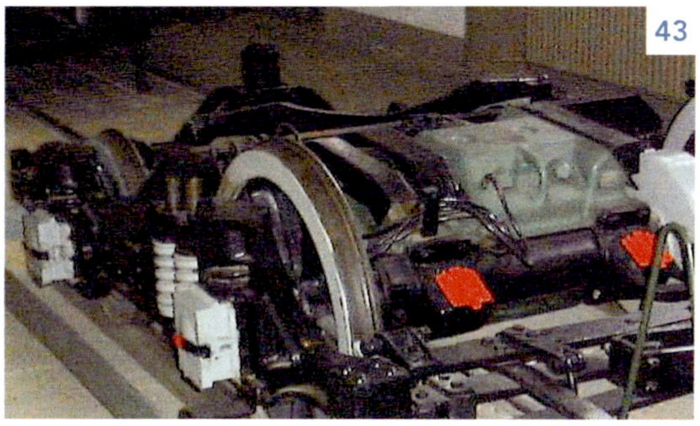

Maximumdrehgestell

44

45

Fahrzeuge mit Maximumdrehgestellen in Leipzig und Berlin 1967 und 1989

G10

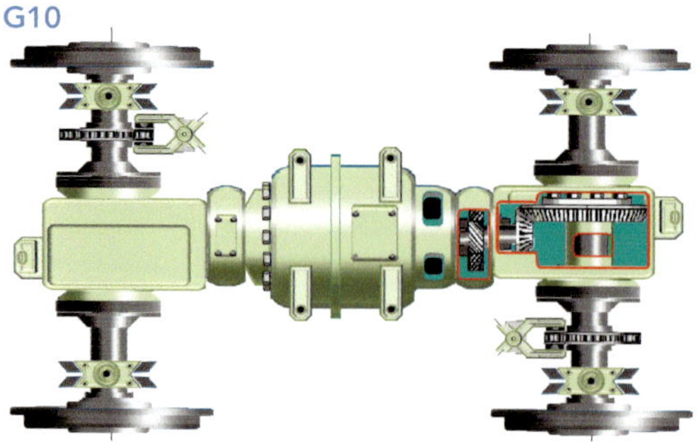

Grafik: Th. Backmann

Monomotor

46

gleichachsiges Drehgestell: Triebdrehgestell eines Straßenbahnwagens (Tatra T4D-MC) mit nachgerüsteter Primärfederung

G11

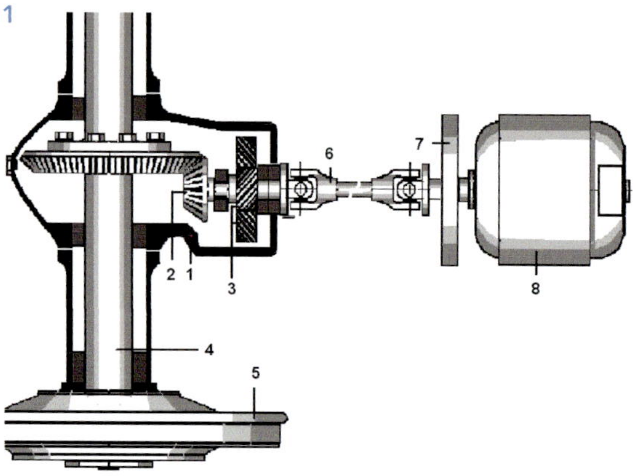

Antrieb einer Achse im gleichachsigen Drehgestell (Tatra)

1 Getriebegehäuse als Querträger
2 Kegelradpaar
3 Stirnzahnradpaar
4 Achse
5 Rad
6 Gelenkwelle
7 FSB (Trommel oder Scheibe mit Bremsbacken)
8 Fahrmotor

Grafik: Th. Backmann nach „Straßenbahnen", Mäurich/Stößel

Wunsch des Bestellers können sie mit oder ohne aktive Bremsen ausgerüstet sein. Der Wagenkasten ruht in der einen Variante auf einer Wiege mit Drehzapfenpfanne, die den Drehzapfen aufnimmt und mit dem Drehgestell verbindet. In einer anderen Variante gleitet der Drehzapfen in der Halbkugel oder kegelförmigen Drehpfanne des Fahrwerks. Durch seitlich angebrachte Gleitstücke wird der Wagenkasten abgestützt. Die Drehgestelle vieler Niederflurfahrzeuge werden mittels Kugeldrehkränzen mit dem Wagenkasten verbunden.

Häufig werden **gleichachsige Drehgestelle** mit symmetrischem Aufbau verwendet *(siehe auch Bild 46 S. 26)*. Sie werden sowohl als Triebdrehgestelle (TDG) mit Antrieb und Laufdrehgestelle (LDG) ohne Antrieb in vierachsigen Triebwagen beziehungsweise vierachsigen Beiwagen als auch unter den Segmenten von Gelenkfahrzeugen verwendet.

Im Gegensatz dazu besitzen **Maximumdrehgestelle** nur einen angetriebenen Radsatz mit großem Raddurchmesser *(Bild 43 – 45 S. 25)*. Der andere Radsatz mit kleinem Raddurchmesser dient nur der Führung. Der Drehpunkt des Maximumdrehgestells ist außermittig, nahe dem Treibradsatz, sodass dieser mehr belastet wird und damit eine bessere Haftreibungskraft aufweist. Maximumdrehgestelle werden heute nicht mehr gebaut.

In Düwag-Fahrzeugen war (und ist zum Teil immer noch) der als „Monomotor" *(Grafik G10 S. 26)* bekannte Antrieb ein markantes Kennzeichen. Dieser Antrieb besteht im Wesentlichen aus den beiden Achsen mit gummigefederten Rädern, zwei Getrieben und einem in Fahrtrichtung längs liegenden Gleichstrommotor, der beide Achsen antreibt und anfangs etwa 100 kW, später mehr Leistung erbrachte. Die beiden Getriebe sind mittels Gummiachskupplung mit den Antriebsachsen verbunden. Damit sich die Achsen in gleicher Richtung drehen, müssen die Getriebe seitenverkehrt angeordnet sein. Die Verbindung erfolgt dadurch, dass ein Flansch der Achskupplung auf der Hohlwelle des Getriebes, der andere auf der Achswelle angepresst ist. Das dazwischen liegende Gummipaket sorgt für die weiche Übertragung des Antriebsmoments auf die Schiene.

Bei mehrrachsigen Drehgestell-Straßenbahnwagen ruht der Wagenkasten auf Drehgestellen Ein Drehgestell besitzt häufig zwei Fahrmotoren, die jede Achse einzeln antreiben. Manche Drehgestelle sind mit quer zur Fahrtrichtung liegenden Motoren ausgerüstet, von denen das Drehmoment über ein Stirnradgetriebe auf die Achsen übertragen wird. Allerdings werden auch in Längsrichtung eingebaute Fahrmotoren verwendet *(siehe Grafik G11 S. 26)*, bei denen über Kardanwelle und Stirnradgetriebe das Drehmoment auf die Schiene gebracht wird. Beim Drehgestell Typ Tatra wird der Rahmen von zwei Längsträgern und den beiden Getriebegehäusen, die als Querträger dienen, gebildet.

Heute geht die Antriebstechnik neue Wege, sowohl mit als auch ohne Getriebe *(siehe 3.5 Fahr- und Laufwerke in Niederflurbahnen)*.

Eine Besonderheit unter den Drehgestellen bildet das **Jakobsdrehgestell**. *(Bild 47 und 48 S. 27)*. Es nimmt generell zwei Wagenkastensektionen auf und war somit viele Jahre unentbehrlich für den Bau von Gelenkfahrzeugen. In Niederflurfahrzeugen waren Jakobsdrehgestelle revolutionär. Sie sind immer unter dem Gelenk angeordnet und tragen damit beide Wagenteile. Auch der Leipziger NGT 10 von Solaris besitzt ein Jakobsdrehgestell. Der Drehpunkt muss dabei nicht mittig angeordnet sein. Beim Freiburger GT 8 von Düwag (etwa 1970) liegt der Drehpunkt des Gelenkwagens nicht mittig auf dem Jakobsdrehgestell wie bei seinem Mannheimer „Bruder", sondern unter dem Mittelteil des Wagens. Durch diese Veränderung entsteht eine kleinere und für Freiburg günstigere Hüllkurve.

3.4 Lenkgestelle

Außer zweiachsigen Drehgestellen sind für lange Fahrzeuge auch einachsige Lenkgestelle bekannt. Folgende konstruktive Maßnahmen wirken der erhöhten Entgleisungsgefahr beim freien Lauf entgegen:

- gegenseitige Verbindung der Lenkgestelle durch Kuppelstange
- außermittige Anordnung der Drehpunkte

Gegenüber frei laufenden, einachsigen Lenk-gestellen hatte sich das dreiachsige Fahrwerk bewährt: Die Steuerung des Lenkgestellpaares erfolgte von einem in Wagenmitte angeordneten, gering belasteten und quer zur Fahrzeuglängsachse beweglichen Radsatz mit

Jakobsdrehgestell eines Gelenkwagens in Karlsruhe

Jakobsdrehgestell von Bombardier an einem Londoner „Docklands"- Fahrzeug

G12

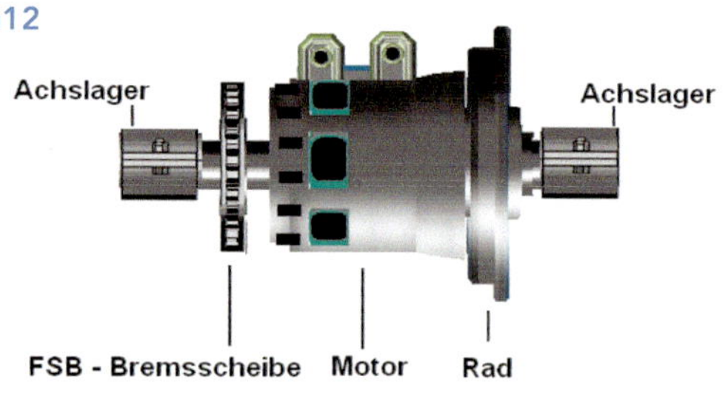

vereinfachte Darstellung eines getriebelosen Radnabenmotors

G13

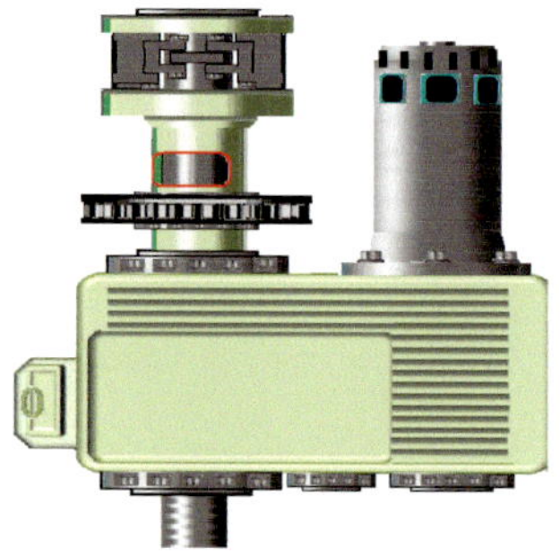

vereinfachte Darstellung eines Motor-Getriebeblocks für Einzelachs-Querantrieb mit Bremsscheibe auf der Hohlwelle und Lenkerkupplung

G14

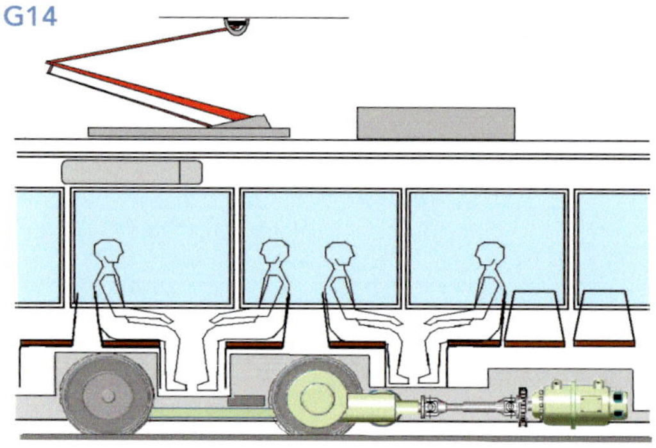

G14a

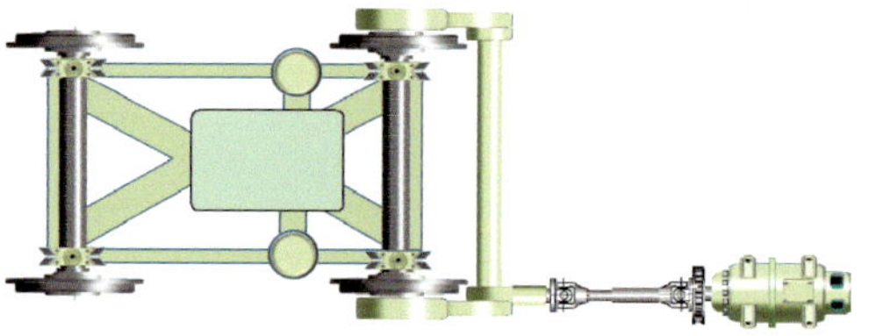

Niederflurgelenktriebwagen Typ „Bremen". Der seitlich gelagerte Drehstrommotor mit Kardanwellenantrieb (Seitenansicht G14, schematische Draufsicht G14a) ermöglicht einen 100-prozentigen Niederfluranteil und somit optimalen Komfort für die Fahrgäste. Dieser Antrieb ist ein Beispiel dafür, dass in einem Fahrwerk auch nur eine Achse angetrieben werden kann.

Grafiken: Th. Backmann

Führungsrädern über Deichseln oder Winkelhebel. Auf diese Weise entstanden bis zu 14 Meter lange Lenkdreiachsfahrzeuge mit 6,2 Meter Abstand der äußeren Radsätze.

3.5 Fahr- und Laufwerke in Niederflurbahnen

Bei der Entwicklung der Variobahn spielte ABB Henschel, die in Adtranz aufgingen und später von Bombardier gekauft wurden, eine entscheidende Rolle. Die Lizenz für die Variobahn erhielt Stadler aus kartellrechtlichen Gründen. Die Variobahn ist mit getriebelosen Radnabenmotoren *(siehe G12 S. 28)* ausgestattet. Dadurch werden 100 Prozent Niederflurigkeit erreicht.

3.5.1 Triebfahrwerke

Bei Fahrzeugen mit 70 Prozent Niederfluranteil wurde begonnen, die Triebdrehgestelle von Hochflurfahrzeugen zu modifizieren, indem man Drehstrommotoren in Queranordnung und damit Einzelachsantrieb einbaute. Durch diese Maßnahme konnte der Fußboden im Bereich der Triebfahrwerke auf eine Höhe von 650 bis 550 Millimeter gesenkt werden. Die Anzahl der Stufen zwischen Hoch- und Niederflurbereich wurde so verringert. Im Einzelfall ersetzte sogar eine Anrampung des Fußbodens die Stufe. Die beiden ersten deutschen Gelenkwagen entstanden bereits 1926 (Firma Johann Caspar Harkort). Aber erst 1956 setzte sich der Bau von Gelenkwagen durch Düwag wieder durch. Typisch für diese Düwag-Gelenkwagen ist das Jakobsdrehgestell. Es ermöglichte, wie bereits beschrieben, den Bau der ersten Niederflurwagen.

Um den Komfort zu erhöhen und im Fahrzeug Rampen beziehungsweise schräge Fußböden oder Stufen zu vermeiden, wurde nach weiteren Lösungen gesucht. Die moderne Antriebstechnik schafft Möglichkeiten, neue Wege zu gehen.

Fahrzeuge mit 100 Prozent Niederfluranteil erforderten völlig neue Antriebsarten. Ein herkömmlicher Motor, der viel Platz benötigt, sowie ein Getriebe mit großen Zahnrädern und mit direkter Übertragung auf die Achse konnten hier nicht mehr verwendet werden. Neukonstruktionen waren erforderlich. Eine Variante ist, die Antriebsmotoren in Längsrichtung seitlich zu lagern und über Kardanwellen mit Treibrädern zu verbinden *(G14 S. 28)*. Eine weitere Möglichkeit besteht darin, an jedem Rad den Antriebsmotor quer anzuordnen *(G13 S. 28)* und die Räder über ein Stirnradgetriebe anzutreiben.

Ein **Radnabenmotor** *(G12 S. 28)* ist die konsequenteste Lösung. Er kann als getriebeloser Außenläufermotor (wie bei der Chemnitzer Variobahn) ausgeführt oder unter Einschluss eines Untersetzungsgetriebes in kompakter Form in das Rad integriert werden.

Durch die guten Erfahrungen mit dem klassischen Zweiachslängsantrieb *(Bild 50 S. 29)* wurde für das Multigelenkfahrzeugsystem „Combino" ein spezieller Zweiradlängsantrieb entwickelt, bei dem die beiden Räder einer Fahrzeugseite des Vierradfahrwerks jeweils durch einen Fahrmotor miteinander verbunden sind. Diese Antriebsanordnung liegt soweit außen, dass der tief gelegte Fußboden zwischen den beiden Antrieben hindurchgeführt werden kann. Der Combino der Firma Siemens besitzt starre Fahrwerke, die unter den Wagensegmenten angeordnet sind. Um auch kurvenreiche Strecken gut bewältigen zu können, verbesserte Siemens die starren Fahrwerke, indem die Räder leicht angelenkt werden. Wäre dies nicht der Fall, würden die Räder in engen, nicht überhöhten Kurven, stärker drängeln und quietschen als Drehgestellfahrzeuge. Durch diese einfache aber geniale Verbesserung ist der Combino überall einsetzbar. Diese Bauart *(wie in den Bildern 49 und 50 S. 29 gut sichtbar)* ermöglicht eine durchgehende Niederflurbauweise.

3.5.2 Antriebsbeispiele Niederflurbahnen

Da für einen Straßenbahnenneubau nur die Gesetzte der BOStrab eingehalten werden müssen, ergeben sich die unterschiedlichsten Bauformen von Wagenkästen, Gelenken, Fahrwerken, Laufwerken und Antriebsarten und somit eine große Anzahl von Fahrzeugtypen. Von einer Standardisierung ist man auf diesem Gebiet sehr weit entfernt. Daher sind in diesem Buch nicht alle existierenden Varianten von Fahrwerken und Laufwerken in ihrer Vollständigkeit wiedergegeben – gewollt ist vielmehr ein Auszug der am häufigsten angewendeten Techniken mit Beispielen verschiedener Städte *(vgl. Folgeseiten)*.

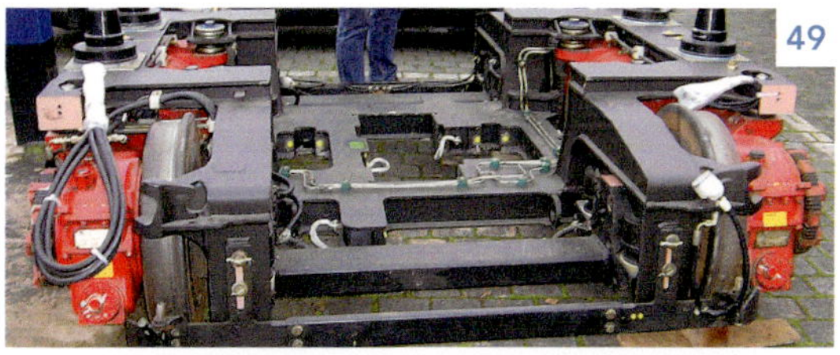

49

50

Combino: Triebfahrwerk und ein Ausschnitt des Zweirad-Längsantriebs mit Bremsscheibe auf der Motorwelle und Gummi-Paketkupplungen

51

Combino in Potsdam

52

Stadtbahn in Karlsruhe 1992

53

Museumswagen Karlsruhe

Antriebsbeispiele

G15

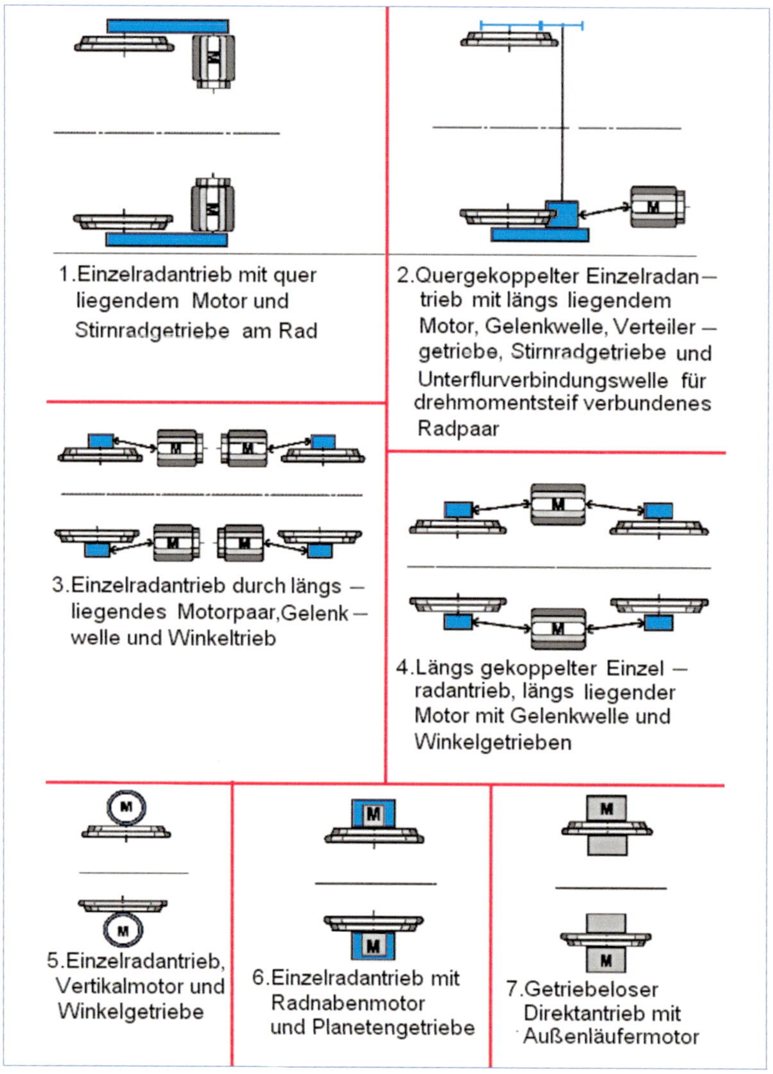

Der hohen Niederfluranteil wird erreicht durch

- **Laufdrehgestelle mit Radsätzen, die sehr kleine Räder besitzen.**
- **Laufdrehgestelle mit Losrädern mit normalem Durchmesser und Portalachse.**
- **Einzelachsfahrwerke mit Lenkung, Losrädern und Portalachse.**
- **Einzelrad-Einzelfahrwerke Typ EEF mit selbst lenkenden Losrädern.**
- **Vierradfahrwerke mit Losrädern, die fest eingebaut sind und bei denen das Fahrwerk ein aufstehendes Kurzmittelteil trägt.**

(Getriebe = blau, Motor = M)

G16

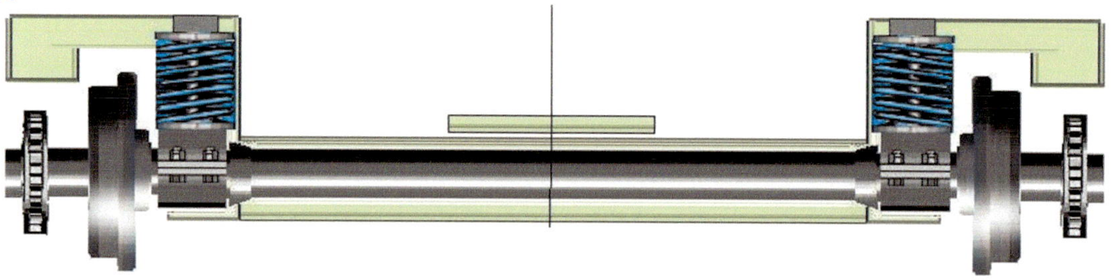

vereinfachte Darstellung eines Laufdrehgestells mit kleinen Rädern für Niederflurfahrzeuge (z.B. NGT 8 Leipzig) von Siemens (im Schnitt)

Zeichnung: Th. Backmann

Verschiedene Drehgestelle

54

Drehgestell von Bombardier Transportation für die FLEXITY Classic Straßenbahnen, auf eine Geschwindigkeit von 70 km/h ausgelegt

55

komplettes FLEXX Urban 2500 Drehgestell

56

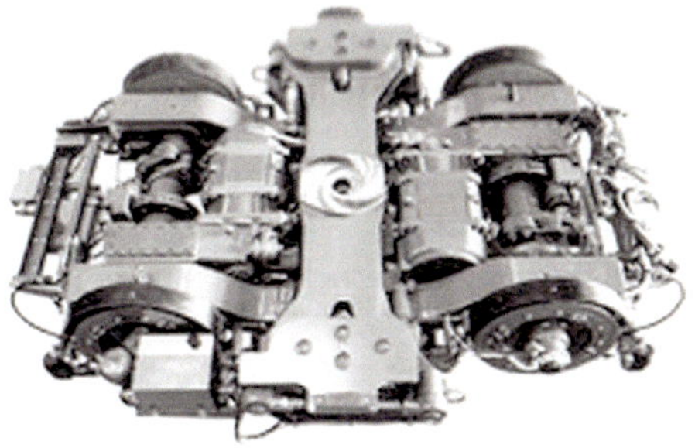

Drehgestell für Stadtbahnen der Bombardier Transportation Serie FLEXITY Swift mit 70 Prozent Hochfluranteil; für eine Geschwindigkeit von 100 km/h ausgelegt (Stockholm Minneapolis, Köln)

57

Fahrwerk von Bombardier Transportation, zum Beispiel im Flexx Urban 1000 für FLEXITY Outlook (Brüssel, Linz, Marseille, Genf usw.), 100-Prozent-Niederflur-Straßenbahnen, für 70 km/h ausgelegt

58

Drehgestell von Bombardier für Straßenbahnen mit 70 Prozent Niederfluranteil (Bombardier FLEXITY Classic) wie in Kassel, Dresden, Dessau, Halle usw.

G17

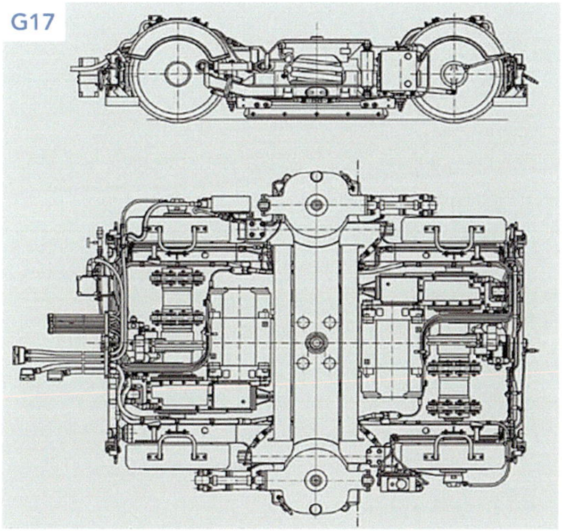

59

eingebautes Drehgestell der Flexx-Urban-Bogies-Serie von Bombardier Transportation (Bogies, engl. = Drehgestelle)

Foto und Grafik: Bombardier Transportation

3.6 Motoren

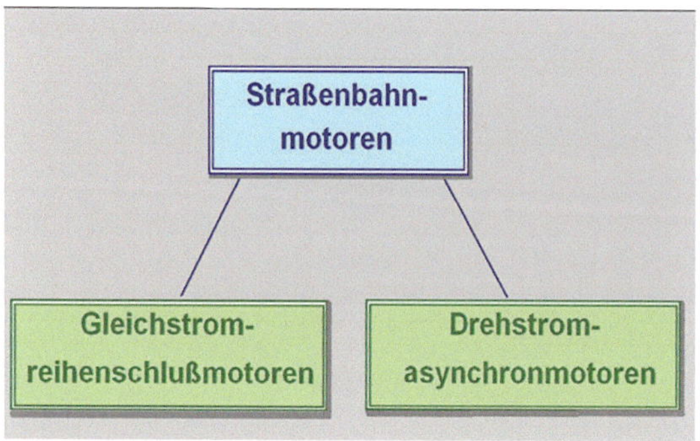

Motoren sind Antriebsmaschinen, die elektrische Energie in mechanische Energie umwandeln. Für unterschiedliche Zwecke gibt es unterschiedliche Motoren. Durch entsprechende Schaltungen wirken Spannung, Stromstärke und Widerstand so aufeinander, dass dem Verwendungszweck des Motors entsprechendes Verhalten und Leistung entstehen. Es gibt gemessen an ihrer Antriebsstromart drei Grundvarianten von Motoren. Diese unterteilen sich wiederum in verschiedene Motorarten.

- Gleichstrommotoren
  Reihenschlussmotor
  Nebenschlussmotor
  Doppelschlussmotor
- Wechselstrommotoren
  Universalmotor
  Spaltmotor
  Kondensatormotor, Anwurfmotor
- Drehstrommotoren
  Asynchronmotor
  Synchronmotor

Als Straßenbahnmotoren werden fast nur Reienschluss- und Drehstromasynchronmotoren verwendet. Ein Motor besteht grundsätzlich aus einem **Stator** und einem **Rotor**: Der starre Teil des Motors wird Stator genannt, der bewegliche Rotor oder Anker. Je nach Motorenart können Stator und Rotor unterschiedliche Formen und Bauarten aufweisen. Es gibt Außenläufermaschinen, die sehr selten sind. Wie der Name bereits andeutet, dreht sich hier der Rotor außen um den Stator. Bei den bekannten und gebräuchlichen Innenläufermaschinen befindet sich der Stator außen, in ihm dreht sich der Rotor. Beim **Gleichstrommotor** befinden sich im Stator bei kleinen Motoren Permanentmagneten, bei größeren Motoren Elektromagneten (Spulen). Der Anker besteht bei großen Motoren fast immer aus gegeneinander isolierten Wicklungen, die zu den Lamellen im Kollektor (auch „Kommutator" genannt) führen. Um den Kollektor herum befindet sich eine Halterung mit Schleifkohlen, die „Kohlebürsten mit Bürstenhalter" genannt werden. Die Kohlen sind meist aus Graphit. Graphit hat einen guten Schmiereffekt und legt sich gleichmäßig an. Zudem verschleißt er langsam. Die Kohlebürsten sind so angeordnet, dass die Polungen während der Drehung in der Ankerwicklung wechseln *(siehe Leiterschleife im magnetischem Feld, G19 S. 33)*. Gleichstrommotoren laufen gut an und sind leicht zu regeln. Es existieren unterschiedliche Schaltungen.

Nicht oder nicht gut als Straßenbahnmotor geeignet sind **Nebenschluss- und Doppelschlussmotoren**. Der Nebenschlussmotor (Feld und Anker sind parallel geschaltet) ist in seiner Drehzahl fast lastunabhängig. Als Generator kann er nur arbeiten, wenn mithilfe einer anderen Spannungsquelle eine Erregung stattfindet.

Der Doppelschlussmotor verhält sich je nach Ausführung und Verwendungszweck wie ein Nebenschluss- oder Reihenschlussmotor. Er hat eine Reihenschluss- und eine Nebenschlusswicklung. Bei sehr hoher Belastung weist er zwar ein hohes Drehmoment, aber eine instabile Drehzahl auf. Bei niedriger Belastung zeigt er eine hohe Drehzahl, aber ein geringes Drehmoment.

In Straßenbahnen wurden deshalb bisher fast nur **Reihenschlussmotoren** verwendet. In vielen deutschen Städten sind auch heute noch Bahnen mit Reihenschlussmotoren anzutreffen. Im Rahmen dieses Fachbuchs sollen daher auch diese Motoren mitbehandelt werden, obwohl der Drehstrom-Asynchronmotor inzwischen seinen Siegeszug angetreten hat.

3.6.1 Gleichstrom-Reihenschlussmotor

Im Reihenschlussmotor sind die Feldspulen im Stator und die Ankerwicklungen in Reihe geschaltet *(siehe Schaltbild G18 S. 33)*. In beiden Wicklungen fließt der gleiche Strom.

Die Feldwicklung sollte niederohmig sein. Reihenschlussmotoren werden häufig als „Universalmotoren" bezeichnet, da sie auch mit Wechselstrom betrieben werden können. Als Gleichstrommotoren waren sie sehr lange Zeit der ideale Antriebsmotor für Straßenbahnen. Durch Umpolen der Erregerwicklung wird der Reihenschlussmotor zum Generator und kann als Betriebsbremse genutzt werden. Er hat eine lastabhängige Drehzahl und ein hohes Drehmoment (M) beim Start (Anfahren). Gegenüber kurzzeitigen Überlastungen und Spannungsschwankungen ist er unempfindlich. Trotz Verringerung der Drehzahl bei Unterspannung bleibt die Zugkraft erhalten.

Daraus ergibt sich eine gute Anpassungsfähigkeit an unterschiedliche Streckenverhältnisse: Zum Beispiel verringert sich bei Steigungen mit voll besetztem Zug die Drehzahl, der Ankerstrom steigt an. Das nun entstandene, verstärkte Erregerfeld in den Feldspulen drosselt die Drehzahl weiter bis zum Erreichen eines stabilen Arbeitspunkts. Die Belastung drosselt zwar die Drehzahl stark, aber dadurch entwickelt der Motor hohe Zugkräfte und das benötigte Drehmoment. Bei Entlastung des Motors nimmt die Drehzahl wieder zu und der Strom wird kleiner.

Ein analoges Verhalten zeigt der Motor bei größerer Zuglast durch den Behängungsgrad. Die Leistungsaufnahme bleibt, außer kurzzeitiger Spitzenwerte bei der Anfahrt, annähernd gleich.

Die Drehzahl ist einfach durch Vorwiderstände, Motorgruppierung, Feldschwächung, Gleichstromstellersteuerung, Frequenz- oder Impulsbreitensteuerung regelbar. Bei verschiedenen Fahrzeugen sind die Fahrmotoren im Drehgestell ständig in Reihe geschaltet, die Drehgestelle zueinander parallel. Da sich bei einer Reihenschaltung die Spannung auf die Verbraucher aufteilt, spricht man bei dieser Schaltung auch von „Halbspannungsmotoren".

Bei anderen Varianten sind die Motoren zuerst in Reihe geschaltet und werden bei Erreichen der optimalen Zugkraft und einer mittleren Geschwindigkeit parallel geschaltet.

Der Reihenschlussmotor muss immer mit einer Grundlast wie Getriebe und Lüfter betrieben werden, weil er sonst bis zur Selbstvernichtung durchdrehen kann. Die Möglichkeit zur Energierückspeisung in das Fahrleitungsnetz durch entsprechende Steuerelemente besteht heute ebenfalls *(Punkt 5.2 Moderne Steuerungsarten)*.

Aufbau des Reihenschlussmotors:

- Stator mit Feldspulen und Wendepolen
- Rotor mit gewickeltem Anker

60

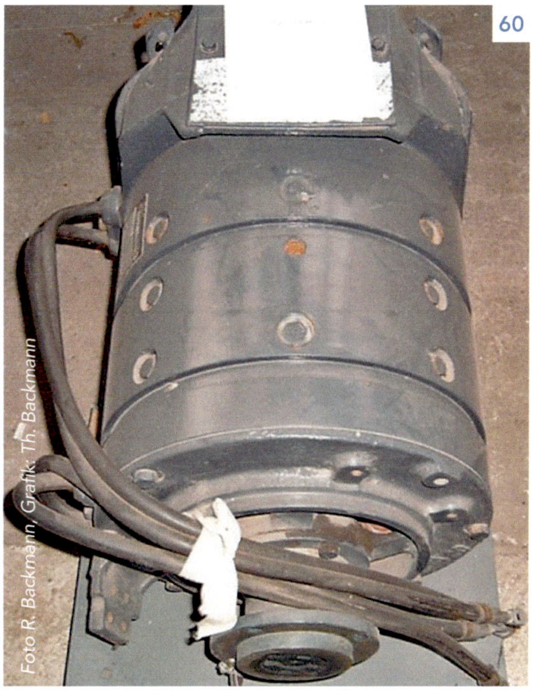

fremd belüfteter Reihenschlussmotor

G18

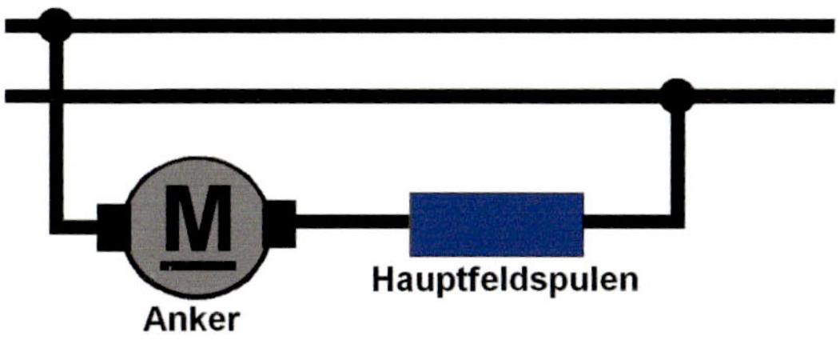

Schaltbild Reihenschlussmotor

G19

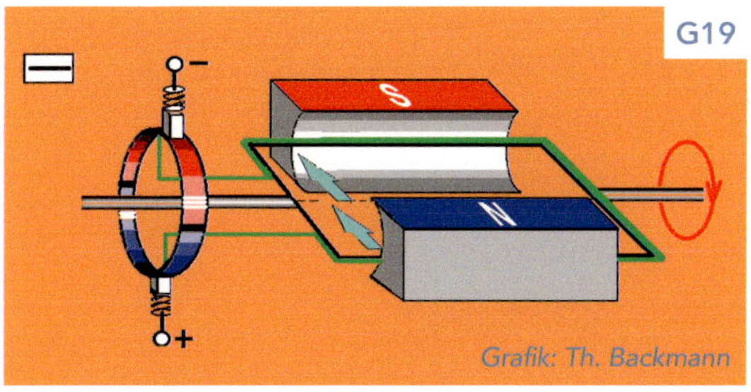

Prinzip des Reihenschlussmotors am Beispiel einer Leiterschleife im magnetischen Feld

Merksatz:
Die Drehzahl beim **Reihenschlussmotor** ist lastabhängig. Bei Leerlauf ohne jede Belastung kann die Drehzahl soweit ansteigen, dass der Motor sich selbst zerstört. Deshalb darf er nicht lastfrei betrieben werden! Der Reihenschlussmotor zeichnet sich durch eine gute Steuerung der Fahrgeschwindigkeit und durch sein hohes Anlaufdrehmoment aus. Er ist anpassungsfähig an unterschiedlichste Belastungen.

Merksatz:
Der elektrische Strom in einem Leiter besteht aus bewegten elektrischen Ladungen. Im Motor ist zwischen dem Anker und den Feldmagneten ein Luftspalt. Werden nun die Feldspulen und die Ankerwicklungen vom Strom durchflossen, bilden sie jeweils ein kreisförmiges Magnetfeld um sich herum. Das elektrodynamische **Gesetz der Lorentzkraft** besagt, dass auf eine vom Strom durchflossene Leiterschleife im Magnetfeld die Kraft F wirkt. Die vom Magnetfeld verursachte Lorentzkraft steht senkrecht auf den magnetischen Feldlinien und wirkt senkrecht zur Bewegungsrichtung der Ladung. Die Lorentzkraft ist die Kraft, die elektromagnetische Felder auf eine bewegte elektrische Ladung ausüben (Hendrik Antoon Lorentz). Die Lorentzkraft F (t, x, v), die auf eine elektrische Ladung q ausgeübt wird, die zu der Zeit t mit Geschwindigkeit v den Ort x durchläuft, ist:
$F(t, x, v) = q\,(E(t, x) + v \times B(t, x))$.
Dabei ist E (t, x) die elektrische Feldstärke und B (t, x) die magnetische Flussdichte zu der Zeit t am Ort x. Das Zeichen x steht für das Vektorprodukt (Kreuzprodukt). Oft wird im engeren Sinn nur der Anteil der Kraft, der vom Magnetfeld bewirkt wird, $q\,v \times B$, als Lorentzkraft bezeichnet.

- Kollektor (Kommutator)
- Bürstenhalter und Motorkohlen

Die Wirkungsweise des Reihenschlussmotors ist ganz einfach. Stellt man eine einzelne Leiterschleife als Anker in ein Erregerfeld, ergibt das bereits einen einfachen Motor *(siehe auch G19 S. 33)*. Statt Permanentmagneten können genauso gut Elektromagneten verwendet werden. Befindet sich ein von Strom durchflossener Leiter, hier die Leiterschleife, in einem Magnetfeld, so wirkt auf ihn eine Kraft (Lorentzkraft). Die Leiterschleife, die drehbar gelagert ist, wird vom Strom (I) durchflossen und ruft so ebenfalls ein Magnetfeld hervor. Wirken beide Magnetfelder aufeinander, wird die Leiterschleife veranlasst, sich zu drehen. Durch den Kollektor, dessen Lamellen gegeneinander isoliert sind, wechselt ständig die Polarität der Ankerwicklung und die Leiterschleife dreht sich weiter.

Feldschwächung

Um die Reibung der Magnetfelder von Hauptspulen und Anker zu reduzieren und damit die Drehzahl des Motors zu erhöhen, wird die Feldschwächung eingesetzt *(siehe G20 S. 35)*. Wird ein Widerstand parallel zum Erregerfeld des Motors geschaltet, wird das Magnetfeld der Hauptspulen geschwächt. Eine Verringerung der Stärke des Erregerfelds hat im Bahnbetrieb viele Vorteile. Der Motor entnimmt durch die Feldschwächung zwar mehr Strom aus dem Netz, da aber das Magnetfeld des Ankers nicht geschwächt wird, dreht er sich schneller und es erhöhen sich Geschwindigkeit und Drehmoment. Die Feldschwächung wird im Bahnbetrieb auch aus dem Englischen „Shunt" genannt.

Wendepole

Beim Reihenschlußmotor sind zwischen den Hauptfeldspulen weitere elektromagnetische Spulen angebracht, die die Aufgabe haben, das „**Bürstenfeuer**" zu löschen: Wird der Strom eingeschaltet, beginnt der Anker sich zu drehen. Nachdem er sich ein Stück gedreht hat, heben sich die Kräfte zwischen Feld und Anker auf, da sie dann dieselbe Richtung haben. Das Drehmoment fällt auf Null ab. Die Drehbewegung würde theoretisch in der neutralen Zone enden. Damit dies nicht passiert und um den Stromfluss kontinuierlich weiterlaufen zu lassen, wird rechtzeitig die Polarität in der Ankerwicklung umgekehrt (kommutiert), das bedeutet, die Polarität im Anker und somit das Ankerfeld werden umgepolt *(siehe auch Leiterschleife im magnetischen Feld, G19 S. 33)*. Dadurch kehren sich die beiden Kraftrichtungen der Magnetfelder um und die Drehbewegung wird fortgesetzt. Im Betrieb entwickelt der Anker genügend Schwung, um den toten Punkt zu überwinden. Bei jeder Drehung wechselt die Polarität in der neutralen Zone. Der Strom fließt in wechselnder Richtung durch den Anker.

G20

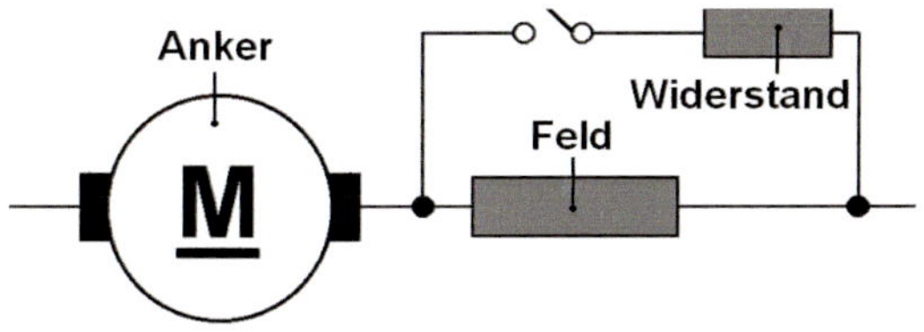

Prinzip der Feldschwächung (Shunt): Parallel zum Feld des Fahrmotors wird ein Widerstand geschaltet. Dadurch wird das Feld geschwächt und der Anker kann sich schneller drehen.

G21

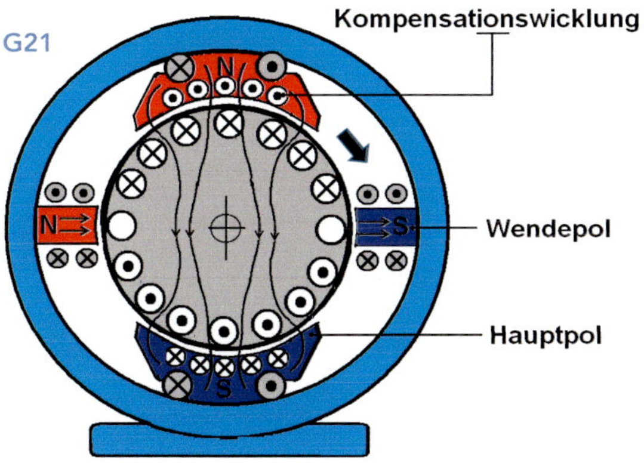

Grafiken: Th. Backmann

Aufgabe der Wendepole im Reihenschlussmotor

G22

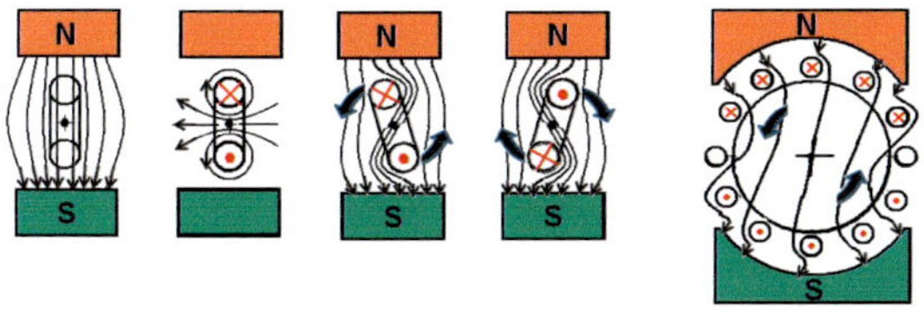

Magnetfeld im Reihenschlussmotor

Merksatz ...

... für die Richtung der **Lorentzkraft** (Rechte-Hand-Regel): Die Lorentzkraft ist die Kraft, die auf eine elektrische Ladung wirkt, welche mit einer entsprechenden Geschwindigkeit durch ein elektromagnetisches Feld bewegt wird. Die Kraftrichtung lässt sich mithilfe folgender „Eselsbrücke" feststellen: Man hält, wie im Bild, die rechte Hand „pistolenähnlich". Der Daumen muss in die Stromrichtung (I) und der Zeigefinger in Richtung des Magnetfelds (B) zeigen. Dann zeigt der Mittelfinger automatisch in die Richtung der Lorentzkraft (F). Bei der Stromrichtung ist zu beachten, dass sie bei negativen Ladungen in die Gegenrichtung der Bewegung zeigt. Um sich zu merken, welcher Finger in welche Richtung zeigen soll, hilft die Abkürzung FBI. F = Kraft, B= magnetische Flussdichte, I= Stromstärke. Betrachtet man die Innenfläche der rechten Hand und hält diese wie in der Abbildung gezeigt, dann entsteht im Uhrzeigersinn die Abkürzung F, B, I.

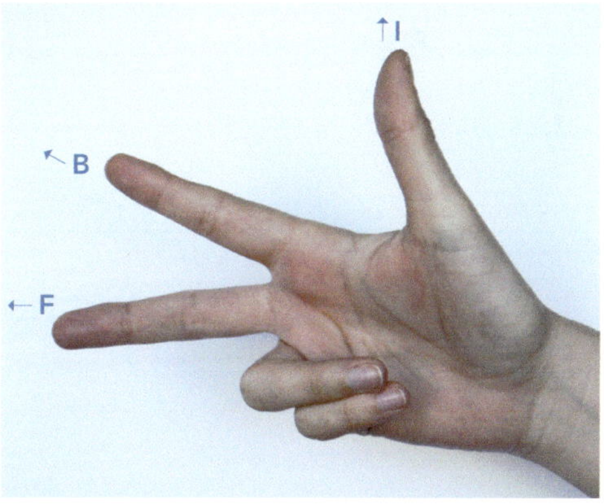

G23

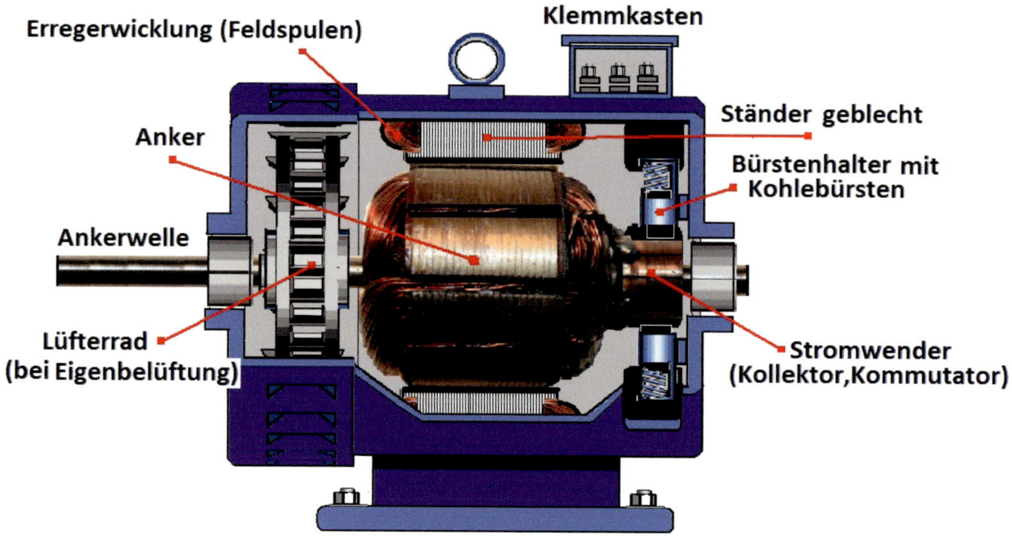

Grafik: Th. Backmann

Aufbau eines Elektromotors mit Eigenbelüftung

Die neutrale Zone verschiebt sich bei Belastung in Drehrichtung. Die Stromwendung erfolgt nun nicht mehr zu dem Zeitpunkt, in dem die Induktionsspannung gleich Null ist. Es entsteht ein Bürstenfeuer, das den Kollektor verschmutzt und zur Abnutzung der Kohlebürsten führt. Dem wird entgegen gewirkt, indem zwischen den beiden Feldwicklungen eine Wicklung angeordnet wird, die die Stromwendespannung aufhebt *(siehe auch G21 und 22 auf S. 35)*. Die Ankerrückwirkung bleibt auf die neutrale Zone beschränkt. Gleichzeitig wird das Magnetfeld entzerrt. Da die Stärke des Ankerfelds vom Ankerstrom abhängt, werden die Wendepole in Reihe zum Anker geschaltet. Wendepole verhindern durch das Ankerfeld die Verschiebung der neutralen Zone und löschen oder verhindern das Bürstenfeuer.

Zusammenfassung Reihenschlussmotor

In den Hauptfeldern und im Anker werden bei Stromdurchgang Magnetfelder erzeugt. Die Richtung der Felder bei Gleichstrommotoren hängt von der **Richtung des elektrischen Stroms** in den Feld- und Ankerwicklungen ab. Es gilt die Faustregel, dass sich der Richtungspfeil des Ankerfelds auf kürzestem Weg in die Lage des Richtungspfeils der Feldspulen drehen will. Auf diese Weise wird der Anker in Drehbewegung versetzt. Soll sich die Drehrichtung ändern (Fahrtrichtungsänderung = Rückwärtsfahrt), muss eines der beiden Magnetfelder durch Umkehren der Stromrichtung geändert werden: Anker- **oder** Feldanschlüsse sind also zu vertauschen! Das darf jedoch nur im Stillstand des Motors geschehen, sonst besteht die Gefahr der Zerstörung durch Überbeanspruchung der Kraftübertragungsteile.

Andere Gleichstrommotoren

Mit der Entwicklung neuer Steuerungsarten (Choppersteuerung) können auch **fremderregte Gleichstrommotoren** zum Antrieb von Straßenbahnen eingesetzt werden. Bei der Deutschen Bundesbahn wurde bereits im Jahr 1969 der Stadtschnellbahnwagen der Baureihe 420 mit fremderregten Gleichstrommotoren auf den Markt gebracht.

Mit den heutigen Möglichkeiten der Steuerung kann die Leistung fremderregter Gleichstrommotoren nochmals optimiert werden. So ändert sich bei der Modernisierung von Straßenbahnen oftmals nicht der Motor, sondern nur dessen Schaltung. Bei fremderregten Motoren kann durch Verringerung der Erregerspannung der Felder die Drehzahl erhöht und durch Verringerung der Ankerspannung abgesenkt werden. Drehmomentschwankungen ergeben geringe Drehzahländerungen. Dies ermöglicht bei entsprechender Steuerung (beispielsweise

Praxisaufgabe:
Das Prinzip eines Gleichstrommotors erschließt sich am besten durch die eigene Herstellung.

Und das ist ganz einfach:

Bastelmaterialien:
- Grundplatte aus isoliertem Material (weiches Holz, Styropor, sehr dicke, feste Pappe)
- 1 Permanentmagnet (Stabmagnet)
- 2 Büroklammern aus Kupfer oder stabiler Draht
- 2 m Draht (Durchmesser 0,5 mm, Wicklungsdraht mit Isolierlack)
- 1 Batterie 4-10 V oder ein kleiner Trafo und einige Kabel

Bauanleitung:
Zuerst wird aus dem isolierten Wicklungsdraht eine Spule mit etwa zehn Windungen gebastelt (am besten um einen kleinen Gegenstand wikkeln). Die Lagerstäbe und die Spule müssen aus einem Stück sein, damit der Rotor rund läuft. Aus den Büroklammern wird die Auflage des Rotors gebogen. Die Enden der Spule werden abisoliert und damit vorsichtig auf den „Büroklammerständer" gelegt. Nun ist nur noch der Permanentmagnet schräg in die Nähe der Spule zu legen und die Spule leicht anzustoßen. Schon läuft der „Motor"!

Tipp:
Eventuell muss der Permanentmagnet verschoben werden, bis der richtige Abstand zwischen Spule und Magnet hergestellt ist.

G24

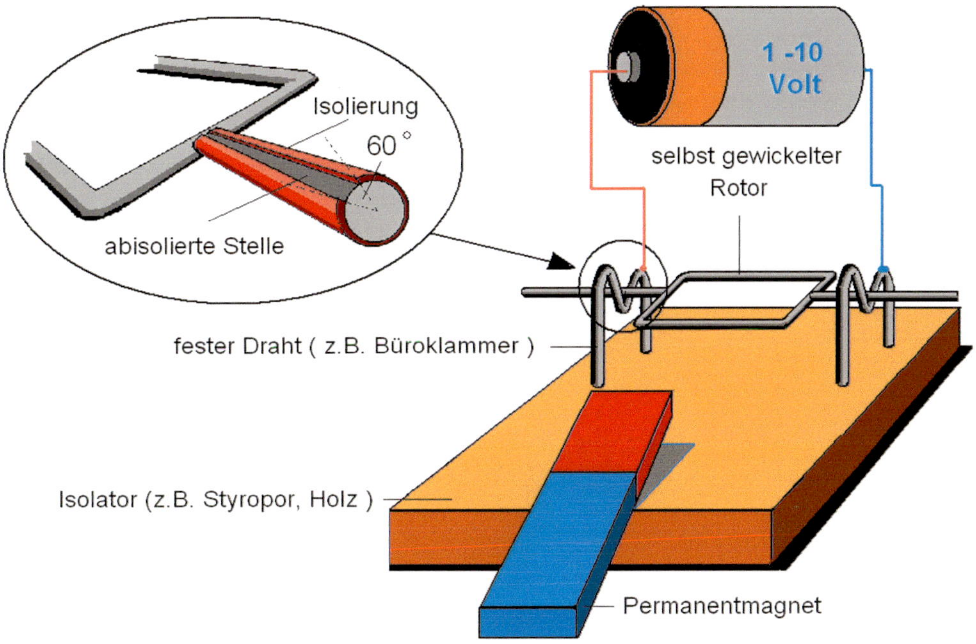

Originalanleitung im Internet zu finden unter www.brunnermeiers.de; Grafik: Th. Backmann

Induktion:
Lenz´sche Regel: Durch eine Änderung des magnetischen Flusses durch eine Leiterschleife wird eine Spannung induziert, sodass der dadurch fließende Strom ein Magnetfeld erzeugt. Dieses Magnetfeld wirkt der Änderung des magnetischen Flusses entgegen. Das kann Kraftwirkungen zur Folge haben. Der Induktionsstrom ist immer so gerichtet, dass er seine Ursache zu hemmen versucht. Erzeugt man mithilfe eines Magneten eine elektrische Spannung, wird diese auch elektromagnetische Induktion genannt.

Merksatz:
Unter elektromagnetischer **Induktion** (lateinisch: inductio, Hereinführung) ist das Entstehen einer elektrischen Spannung in einem Leiter (beispielsweise Draht oder Spule) zu verstehen, den ein veränderliches Magnetfeld umschließt. Es entsteht auch in einem Leiter eine elektrische Spannung, wenn er von einem Magnetfeld „geschnitten" wird. Dies ist der Fall, wenn ein Leiter quer durch ein Magnetfeld bewegt wird oder sich um ihn herum ein Magnetfeld auf- oder abbaut.

Berechnung der Stärke der Induktivität:

Formelzeichen L, Maßeinheit H (Henry)
W = Windungen der Spule
A = Flußquerschnitt
ℓ = Länge der Spule
μ = magnetische Feldkonstante

$$L = \frac{W2 \times \mu \times A}{\ell}$$

Chopper) einen ausgeglichenen Lauf, höhere Leistung und den Wegfall der Feldschwächung, weil die Magnetfelder von Feld und Anker über die Steuerung separat angesteuert und geregelt werden.

3.6.2 Drehstrom-Asynchronmotor

Der Asynchronmotor ist der heute am meisten verwendete **Elektromotor** in Schienenfahrzeugen. Als Antrieb von Schienenfahrzeugen hat der Drehstrom-Asynchronmotor *(G25 S. 39)* den Gleichstrom-Reihenschlussmotor verdrängt. Der Drehstrom-Asynchronmotor wird auch als „Induktionsmaschine" oder „Kurzschlussläufer-Motor" bezeichnet. Die Drehzahl des Ankers ist im Motorbetrieb geringer als die Drehzahl des antreibenden rotierenden Felds. Der Anker rotiert **asynchron** zum Feld.

Im Generatorbetrieb rotiert der Anker schneller als das Magnetfeld. Der Aufbau ist sehr einfach: Er besteht aus dem Stator mit Spulen oder anderen Magneten und einem kurz geschlossenen Anker. Dieser Anker ähnelt einem Hamsterlaufrad (englisch: Squirrel cage motor) und wird deshalb auch als „Käfigläufer" bezeichnet. Der Käfig besteht aus Kupfer- oder Bronzestäben, die stirnseitig in Kurzschlussringen verlötet sind. Durch diesen einfachen Aufbau ist der Motor absolut verschleiß- und wartungsarm. Er funktioniert wie folgt: Drehstrommotoren werden mit Dreiphasenwechselstrom „Drehstrom" betrieben. Die Polarität wechselt ständig zwischen den drei Phasen. Dadurch wird die Leiterspannung um jeweils 120 Grad vor- oder nachlaufend versetzt *(G26 S. 39)*.

Wird nun jede dieser drei Spulen oder andere Magneten mit jeweils einer Leiterspannungsphase des Drehstroms gespeist, wird in jeder dieser Magneten ein Magnetfeld erzeugt. Der zeitliche Ablauf ist, genau wie der Spannungsverlauf, um 120 Grad versetzt, weil die Spulen im Stator im Kreis angeordnet sind (3 x 120° = 360°). Addiert man die Magnetfelder der drei Spulen, ist das Magnetfeld zwar von gleich bleibender Größe, aber die Intensität der Drehrichtung ändert sich exakt mit der angelegten Frequenz. Im Stator der Drehstrom-Asynchronmotoren von Bahnen sind selbstverständlich mehr als drei Spulen angeordnet. Wichtig ist nur, dass ihre Anzahl immer durch drei teilbar ist, damit der beschriebene Ablauf stattfinden kann.

Die Frequenz gibt die Geschwindigkeit vor, in der sich das Magnetfeld dreht. Zum Beispiel: Beträgt die Frequenz 350 Hertz, dreht sich das Magnetfeld genau 350-mal in der Sekunde. Dieses rotierende Magnetfeld dreht sich um den Anker herum und schleppt diesen (asynchron) mit, denn jeder starre Körper ist bemüht, in seiner Ruhelage zu verharren (Trägheitsgesetz). Dabei wird der Strom des Drehfelds in die kurz geschlossenen Kupfer- oder Bronzestäbe des Rotors induziert (deshalb die Bezeichnung „Induktionsmaschine"). Durch das sich ändernde Magnetfeld des Stators entsteht in den kurzgeschlossenen Leitern des Ankers ebenfalls ein Magnetfeld, das dem Magnetfeld des Stators in gleicher Polaritätsrichtung (gleiche Pole stoßen sich ab) gerichtet ist. Diese Kräfte üben ein Drehmoment auf den Anker aus. Das rotierende Statorfeld zieht den Rotor mit. Zwangsläufig dreht sich der Rotor immer geringfügig langsamer als das Drehfeld des Stators. Diese Differenz wird „Schlupf" genannt (im Stillstand beträgt der Schlupf 100 Prozent). Laufen Rotor und Drehfeld des Stators gleich schnell, findet keine Induktion statt, das übertragbare Drehmoment ist Null.

Für die Drehmomenterzeugung ist ein Rotorstrom notwendig, der eine Frequenz entsprechend der Schlupfdrehzahl (etwa fünf Prozent der Netzfrequenz) besitzt. Es ist also Voraussetzung, dass der Rotor geringfügig langsamer dreht als das Drehfeld des Stators (Schlupfdrehzahl), damit sich das Magnetfeld innerhalb des mitdrehenden Rotors ständig ändert. Dies ist wiederum die Voraussetzung für die Induktion von elektrischer Spannung in den Rotor.

Beim Bremsen kehrt sich das Ganze um. Der Anker (Rotor) dreht sich während des Rollvor-

G25

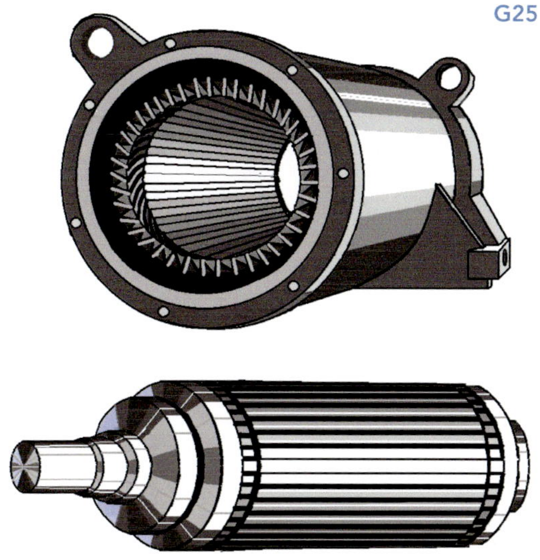

Grafik: Th. Backmann

Stator (Ständer) und Rotor (Läufer) eines Drehstrom-Asynchronfahrmotors

G26

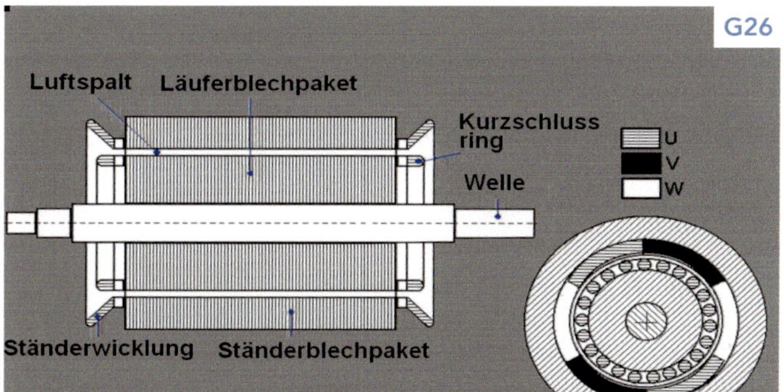

Grafik: Th. Backmann nach der Bedienungsanleitung zum NGT8 von Siemens

Phasenwechsel eines Drehstrom-Asynchronmotors

Die Rotordrehzahl ist immer kleiner als die Drehzahl des Drehfelds. Die Differenz der beiden Drehzahlen nennt man Schlupf.

Berechnung des Schlupf s und der Läuferfrequenz f:

$$s\ (\text{in } \%) = \frac{(\text{Drehfelddrehzahl (u/min)} - \text{Läuferdrehzahl (u/min)})}{\text{Drehfelddrehzahl (u/min)}} \times 100\ \%$$

$$f = \frac{\text{anliegende Frequenz (in Hz)} \times s\ (\text{Schlupf in } \%)}{100\ \%}$$

Merksatz zum Drehstromasynchronmotor:
Fahren: Durch die an den Statorspulen angelegte Spannung wird im Inneren des Motors ein magnetisches Drehfeld erzeugt, welches den kurzgeschlossenen Anker "mitschleppt" und in ihm einen Strom induziert. Der in den Anker induzierten Strom baut wiederum selbst ein magnetisches Feld in dem sich drehenden Anker auf. Beide Magnetfelder erzeugen eine Wechselwirkung (besitzen die gleiche Polarität), so dass ein Drehmoment erzeugt wird.
Bremsen: Wird der Bremsstromkreis geschlossen, wird von dem um den Anker herum befindlichen Magnetfeld (Drehfeld) ein Strom in die Statospulen induziert. Dieser Induktonsstrom der Statorspulen bildet ebenfalls ein Magnetfeld, was so gerichtet ist (ungleiche Pole stehen sich gegenüber), dass es das Magnetfeld des Ankers in seiner Bewegung hemmt. Dadurch wird der Anker und somit das Fahrzeug abgebremst.

62
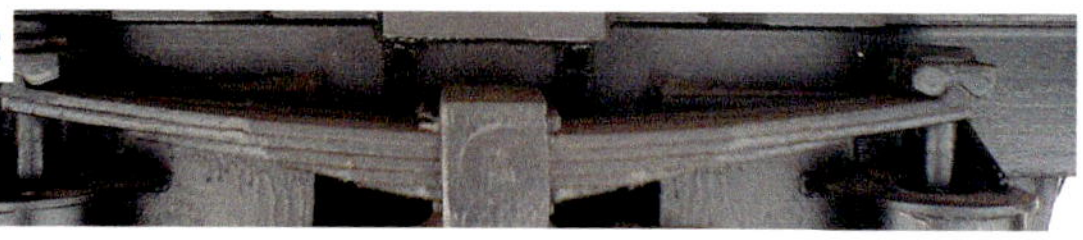
Blattfeder

63 G27

Luftfederung der Rhoneexpress Typ Tango von Stadler

64
MEGI-Federung

ganges der Bahn weiter und hat nun durch den Restmagnetismus um sich herum ein Magnetfeld (Drehfeld). Wird der Bremsstromkreis geschlossen, wird vom Anker des Motors eine Spannung in die Statorspulen induziert. Diese Spannung ist so gerichtet, dass sie das Drehfeld hemmt und es dadurch zum Abbremsen des Ankers und damit zur Bremsung der Bahn kommt (siehe S. 38 Induktion Lenz´sche Regel). Beim Bremsen dreht sich also der Anker immer schneller als das Drehfeld des Asynchronmotors. Beim Bremsen erfolgt eine Rekuperation ins Netz oder/und in einen Energiespeicher, wie Super Cap oder Lithium-Ionen Batterien (siehe S.66 Primove).

Vorteile des Drehstrom-Asynchronmotors:
- lange Lebensdauer, wartungsarm
- kein Bürstenfeuer oder -verschleiß
- kurzzeitig stark überbelastbar
- kein Durchgehen im Leerlauf
- Drehzahlregelung und Änderung der Frequenz durch Frequenzumrichter und Polumschaltung
- vergleichsweise geringe Herstellungskosten
- Anker spannungslos (kann auch in Medien wie Gasen oder im Vakuum laufen)

3.6.3 Kühlung

Alle Motoren entwickeln bei ihrer Arbeit Wärme. Deshalb müssen sie gekühlt werden. Das geschieht auf unterschiedlichste Weise.

Bewährteste und einfachste Art ist die **Eigenbelüftung**. Dabei ist auf der Welle des Ankers (Rotors) ein Lüfterrad angebracht, im Gehäuse befinden sich Luftspalten. Dreht sich der Rotor, dreht sich auch das Lüfterrad und kühlt den Motor. Das Lüfterrad dreht also immer mit der gleichen Drehzahl wie der Anker. Selbst in der heutigen Zeit kommen Hersteller von Straßenbahnen immer wieder auf diese Art der Kühlung zurück.

Eine weitere, jedoch ziemlich aufwendige Art der Kühlung ist die **Wasserkühlung**. Hier sind oft nicht nur die Motoren, sondern die gesamte Steuerung von einem geschlossenen Kühlsystem umgeben. Dieses Kühlsystem besteht, ähnlich einem Kühler im Kfz, aus Röhrchen oder Lamellen, die gut abgedichtet um Motoren und Steuerung herum angeordnet sind. Die vom Kühlmittel durchflossenen Kühlrippen werden vom Fahrtwind und von Zusatzlüftern gekühlt. Bei sehr großer Hitze ist dieses System manchmal störanfällig, da die Lüfter nicht ausreichen, die Kühlflüssigkeit schnellstmöglich abzukühlen.

Nicht ganz so aufwendig ist die **Fremdbelüftung**, wobei von externen, separaten Lüftern über einen Luftkanal Kühlluft in die Motoren geführt wird. Dieser Lüfterwind ist zwar konstant und unabhängig von der Drehzahl der Motoren, bedarf jedoch eines eigenen Antriebs, der ebenfalls eine Stromquelle benötigt und einen eigenen Stromverbrauch aufweist.

3.7 Kraftübertragung

Die Kraftübertragung vom Fahrmotor auf die Achse oder das Rad kann auf vielfache Weise erfolgen *(siehe Punkte 3.1. bis 3.4).*

Tatzlagerantrieb

Den altbewährten Tatzlagerantrieb als unmittelbare Kraftübertragung, bei dem der Fahrmotor parallel zu den Radsätzen liegt, wird man heute nur noch bei wenigen Wagen finden. Das Drehmoment wird bei dieser Antriebsart von der Motorwelle über ein einseitig angeordnetes Stirnradgetriebe auf den Treibradsatz übertragen (Ritzel und Großzahnrad).

Längsantrieb

Eine gebräuchliche Variante ist der Antrieb von längs im Drehgestell liegenden Fahrmotoren, die über eine Gelenkwelle zum Getriebe und dann auf die Achsen wirken. Siemens verwendet in seinem „Combino" einen besonderen Längsantrieb. Die Räder sind nicht mit einer Achse verbunden, sondern einzeln gelagert. Sie werden paarweise mit den seitlich liegenden Motoren angetrieben.

Der Monomotorantrieb (auch Tandemantrieb genannt) von Düwag ist ebenfalls noch zu finden. Hier werden beide Achsen mit einem längs in der Mitte des Fahrwerks liegenden Motor angetrieben *(siehe G10 S. 26 und Punkt 3.3)*

Antriebe von Niederflurwagen
(siehe auch Punkt 3.5.2)

Wegen der geringen Platzverhältnisse in Niederflurfahrzeugen werden statt der herkömmlichen Antriebsformen

- Einzelrad-Einzelfahrwerke (EEF),
- getriebelose Radnabenmotore (die das Rad direkt antreiben),
- Zweiradlängsantriebe (Motor und Getriebe längs zwischen den Rädern),
- Einzelachslänsantrieb oder
- Einzelradantrieb mit Planetengetriebe verwendet.

Ein Planetengetriebe ist ein Zahnradgetriebe in kompakter Bauform. Die Grundbauform besteht aus dem Sonnenrad, dem Planetenträger mit Planetenrädern und dem Hohlrad mit Innenverzahnung. Dadurch sind die Zahnräder kompakt angeordnet. Durch die Anzahl der Planetenräder lässt sich eine Leistungsverzweigung realisieren, sodass die mechanische Belastung des Getriebes gesteigert beziehungsweise das Getriebe kleiner gebaut werden kann. Zur Erzeugung einer Rückwärtsfahrt (Umkehr der Drehrichtung) ist kein Rücklaufrad nötig.

Stirnradantrieb

Jeder Radsatz wird mit einem quer liegenden Motor über ein zwei- oder mehrstufiges Stirnradgetriebe angetrieben. Der Motor ist unmittelbar am Getriebe angeflanscht und bildet mit diesem eine kompakte Antriebseinheit. Beispiel Antrieb des NGT 12 XXL FLEXITY Classic von Bombardier Transportation: Der Radsatz wird mit einem quer liegenden, eigenbelüfteten Drehstrom-Asynchronmotor über ein zweistufiges Getriebe angetrieben.

3.8 Federung und Fahrzeugbewegungen

Im Fahrbetrieb kann es bei allen Straßenbahnen durch die Beschaffenheit von Gleisanlagen, Spurspiel, Federung und Laufwerk des Fahrzeugs zu – teils störenden – Fahrzeugbewegungen kommen.

Fahrzeugbewegungen:

- Heben, Senken → Schwingungen in senkrechter Richtung
- Nicken → Drehschwingungen um die Querachse in Längsrichtung
- Wanken → Drehschwingungen um die Längsachse in Querrichtung
- Schieben → geradlinige Schwingungen quer zum Wagen
- Zucken → geradlinige Schwingungen in Längsachse
- Schlingern → Drehschwingungen um die senkrechte Achse

Die Fahrzeugfederung hat die Aufgabe, durch Gleisunebenheiten hervorgerufene Stöße in

Begriffserläuterung:
primär = an erster Stelle
Primärfederung = erste Federung
oder Hauptfederung

sekundär = an zweiter Stelle
Sekundärfederung= zweite Federung
oder Nebenfederung

Merksatz:
Die Direktionskonstante D, auch Federkonstante, Federrichtgröße oder Federsteife genannt, korreliert als Proportionalitätsfaktor die Auslenkung einer linearen Feder mit der daraus resultierenden Zug- oder Druckkraft. Nach dem **Hooke´schen Gesetz** ist die rücktreibende Kraft einer Feder proportional zur Auslenkung. Deshalb gilt:

$F = D \times s$

Die Direktionskonstante D wird in N/m oder in kg/s^2 angegeben. Die Kraft F, die auf eine Feder wirkt, ist gleich dem Produkt aus D und dem Weg s, um den sie gedehnt beziehungsweise zusammengedrückt wird.
Eine Feder mit kleiner Federkonstante ist also relativ weich. D ist immer größer oder gleich Null.

gedämpfte Schwingungen umzuwandeln und diese schnell und ruckfrei abklingen zu lassen. Sie muss eine wirksame Schwingungsdämpfung auch unter großen Belastungen leisten können und entgleisungssicher sein. Die Gesamtfederung unterteilt sich in **Primär- und Sekundärfederung** *(Begriffserklärung S. 42 Kasten oben).*

Jeder elastische Körper schwingt nach einem Anstoß eigenständig nach. Schwingungen, die nachlassen (abnehmende Amplitude), werden „gedämpfte Schwingungen" genannt. Die Amplitude ist der Maximalwert der Schwingungsauslenkung. Bei Schienenfahrzeugen ist der Federweg begrenzt, deshalb ist die **Federsteife** in Betracht zu ziehen *(siehe Merksatz S. 42 Kasten unten).* Bei der Federung von Straßenbahnen wurden früher am häufigsten **Blattfedern** verwendet *(Bild 62 S. 40).* Sie bestehen aus mehreren aufeinander geschichteten, abgestuften Federblättern. Die Anzahl der Federlagen richtet sich nach ihrer zu tragenden Last. Die Krümmungshalbmesser der einzelnen Federlagen werden von der Längsten zur Kürzesten immer kleiner. Die Lagen sind durch einen Herzbolzen und Federklemmen miteinander verbunden, um das Verrutschen der Federlagen gegeneinander zu verhindern. Ein Vorteil der Blattfeder ist die starke Eigendämpfung von Schwingungen durch die Federlagenreibung, Nachteile sind die große Masse, die oft komplizierte Aufhängung sowie der hohe Wartungsaufwand und Verschleiß.

Nahezu wartungsfrei sind dagegen **Schraubenfedern**, die zudem eine kleinere Eigenmasse aufweisen. Unterscheiden lassen sich Zug- und Druckfedern, je nach Belastungsrichtung. Die Hauptbelastungsrichtung verläuft in Richtung der Federachse. Schraubenfedern werden häufig im Fahrzeugbau verwendet und in Schienenfahrzeugen oft nur als Sekundärfederung eingesetzt. Entweder werden sie mit entgegengesetzter Windungsrichtung ineinander verschachtelt, um Stöße zu dämpfen, oder zusammen mit Stoßdämpfern *(G29 S. 43)* oder einer MEGI-Federung verwendet.

Die **MEGI-Federung** *(Bild 64 S. 40)* ist in vielen Fahrzeugen die Primärfederung (Hauptfederung/Achsfederung). MEGI bedeutet *Metall-Gummi.* Sie ist besonders wartungsarm, hat eine hohe Lebensdauer und besitzt eine gute Eigendämpfung. Ihr Aufbau ist sehr unterschiedlich. Sie kann aus mehrschichtigen Schub-Druck Gummielementen mit anvulkanisierten Deckblechen bestehen, aus Metall- und Gummiringen aufgeschichtet sein sowie mit Schraubenfedern kombiniert werden *(G28 S.43).*

In Bussen wird die **Luftfederung** schon lange verwendet, in Schienenfahrzeugen dagegen nur selten. Luftfederungen *(Bild 63 und G27 S. 40)* erlauben eine gute Niveauregulierung. Über eine mechanische Steuerung kann gewährleistet werden, dass bei jeder Beladung ein niveaugleicher Übergang vom Fahrzeug zum Bahnsteig möglich ist.

Stoßdämpfer lassen Schwingungen des Fahrzeugaufbaus rasch und ruckfrei abklingen. Sie werden – wie schon beschrieben – häufig zusätzlich zu anderen Federsystemen in Straßenbahnen eingesetzt. Stoßdämpfer *(G29 S. 43)* können mit Ölen oder Gasen gefüllt sein. Bei einem Fahrbahnstoß wird der Kolben in den Niederdruckraum geschoben. Der in diesem Raum befindliche Arbeitsstoff hebt das Niederdruckventil und strömt in den Hochdruckraum, dessen Querschnitt kleiner ist als der des Niederdruckraums. Deshalb muss ein Teil des Arbeitsstoffes zurück durch das Ausgleichsventil in den Vorratsraum entweichen. Wird der Stoßdämpfer infolge des Zurückschwingens wieder auseinander gezogen, schließt das Niederdruckventil und der Arbeitsstoff strömt durch die kleinen Bohrungen in der Kolbenstange über das Hochdruckventil in den Niederdruckraum zurück. Der hohe Ventildruck muss überwunden werden, damit sich der Kolben langsamer nach oben bewegt als zuvor nach unten.

4. Bremsen

Straßenbahnen müssen mindestens zwei, in Fahrzeugen zur Personenveförderung drei voneinander unabhängige Bremssysteme haben. Denn bei Störung einer Bremse muss die Wirkung der anderen Bremsen erhalten bleiben. Bremsen sind so gebaut und aufeinander abgestimmt, dass das Fahrzeug möglichst ruckfrei bis zum Stillstand gebracht werden kann. Der Kraftschluss zwischen Rad und Schiene muss im betriebsnotwendigen Umfang ausgenutzt werden. Die Bremsen müssen im Zusammenwirken eine Dauerleistung aufweisen, die den Neigungsverhältnissen im Streckennetz und den betrieblichen Verhältnissen angepasst ist. Die Feststellbremse muss das Abrollen eines mit größter Nutzlast stillstehenden Fahrzeugs auf größter Neigung verhindern können. Nach dem Federspeicherprinzip wirkt sie ausschließlich mechanisch. Bei straßenabhängigen Bahnen muss zudem eine der Bremsen vom Kraftschluss zwischen Rad und Schiene (Haftzugkraft) unabhängig sein (Magnetschienenbremse). Personenfahrzeuge sind mit Einrichtungen ausgestattet, mit denen Fahrgäste im Notfall eine Bremsung auslösen können. In jedem Fahrzeug sind im Personenverkehr nach BOStrab eine

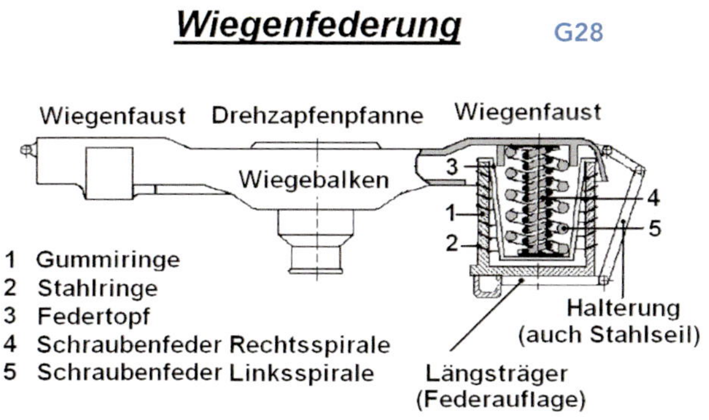

Beispiel einer MEGI-Federung in Kombination mit Schraubenfedern bei Tatra-Fahrzeugen und im Leoliner NGT6

Grafik: Th. Backmann nach „Straßenbahnen" Mäurich / Stößel

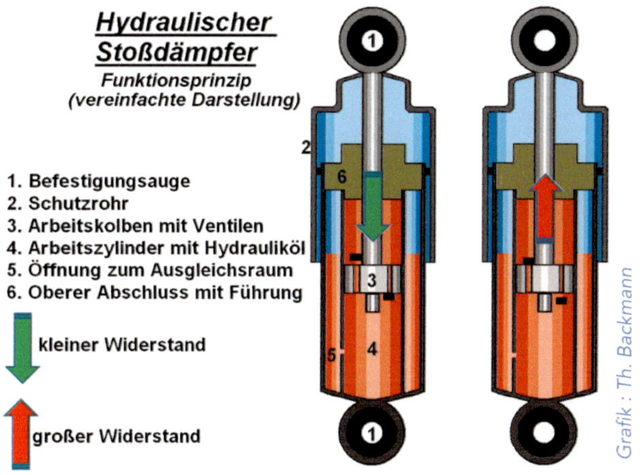

Betriebsbremse, eine **Feststellbremse** und eine **Zusatzbremse** vorhanden. Außerdem sind Schienenfahrzeuge mit einer Sandstreuvorrichtung ausgerüstet. Der Sand wird unter die Räder der jeweils vorderen Antriebsachse gegeben, um die **Haftreibung** zwischen Rad und Schiene zu erhöhen. Die Haftreibung bei Schienenfahrzeugen zwischen dem Stahl des Rades

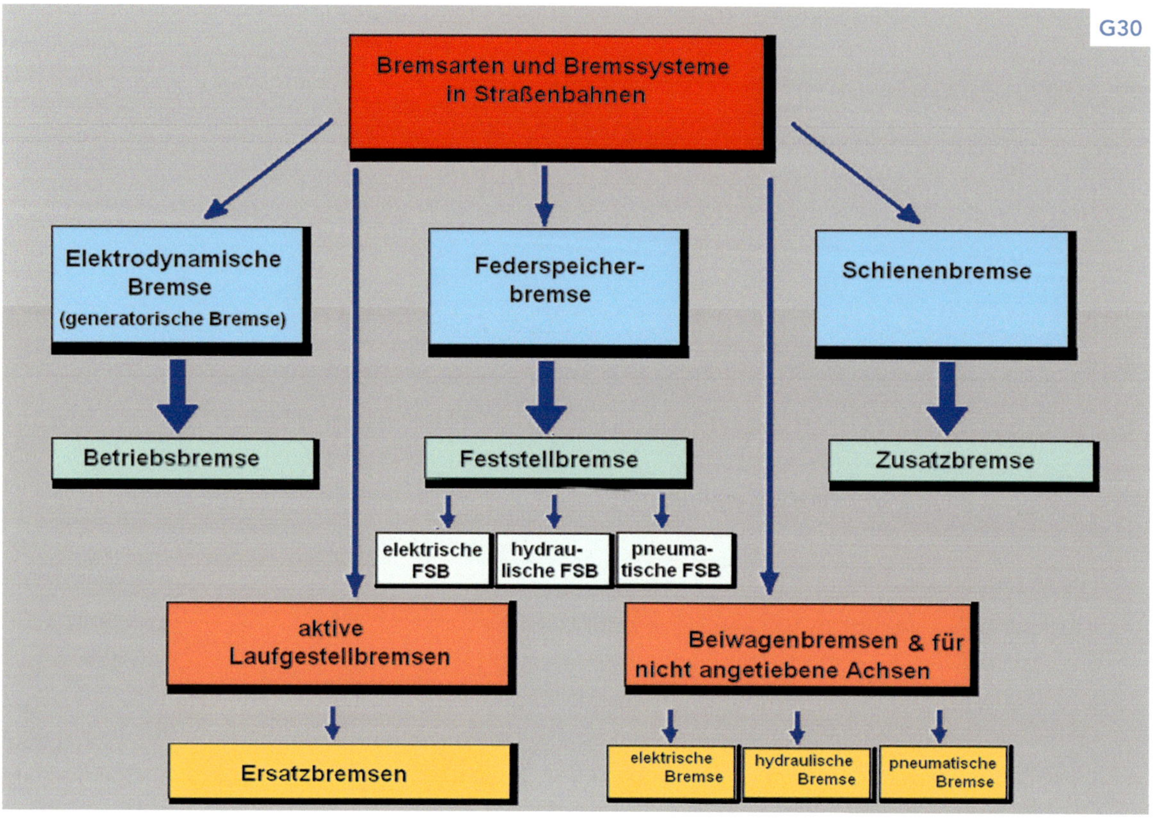

Bremsarten und Bremssysteme (Übersicht)

und dem Stahl der Schiene ist entschieden geringer als die Haftreibung eines Omnibusses zwischen Gummireifen und Asphalt.

> Die Haftreibung (Coulomb´sche Reibung) wird wie folgt berechnet:
> FR = μ × FN

Die Reibungskraft FR und Normalkraft FN (Kraft, mit der ein Körper senkrecht auf die Unterlage drückt) verhalten sich zueinander proportional. μ ist die Reibungszahl. Die Größe der Reibungszahl ist vom Material und von der Oberflächenbeschaffenheit der beiden Körper abhängig. $0 < \mu < 1$.

Der Wert μ ist entsprechenden Tabellen zu entnehmen oder nach dem Coulomb´schen Reibungsgesetz zu berechnen.

Nach Tabelle beträgt die Haftreibungszahl:

- Stahl auf Stahl (trockenes Wetter) 0,15
- Stahl auf Stahl (feucht, Laubfall) 0,08

Die Haftzugkraft zwischen Rädern und Schiene muss immer größer sein als die bezogene Antriebs- oder Bremskraft des Fahrzeugs, da sonst die Räder beim Fahren rollieren (durchdrehen) und beim Bremsen gleiten.

4.1 Betriebsbremsen

4.1.1 elektrodynamische Bremse

Die aktuelle Betriebsbremse von Straßenbahnen ist eine elektrodynamische oder auch generatorische Bremse. Die generatiorische Bremse arbeitet generell unabhängig vom Fahrstromnetz. Der Fahrmotor arbeitet dabei als Generator und hemmt sich selbst in der Bewegung. Da in Straßenbahnen Anker des Motors, Getriebe, Achse und Räder eine untrennbare Einheit bilden, wird das Fahrzeug gebremst. Dreht sich der Anker des Motors, drehen sich auch die Räder

– steht der Anker, stehen auch die Räder still. Anders als bei Kraftfahrzeugen rollt die Straßenbahn nach Erreichen der gewünschten Geschwindigkeit nach Abschalten des Fahrstroms durch die eigene Schwungmasse mit fast gleicher Geschwindigkeit weiter (energiesparende Fahrweise). Beim Betätigen der Bremse wirkt das Generatorprinzip. Dabei wird im Anker des Fahrmotors ein Strom erzeugt, der zum Abbremsen des Ankers selbst und damit der Straßenbahn verwendet wird.

Generatorprinzip:
Dreht sich ein Leiter (der Rotor) in einem Magnetfeld, wird diese Bewegungsenergie (kinetische Energie) mithilfe des magnetischen Felds in elektrische Energie umgewandelt (wie zum Beispiel auch beim Fahrraddynamo).

Auf diesem Prinzip beruhend wird zum Teil noch heute bei älteren Straßenbahnen die **Widerstandsbremse** verwendet. Der von den als Generator arbeitenden Gleichstrommotoren erzeugte Strom wird vom Anker abgenommen und über elektrische Widerstände zu den Feldern des Motors geleitet.

In den Widerständen wird der Strom unökonomisch in Wärme umgewandelt. Der an den Feldern ankommende Strom, der durch die zwischengeschalteten Widerstände immer geringer wird, bildet ein Magnetfeld, welches das Magnetfeld des Ankers hemmt und diesen abbremst. Die Widerstände werden nun nach und nach abgeschaltet, bis kein Strom mehr fließt und das Fahrzeug so gut wie still steht. Da am Ende des Bremsvorgangs kein Widerstand mehr zwischen Anker und Feld des Motors liegt und somit Feld und Anker kurz geschlossen sind, nennt man diese Art der Bremse auch „Kurzschlussbremse".

Die Weiterentwicklung der generatorischen Bremse von Gleichstrommotoren macht es uns heute möglich, den Strom nicht mehr ausschließlich in Widerständen zu vernichten, sondern die erzeugte Energie in das Fahrleitungsnetz zurückzuspeisen oder als Fahrgastraumheizung zu verwenden. Allerdings kann nicht ganz auf Widerstände verzichten werden, denn eine Rückspeisung in das Netz ist momentan nur möglich, wenn ein anderes aufnahmefähiges Fahrzeug im gleichen Netzabschnitt den zurückgespeisten Strom aufnimmt. Um den Strom als Heizung zu nutzen, muss es außerdem entsprechend kalt sein. Ist beides nicht der Fall, wird der Bremsstrom nach wie vor über die Widerstände vernichtet.

Die generatorische Betriebsbremse von Fahrzeugen, die ihren überschüssigen Bremsstrom zurück ins Netz speisen oder anders nutzen und nur im Ausnahmefall über den Bremswiderstand vernichten, wird **Nutzbremse** genannt. Das gilt sowohl für Fahrzeuge mit fremderregten Motoren als auch Drehstrommotoren. Auch die Nutzbremse (Fachbegriff: „**Rekuperationsbremse**") wandelt beim Bremsvorgang wie alle generatorischen Bremsen Bewegungsenergie in elektrischen Strom um *(G31 S. 46)*. Bei verschiedenen Elektrolokomotiven der Deutschen Bahn und zum Teil in neuen ÖPNV Bahnen (PRIMOVE) wird von der Möglichkeit Gebrauch gemacht, in einem Akkumulator zu speisen.

Fahrzeuge mit Drehstrommotoren besitzen Traktionsumrichter und Stromrichter. Beim Fahren wird der Gleichstrom aus der Fahrleitung in Drehstrom umgewandelt und beim Bremsen der vom als Generator laufenden Drehstrom-Asynchronmotor erzeugte Drehstrom über Stromrichter gleichgerichtet und zurück in das Netz gespeist. Bei Gleichstrommotoren entfällt das Gleichrichten. Es ist auch möglich in den Unterwerken Kondensatoren oder Akkus zu installieren, die diese Energie aufnehmen und die Bremsenergie nutzen.

Auf dem Gebiet der effizienten Energienutzung wird geforscht und durch die Entwicklung von Hochleistungsbatterien mit Lithium-Ionen-Zellen auf Nickel-Mangan-Kobald-Basis ist ein großer Schritt in Richtung Energiespeicherung gelungen. Diese Batterien sind leichter als bisherige Speicher und finden nicht nur bei Bahnen, sondern auch in Elektrobussen und E-PKW Verwendung.

G31

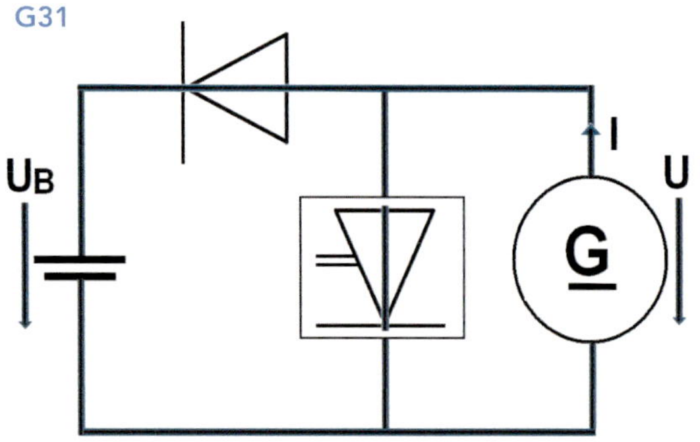

Grafik: Th. Backmann

Schaltbild Nutzbremse mit Thyristor

G32

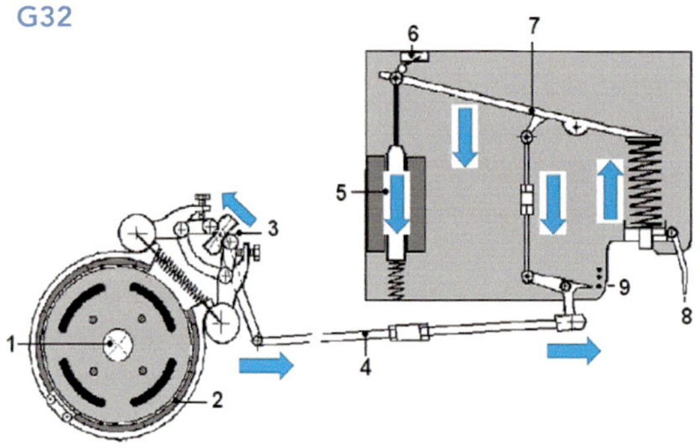

Grafik: Th. Backmann

Beispiel einer elektrischen Federspeicherbremse als Trommelbremse

65

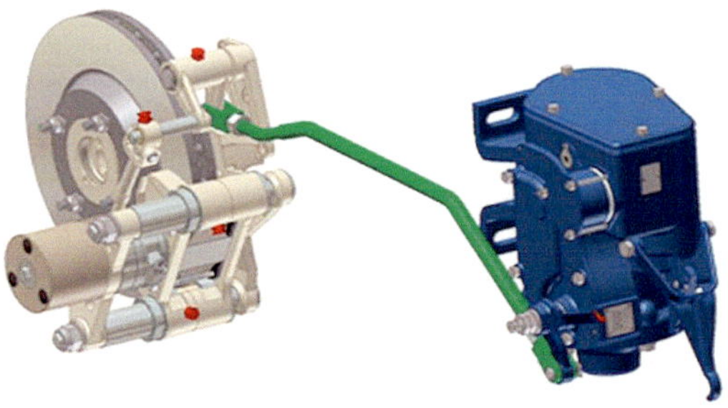

Foto: Bedienungsanleitung Heiterblick GmbH

FSB eines NGT 6

4.1.2 Druckluftbremse

Früher diente in manchen Verkehrsunternehmen die Druckluftbremse als Betriebsbremse von Straßenbahnen. Bereits vor 1900 wurden die ersten elektrischen Straßenbahnen mit Druckluft abgebremst. Von einem Achskompressor wurde die dafür benötigte Druckluft erzeugt. Er arbeitete nur während der Fahrt, sodass erst nach einer bestimmten Strecke genügend Bremsdruck vorhanden war. Bis dahin musste der Fahrer das Fahrzeug mit der Handbremse (Kurbel) anhalten. Zudem musste er ständig das Manometer beobachten, denn die elektrodynamische Bremse steckte noch in den Kinderschuhen.

Die Druckluftbremse wurde in den 20er Jahren verbessert. Die nötige Druckluft wurde von einem Motorkompressor erzeugt. Ein Druckluftschalter (Wächter) sorgte dafür, dass stets ein konstant bleibender Luftdruck in den Vorratsbehältern vorhanden war. Der verfügbare Luftdruck musste dennoch vom Triebwagenführer beobachtet werden, da Undichtigkeiten oder auch Defekte am Kompressor zu Druckverlusten führen konnten. Beim Bremsen wurde per Handhebel die Druckluft in den Bremszylinder gegeben, der auf eine mechanische Klotz- oder später auch Scheibenbremse wirkte. Da es sich bei dieser Druckluftbremse um eine aktive Bremse handelte, konnte man das Fahrzeug ohne Luft nicht normal abbremsen.

Doch einige Fahrzeuge besaßen bereits eine elektrodynamische Bremse. Sie war jedoch so grob, dass sie nur als Gefahrenbremse einsetzbar war. Als Feststellbremse diente eine Handbremse, die mittels Handkurbel über Gestänge die Bremsklötze an die Räder drückte.

Heute findet die Druckluftbremse vorwiegend noch als Federspeicherbremse, Beiwagenbremse oder Bremse für nicht angetriebene Achsen Anwendung. Die Druckluftbremse wird gegenwärtig vor allem im Eisenbahnbetrieb und bei verschiedenen U-Bahn-Fahrzeugtypen als Betriebsbremse genutzt, damit sehr lange Züge gleichmäßig und reaktionsschnell abgebremst werden können.

4.2 Feststellbremsen

Die Feststellbremse dient grundsätzlich dazu, das Fahrzeug gegen Wegrollen zu sichern. Sie ist laut BOStrab eine passive Bremse und als Federspeicherbremse (FSB) auszuführen – das bedeutet, sie wird mit einem Hilfsmittel gelöst (Strom, Hydraulik, Pneumatik) und durch eine Feder gebremst. Fehlt das Hilfsmittel, ist die Feder entspannt und die Bremse liegt an. Das Fahrzeug steht fest.

4.2.1 elektrische Federspeicherbremsen (Beispiel = Tatra)

Beim Anfahren *(G32 S. 46)* wird eine Kleinspannung (24 V) auf die Magnetspule (5) gegeben. Der darin befindliche Eisenkern wird durch das Magnetfeld nach oben gedrückt und bewegt damit die Wippe (7), welche die Bremsfeder zusammendrückt. Über die Zugstange (4) wird der Nocken (3) bewegt und die Bremsbacken lösen sich von der Bremstrommel. Über den KC-Schalter aus dem Tschechischen Kontrolka Celistová brzda* Kontrolllampe Trommelbremse) nwerden die Kontrollleuchten der Federspeicherbremse ein- oder ausgeschaltet. Beim Bremsen unter drei km/h bricht das Magnetfeld in der Spule zusammen, der Eisenkern fällt zurück, die Feder entspannt sich und über Zugstange und Nocken legt die Federspeicherbremse an. Eine als Scheibenbremse ausgestattete Federspeicherbremse wie beim NGT6 Leoliner *(Bild 65 S. 46)* hat den erheblichen Vorteil, dass sie durch ihre bessere Belüftung bei weitem nicht so heiß wird und höher beansprucht werden kann als eine Trommelbremse. In modernen Fahrzeugen ist es üblich, die Federspeicherbremse (fast nur noch Scheibenbremsen) als Ersatzbremse mitwirken zu lassen, wenn zum Beispiel bei einem Drehgestell die elektrodynamische Bremse aus irgendwelchen Gründen ausfällt. Der Bremsbetätiger (blau) ist im Aufbau mit der beschriebenen Bremse des Tatra identisch.

4.2.2 hydraulische Federspeicherbremse

Die hydraulische Federspeicherbremse *(G35– G39 S. 50)* ist in der Wirkungsweise der elektrischen Federspeichenbremse ähnlich. Im angebremsten Zustand ist die Feder entspannt, im gelösten Zustand wird die Feder mittels Hydraulikflüssigkeit zusammengepresst. Der Fahrer gibt seinen Bremsbefehl über das Bremspedal (Avenio von Siemens in Den Haag), den Fahr- und Bremshebel oder den Sollwertgeber. Unter einer einstellbaren Geschwindigkeit (zwischen etwa drei und sieben km/h) wird die Bremsflüssigkeit in das Hydrogerät zurückgeleitet, sodass sich die Bremsfeder entsprechend entspannen kann und die Bremse anlegt. Beim Anfahren wird die Bremse gelöst, indem Bremsflüssigkeit die Bremsfeder im Bremszylinder zusammendrückt. Auch die hydraulische Federspeicherbremse wirkt in der Regel auf Bremsscheiben und wird häufig von der Fahrzeugsteuerung als Ersatzbremse bei Ausfall der elektrodynamischen Bremse genutzt. Hydraulische Federspeichenbremsen können so angeordnet sein, dass das gesamte Fahrzeug über ein zusammenhängendes System oder aber jedes Gestell einzeln abgebremst wird.

4.2.3 pneumatische Federspeicherbremse

Die pneumatische Federspeicherbremse *(G40 S. 51)* ist bei nur einigen Straßenbahnen zu finden. In manchen U-Bahnen ist die pneumatische Bremse Betriebsbremse und Federspeicherbremse zugleich. Bei einigen Straßenbahnen dient sie als Feststell- oder Ersatzbremse, ist jedoch durch den Fahrer meist in Stufen steuerbar. In verschiedenen Fahrzeugen, wie beispielsweise im Stuttgarter GT 4 (gebaut in Esslingen), wird die Druckluft auch für Türbetätigung, Schaltwerksteuerung, Scheibenwischer, Sand etc. verwendet. Die Druckluft wird mit einem Luftpresser-Aggregat erzeugt. Dabei treibt ein Elektromotor einen Luftverdichter an. Die Trieb- und Laufachsen sind jeweils mit einer Innenbackentrommelbremse ausgestattet. Mittels Druckluft-Federspeicher-Bremszylinder wird die Bremskraft über einen Bremshebel auf die Trommelbremse übertragen. Senkt man den Luftdruck im Bremszylinder, entspannt sich die Bremsfeder und die Feststellbremse legt an. Auch hier gilt das Federspeicherprinzip: Ohne Druckluft liegt die Bremse an und die Bremsfeder ist entspannt, mit Druckluft wird die Bremsfeder zusammengedrückt und die Bremse gelöst. Der Fahrer kann diese Art der Druckluftbremse stufenweise benutzen, im Normalfall kurz vor Stillstand als Feststellbremse (hier darf die Betätigung nicht zu früh einsetzen, da die Achsen blockieren könnten und Flachstellen an den Rädern entstehen würden). Zur Vollbremsung soll sie jedoch nur bei Ausfall der elektrodynamischen Bremse unter Zugabe von Sand, um ein Gleiten zu verringern, verwendet werden. Um die Laufachsen unterstützend zur elektrodynamischen Bremse der Treibachsen abzubremsen, kann mit einer Bremsstellung am Bremshebel ein elektropneumatisches Ventil so geöffnet werden, dass es zu einem dosierten Entlüften an den Federspeicherbremsen der Laufachsen kommt.

> Federspeicherbremsen sind passive Bremsen. Sie arbeiten nach dem Sicherheitsprinzip. Sie werden mit einem Hilfsmittel gelöst (Strom, Flüssigkeit, Luft) und legen bei Entweichen des Hilfsmittels an!

Entweicht im Störungsfall das Hilfsmittel, gibt es eine Notlöseeinrichtung, die je nach Bauart und betrieblicher Vorschrift entweder durch das Fahrpersonal, die Dienstaufsicht oder das Werkstattpersonal auf der Strecke betätigt werden kann, um die Federspeicherbremse mechanisch zu lösen und somit das Fahrzeug von der zu Strecke zu räumen.

4.2.4 weitere Feststellbremsen

Erwähnenswert ist die früher alltägliche, mit Muskelkraft über Kurbel betätigte Handbremse. Zum Anziehen der Bremse wurde die Kurbel im Uhrzeigersinn gedreht, bis das Fahrzeug still stand. Ein Rasterrad verhinderte das Zurückdrehen der Kurbel. Zum Lösen musste eine Sperrklinke betätigt werden. Später wurde aus der Kurbelbremse eine Hebelhandbremse mit Ratsche (Ratschenbremse), die etwas weniger Kraftaufwand benötigte.

4.3 Ersatzbremsen (aktive hydraulische oder pneumatische Lauffahrwerksbremse)

Bei der aktiven Lauffahrwerks- oder Laufachsenbremse funktioniert das hydraulische oder pneumatische Wirkprinzip anders herum wie bei der Federspeicherbremse. In beiden Fällen ist die Bremse in ihrer Ruhestellung gelöst. Wird nun Bremsflüssigkeit oder Druckluft in den Bremszylinder gegeben, wirkt dieser Druck über den Bremszylinder auf die Bremsscheiben oder auf die Bremstrommeln und das Laufgestell oder die Laufachse wird abgebremst.

Im Vergleich dazu entspricht diese aktive Bremse nicht dem vorher beschriebenen Sicherheitsprinzip der Federspeicherbremsen. Entweicht bei einer aktiven hydraulischen oder pneumatischen Bremse ungewollt das Bremsmittel (Bremsflüssigkeit, Luft) bleibt der Bremszylinder in der Ruhestellung und die Bremse versagt!

4.4 Bremsen für nicht angetriebene Achsen bzw. Lauffahrwerke

4.4.1 Solenoidbremse

Die einfachste Variante einer Bremse für Beiwagen und nicht angetriebene Achsen ist die Solenoidbremse *(G33 S. 49)*. Ein Solenoid ist eine Hohlspule mit einem Eisenkern, an dem ein Bremsgestänge (häufig Scherengestänge) befestigt ist. Kommt nun Strom auf die Spule, baut sich in dieser ein Magnetfeld auf und der Eisenkern wird in die Spule gezogen (bei Gleichstrom richtet sich die Richtung des Magnetfelds nach der Stromrichtung). Der Solenoid wirkt auf die Bremsscheibe oder die Bremsklötzer. Im Stillstand wird der Solenoid entweder von der Batterie weiter versorgt oder der Beiwagen bzw. die entsprechenden Achsen des Gelenkwagens werden im Stillstand von der Feststellbremse der Triebfahrwerke aus mit festgehalten.

4.4.2 kombinierte Federspeicher-Solenoidbremse (Beispiel Tatra-Beiwagen)

Diese Bremse *(G34 S. 49)* besteht aus einem Solenoid und einer Federspeicherbremse (pro Achse). Im ausgeschalteten Zustand wirkt nur die Federspeicherbremse, im eingeschalteten Zustand nur der Solenoid. Beim Einschalten wird Batteriestrom auf die Federspeicherbremse gegeben. Dadurch bildet sich im Haltemagnet ein Magnetfeld, das die Bremsfeder zusammenzieht. Gleichzeitig bekommt der Solenoid Batteriespannung, sodass sich auch hier ein Magnetfeld bildet, wodurch sich der Eisenkern in Richtung Bremsscheibe bewegt. Nun ist die Bremse nicht mehr mechanisch, sondern elektrisch angelegt. Beim Fahren ist lediglich der Solenoid stromlos, der Haltemagnet der Federspeicherbremse bleibt unter Spannung. Der Eisenkern des Solenoids bewegt sich zurück und die Bremsbacken lösen sich von der Bremsscheibe. Beim Bremsvorgang übernehmen die als Generator geschalteten Fahrmotoren des davor laufenden Triebwagens die Erzeugung des Bremsstroms für die Solenoide des Beiwagens. Der Eisenkern bewegt sich wieder in Richtung Federspeicherbremse und drückt die Bremsbacken (indirekt, weil die Federspeicherbremse mit dem unter Spannung stehenden Haltemagneten und der zusammengezogenen Bremsfeder dazwischen ist) an die Bremsscheibe. Wenn die generatorische Bremse nicht mehr wirkt (etwa bei drei km/h), bekommt der Solenoid den

Bremsstrom von der Batterie, sodass der Solenoid sowohl die Betriebsbremse als auch die Feststellbremse des Beiwagens bildet. Die Federspeicherbremse springt nur für den Fall einer Zugtrennung ein, wenn der Wagen ausgeschaltet oder der Beiwagen abgestellt ist. Bei schadhafter Federspeicherbremse existiert eine mechanische Notlösevorrichtung mittels Kurbel oder Hebelvorrichtung (Weichenstelleisen).

4.4.3 passive elektrohydraulische Bremse für Lauffahrwerke und Beiwagen

Viele Beiwagen oder Lauffahrwerke *(G35 und G36 S. 50)* in Triebwagen und in Gelenkfahrzeugen arbeiten nicht mehr mit der elektrischen, sondern mit einer elektrohydraulischen Bremse. Diese ist unabhängig vom Bremsstrom des Triebwagens/Triebfahrwerks. Sie wird mit Kleinspannung über ein eigenes Bremssteuergerät vom Triebwagen/Triebfahrwerk aus gesteuert und arbeitet nach dem Federspeicherprinzip. Beim Anfahren wird über das Bremssteuergerät das Hydrogerät angesteuert, welches die Bremsflüssigkeit in den Bremskreislauf als Druck auf die Bremsfeder pumpt, damit die Bremse löst. Beim Einleiten der Betriebsbremse sinkt die Spannung am Bremssteuergerät von 24 V kontinuierlich auf 0 V ab, wodurch das Hydrogerät den Druck senkt und die Bremsfeder sich langsam entspannt. Die Bremsflüssigkeit fließt dadurch zurück in das Hydrogerät und die Bremsbacken legen an die Bremsscheibe an *(G35 und G36 S. 50)*.

Im Beispiel Grafik G39 auf S. 50 handelt es sich um einen Zweirichtungswagen mit zwei Triebdrehgestellen und einen Laufdrehgestell (Mitte). Da die Federspeicherbremse nur auf jeweils eine Achse des Drehgestells wirkt, wurde in dieser Prinzipdarstellung auf die Zeichnung der zweiten Achse des Drehgestells verzichtet. Im Vergleich zu anderen hydraulischen Federspeicherbremsen, die im Schadensfall einzeln pro Drehgestell zu lösen sind, werden bei diesem System im Schadensfall alle Drehgestelle gleichzeitig gelöst. Das Wirkprinzip der pneumatischen Federspeicherbremse ist dem der hydraulischen Federspeichenbremsen sehr ähnlich. Sie wird mit Luft gelöst und legt durch die Federkraft an.

G33

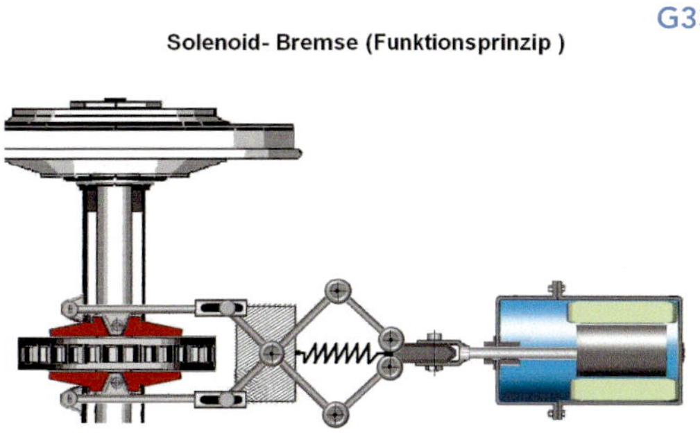

Grafik: Th. Backmann

Prinzipdarstellung einer Solenoidbremse mit Scherengestänge

G34

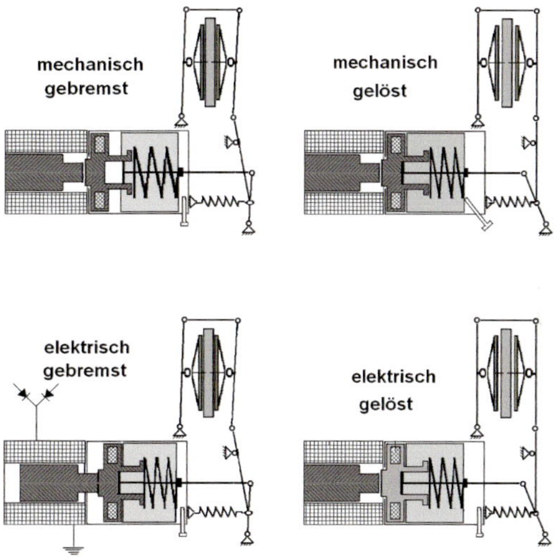

Grafik: Th. Backmann nach „Straßenbahnen" Mäurich/Stößel

Prinzip der kombinierten Federspeicher-Solenoidbremse

Praxis-Hinweis:
Eine elektrohydraulische Bremse muss nach dem Einschalten des Fahrzeugs immer erst Betriebstemperatur und -druck erreichen. Deshalb sollten zwischen dem Einschalten des Fahrzeugs und dem ersten Anfahren mindestens 1,5 Minuten vergehen.

G35

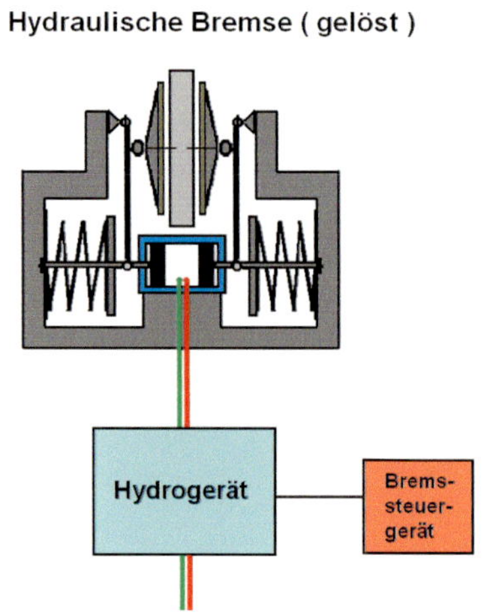

G37

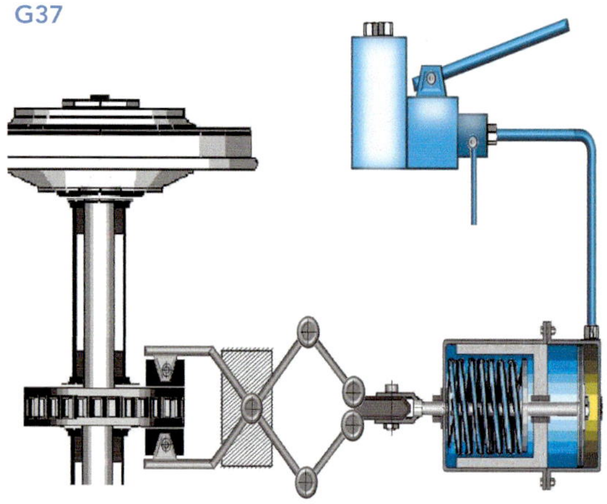

G36

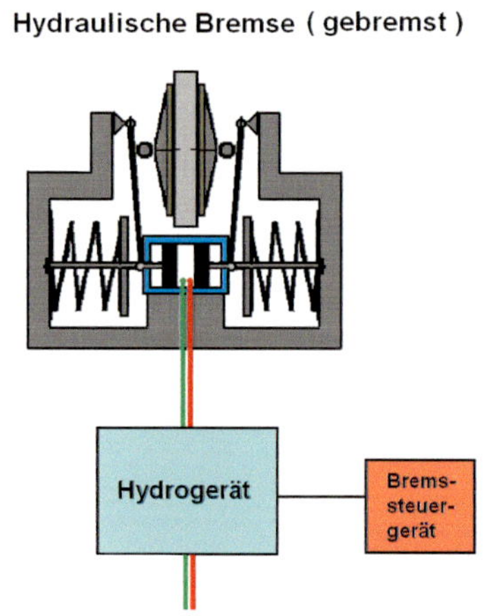

G38

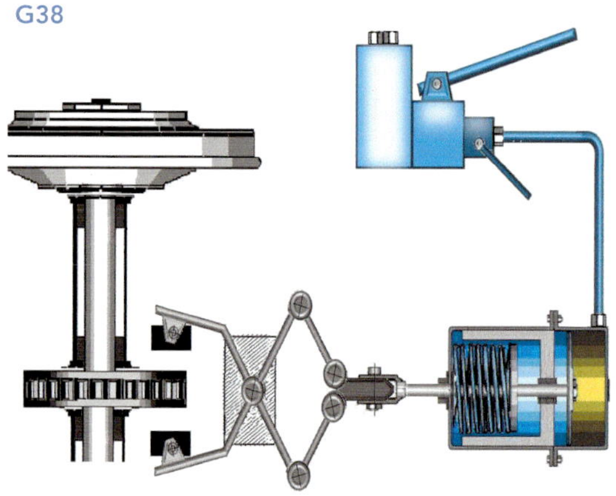

Prinzip einer hydraulischen Laufgestell- oder Beiwagenbremse nach Federspeicherprinzip

Prinzip einer hydraulischen Federspeicherbremse als Feststellbremse: gebremst (G37) und gelöst (G38)

G39

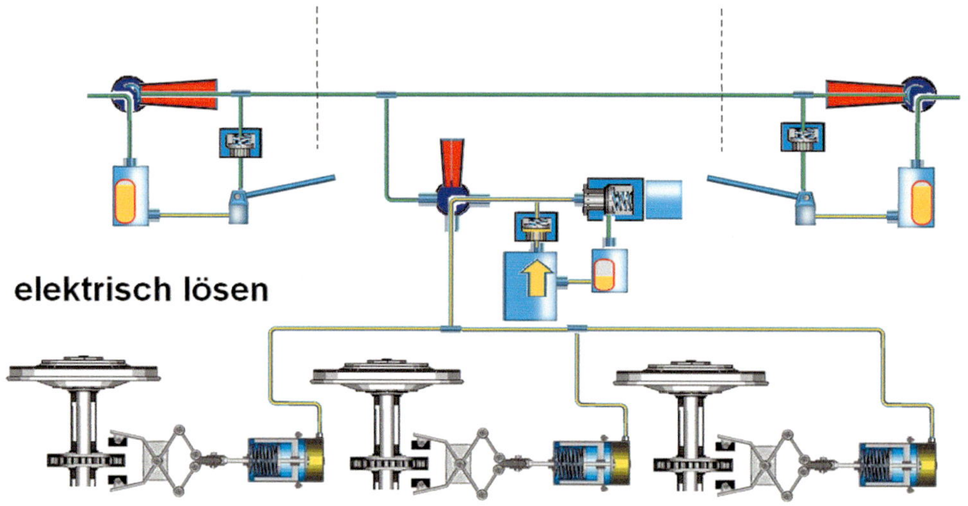

Beispiel einer hydraulischen Feststellbremse im Wagenzug

Grafiken: Th. Backmann

4.5 Magnetschienenbremsen

Die Magnetschienenbremse ist bei Stadt- und Straßenbahnen sowie neuen U-Bahnen die Zusatzbremse. Sie funktioniert unabhängig von der Haftreibung zwischen Rad und Schiene (Kraftschlussunabhängig). Wenn eine Spannung auf die Schienenbremsspule gegeben wird, bildet sich in der Spule ein Magnetfeld, das durch das Magnetjoch verstärkt wird. Dadurch zieht sich die Schienenbremse an die Schiene an. Neben der Magnetwirkung zwischen dem Schleifschuh und der Schiene entsteht auch noch eine starke Gleitreibung. *(Aufbau siehe G41 S. 51)*. Die **Magnetschienenbremse** ist federnd aufgehängt. Der Schleifschuh befindet sich etwa acht Millimeter über der Schienenoberkante. Die Anpresskraft richtet sich nach Auflagefläche und Größe der Erregerstromstärke. Sie liegt bei Straßenbahnen durchschnittlich zwischen 40 und 80 kN pro Schienenbremse. Die Schienenbremse sollte nur im Gefahrenfall verwendet werden, da sie in Verbindung mit anderen Bremsen eine sehr starke Bremswirkung entwickelt.

Anfangs wurden Schienenbremsen mit Bremsstrom von den Fahrmotoren gespeist. Später setzte sich die Frischstrom-Schienenbremse durch, die mit Fahrleitungsspannung versorgt wurde. Da damals Weichen in vielen Städten ebenfalls mit Fahrleitungsstrom verstellt wurden, konnte es passieren, dass sich durch Betätigen der Schienenbremsen die Weiche verstellte, was zu Flankenfahrten führte. Zudem funktionierten die Schienenbremsen nicht bei Stromausfall. Die Frischstromspeisung war also mit Risiken behaftet.

In einigen wenigen, meist historischen Fahrzeugen finden sich noch heute Schienenbremsen, die mit Fahrleitungsspannung betätigt werden. Inzwischen hat sich aber das Weichenstellsystem geändert: Weichen werden heute überall in Deutschland vom Fahrstrom unabhängig gestellt, sodass auch eine mit 600 V gespeiste Schienenbremse nicht mehr gefährlich ist.

Bei Neubaufahrzeugen arbeiten die Schienenbremsen schon seit Jahren ausschließlich mit Batteriespannung (24 V). Sie sind unabhängig von Weichensystemen sowie Fahrleitungsspannung und daher sehr zuverlässig. Allerdings ist die Bremskraft der Schienenbremse nicht regelbar, sodass bei ihrem Einsatz bis zum Stillstand ein starker Halteruck entsteht, der zu schweren Fahrgaststürzen führen kann.

G40

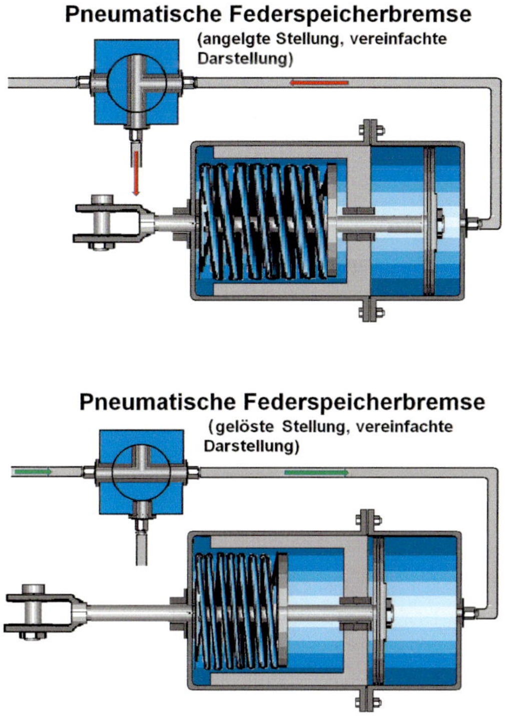

Zeichnungen: Thomas Backmann

G41

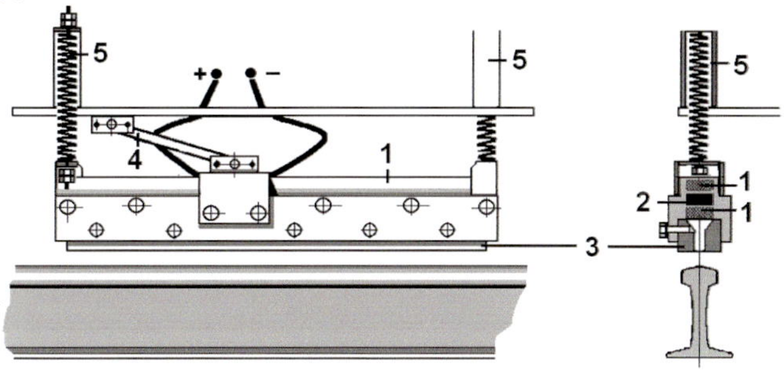

Schienenbremse und ihre Bauteile:
1. Magnetspule; 2. Magnetjoch; 3. Schleifschuh;
4. Führung; 5. Federaufhängung

Grafik: Thomas Backmann nach „Straßenbahnen" Mäurich/Stößel

66

Dachwiderstände eines G4

67

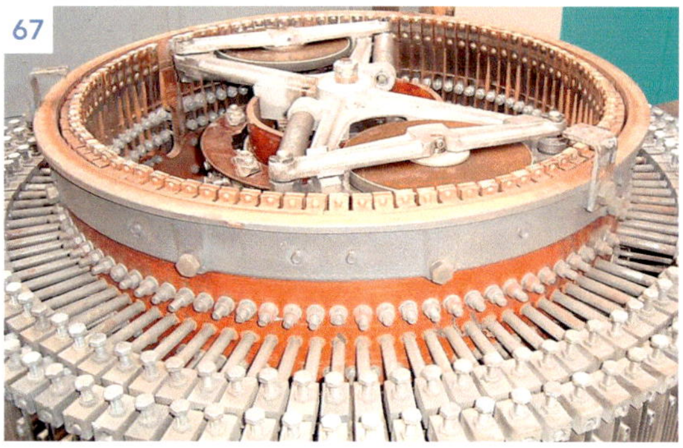

Beschleuniger vom PCC-Wagen bis zum T3D/T4D

68

Beschleuniger eines KT4D, von CKD Praha weiterentwickelt

69

PCC-Wagen in Boston, USA 2006

5. Fahrzeugsteuerungen

Die BOStrab schreibt für die Fahrzeugsteuerung vor, dass

- Bremsbefehle stets vorrangig gegenüber Fahrbefehlen ausgeführt werden,
- Antriebs- und Bremskräfte sich mit möglichst geringem Ruck ändern und
- bei Fahrbetrieb ohne Fahrzeugführer die Ausführung der Bremsbefehle überwacht wird.

Personenfahrzeuge müssen ein Überwachungssystem besitzen, das das Fahrzeug zum Stillstand bringt, wenn der Fahrer ausfällt. Außerdem müssen Personenfahrzeuge, die auf Strecken mit Zugsicherungsanlagen nach § 22 BOStrab fahren, mit einer ergänzenden Zugsicherungseinrichtung ausgerüstet sein. Nicht alle Städte besitzen Strecken mit Zugsicherungsanlagen. Fahrzeuge ohne Fahrzeugführer bilden zurzeit noch die Ausnahme *(siehe U-Bahnen Kapitel 19)*.

5.1. Widerstandssteuerung

5.1.1. direkte Widerstandssteuerung

Die klassische Steuerung von Straßenbahnen ist die Widerstandssteuerung, die jedoch heute aufgrund ihrer Unwirtschaftlichkeit immer seltener im Linienbetrieb anzutreffen ist (außer in historischen Fahrzeugen). Hier werden mittels Fahrschalter (per Hand) über die Fahr- und Bremswalze die Widerstände einzeln ab- oder zugeschaltet – je nachdem, wie es beim Fahren oder Bremsen benötigt wird.

Es gibt verschiedene Arten von Fahrschaltern. Anfangs wurden Schleifringfahrschalter verwendet, später Nockenfahrschalter. Der in Gotha ab 1959 gebaute Gelenkwagen des Typs G 4 *(Bild 22 S. 17)* besitzt einen Unterflur-Nockenfahrschalter. Das Ab- und Zuschalten der Widerstände *(Dachwiderstände wie in Bild 66 S. 52)* erfolgt durch den Fahrer per Hand und erfordert von ihm viel Geschick und Gefühl. Bei der Steuerung mit Fahrschalter sind beim Fahren zwischen der Fahrleitung und den in Reihe geschalteten Fahrmotoren Widerstände geschaltet, die vom Fahrer abgeschaltet werden. Schaltet der Fahrer an Schaltrad oder Kurbel weiter, werden die Motoren parallel geschaltet und alle Widerstände erneut zugeschaltet. Will man die Höchstgeschwindigkeit erreichen, werden wieder alle Widerstände abgeschaltet und dann wird, ebenfalls per Hand, die Feldschwächung *(siehe Punkt 3.6.1)* zugeschaltet.

Beim Bremsen sind die Motoren vom Netz getrennt. Sie werden nun als Generatoren betrieben. Zwischen Anker und Feld sind Widerstände geschaltet *(siehe Punkt 4.1.1)*. Schaltet der Fahrer die Widerstände beim Bremsen zu schnell ab, wird die Haftzugkraft unterschritten und das Fahrzeug gleitet. Werden die Widerstände beim Fahren zu schnell abgeschaltet, drehen aus gleichem Grund die Räder durch.

5.1.2. halbautomatische Widerstandssteuerung

Eine Besonderheit der Widerstandssteuerung bildet der vom amerikanischen PCC-Wagen *(Bild 69 S. 52)* abstammende Wagen, der in der CSSR auf Lizenz nachgebaut wurde. In der CSSR wurde er von den Tatrawerken Prag gebaut. Seine Steuerung funktioniert wie folgt: Er besitzt in seiner Grundform einen Accelerator *(Beschleuniger – siehe auch Bild 67 S. 52)*. In ihm liegen 99 Widerstände in einer Reihenschaltung vor den Motoren (die Motoren sind im Drehgestell in Reihe geschaltet und die Drehgestelle zueinander parallel). Ein Steuermotor schaltet die Widerstände entsprechend der vom Fahrer mittels Fahrpedal vorgegebenen Fahrstufe ab. Sind alle Widerstände abgeschaltet, wird der Beschleuniger überbrückt und über einen in ihm befindlichen Nockenzylinder die Schütze für die Feldschwächung geschaltet.

Beim Bremsen liegen die Widerstände ebenfalls in Reihe zwischen den Bremsstrom erzeugenden Ankern und den Erregerfeldern der Fahrmotoren. Drei Zusatzwiderstände, die zusammen den gleichen ohm´schen Wert haben wie die 99 Widerstände, liegen ebenfalls mit in diesem Bremsstromkreis. Ein Umschaltschütz macht es möglich, dass der Beschleuniger beim Bremsen aus Höchstgeschwindigkeit zweimal vom Bremsstrom durchflossen wird. Nachdem die 99 Widerstände zum ersten Mal abgeschaltet sind, schaltet das Umschaltschütz die drei Zusatzwiderstände weg und die 99 Widerstände des Beschleunigers wieder zu. Damit sind beim Bremsen den Motoren 198 Widerstände vorgeschaltet – ein sehr feinstufiges Bremsen wird so ermöglicht. Das Abschalten der Widerstände erfolgt wie beim Fahren automatisch nach der Vorgabe des Fahrers mit dem Bremspedal. Wählt der Fahrer eine niedrige Fahr- oder Bremsstufe, werden die Widerstände langsamer abgeschaltet als bei einer hohen Bremsstufe. Der Strom wird in den Widerständen in Wärmeenergie umgewandelt. Die Wärme muss mittels Lüfter abgekühlt werden. Mit abnehmender Drehzahl des Ankers sinkt auch die induzierte Bremsspannung. Eine Schleuder- und Gleitschutzeinrichtung verhindert im geringen Maße das Schleudern oder Gleiten beim Fahren und Bremsen. Sie wirkt nur, wenn die Achsen im Drehgestell zu einer unterschiedlichen Drehzahl neigen oder eine unterschiedliche Drehzahl haben. Gleiten beide Achsen, ist die Gleitschutzeinrichtung wirkungslos. Der PCC-Wagen und die daraus folgenden tschechischen PCC-Lizenzbauten sind die weltweit am häufigsten gebauten Straßenbahnen (insgesamt etwa 40.000).

5.1.3. elektropneumatische Steuerung mit Widerständen

Bei dieser Ansteuerungsart werden die Widerstände über elektropneumatische Schütze abgeschaltet. Die Ansteuerung erfolgt manuell über einen Fahr- und Bremshebel: Der Fahrer betätigt den Hebel. Über die Steuerwalze wird die Nockenschaltwalze bewegt. Jedes Schütz ist mit einem Magnetventil ausgerüstet. Der Klappanker des Magnetventils ruht auf einem Ventilstößel. Wird der Magnet des Ventils erregt, strömt Druckluft in den dazugehörigen Luftzylinder. Mittels einer Kolbenstange wird der Arbeitskontakt des Schützes gegen den Festkontakt gedrückt und das Schütz schließt. Wird der Strom vom Magnetventil abgeschaltet, öffnet das Schütz über eine Rückholfeder.

- Fahren: Beim Fahren sind die Motoren zuerst in Reihe geschaltet und alle Widerstände sind, ebenfalls in Reihe, vorgeschaltet. Über die elektropneumatischen Schütze werden, wie bereits beschrieben, die Widerstände nacheinander abgeschaltet. Anschließend werden die Motoren parallel geschaltet, alle Widerstände erneut in Reihenschaltung davor. Sind nun alle Widerstände mittels der Schütze weggeschaltet, liegt die volle Fahrdrahtspannung an den Motoren an.
- Bremsen: Wie bei allen elektrodynamischen Bremsen werden die Motoren vor der Bremsung vom Netz getrennt. Die Fahrmotoren liegen in Reihe, alle Widerstände sind ebenfalls in Reihe davor geschaltet. Betätigt nun der Fahrer den Fahr- und Bremshebel auf „Bremsen",

G42

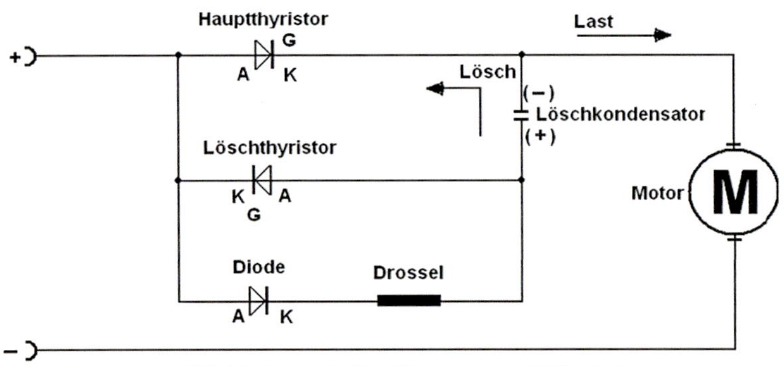

Gleichstromsteller-Steuerung mit Thyristor
Grafik Th. Backmann

G43a

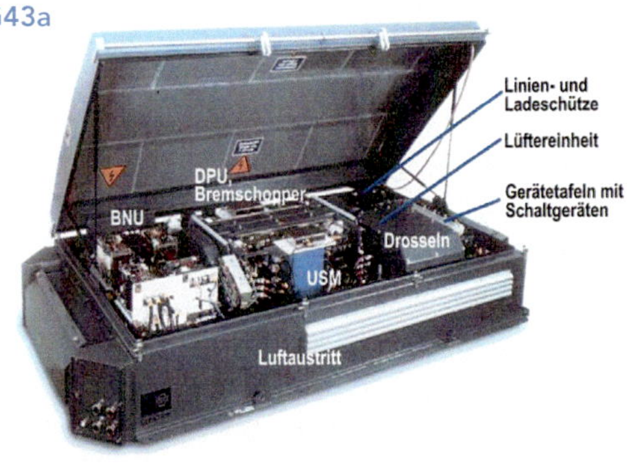

Foto: Bedienungsanleitung Heiterblick GmbH

Dachcontainer eines NGT 6

70B

Foto: R.R.Scholze

Leipzig T6A2

werden über die elektropneumatischen Schütze die Widerstände abgeschaltet und die Motoren wie bei der einfachen Widerstandsbremse abgebremst. Das Fahrzeug hat dann eine Geschwindigkeit von rund drei Kilometer pro Stunde. Bei Fahrzeugen mit vorhandenem Druckluftsystem wird meist eine Druckluft-Federspeicherbremse als Feststellbremse genutzt.

5.2 Moderne Steuerungsarten

5.2.1 Stromrichter, Thyristoren, Frequenzsteuerung, IGBT-Technik

Ein **Stromrichter** kann als

- Gleichrichter (GR),
- Wechselrichter (WR),
- Wechselstromumrichter (WUR) und
- Gleichstromumrichter (GUR)

arbeiten.

Gleichrichter wandeln Wechsel- oder Drehstrom in Gleichstrom um (richten ihn gleich). Dabei fließt elektrische Energie vom Drehstromnetz über Gleichrichter zum Gleichstromnetz.

Beim **Wechselrichter** ist es umgekehrt. Er wandelt Gleichstrom in Wechselstrom oder Drehstrom um. Es kann also elektrische Energie vom Gleichstromnetz zu einem Dreh- oder Wechselstromsystem über den Wechselrichter fließen. Das bedeutet: Ein Drehstrommotor kann über Stromrichter vom Gleichstromnetz betrieben werden. Der Stromrichter arbeitet dann als Wechselrichter. Erzeugt beim Bremsen der Drehstrommotor Bremsstrom, kann dieser über den Stromrichter, der dann als Gleichrichter arbeitet, ins Gleichstromnetz zurückgespeist werden.

Wechselstromumrichter wandeln Wechselstrom mit einer Anzahl von Phasen, gegebener Spannung und Frequenz in einen anderen Wechselstrom mit anderer Spannung, Frequenz und/oder Polzahl um. Sie finden bei Elektroloks der Eisenbahn häufig Anwendung. Der **Drehstromumrichter (DUR)** ist eine Sonderform des Wechselstromumrichters. Gesteuerte Drehstromumrichter können aus Gleich-, Wechsel- oder Drehstrom wieder Drehstrom mit beliebiger Frequenz erzeugen.

Ähnlich verhält es sich mit den **Gleichstromumrichtern** (sie werden auch als DC-DC-Wandler bezeichnet). Sie wandeln Gleichstrom einer gewissen Polarität und Spannung in Gleichstrom anderer Polarität und Spannung um. Auch die Ausgangsspannung kann in ihrer Höhe verstellt werden. Deshalb werden Gleichstromumrichter häufig zur Realisierung von Stromansteuerungsgeräten in modernisierten Straßenbahnen mit Gleichstrommotoren eingesetzt. Die erzeugte Gleichspannung wird bei der Gleichstromsteller-Steuerung fast verlustfrei verstellt. Die Gleichstromsteller-Steuerung beinhaltet Frequenz und Impulsbreitensteuerung.

Arbeitsweise des **Gleichstromstellers** mit Thyristor: Wird von der Steuerung der Zündimpuls für den Hauptthyristor gegeben, wird Zündstrom an das Gate des Hauptthyristors gelegt und es fließt Strom zu den Motoren. Dabei wird auch der Löschkondensator auf Netzspannung aufgeladen. Ist der von der Steuerung zugeordnete Wert erreicht, wird der Zündimpuls an den Löschthyristor gegeben, wodurch sich der Löschkondensator entlädt und Strom zum Hauptthyristor schickt. Dieser Entladestrom fließt entgegengesetzt zum Laststrom des Hauptthyristors und sperrt den Hauptthyristor. Der Strom der Fahrmotoren fließt dann über die Diode sowie die Drossel und klingt ab. Wird der untere Sollwert erreicht, zündet wieder der Hauptthyristor, der Löschkondensator lädt sich auf. Diese Stromreglung erfolgt als Zweipunktreglung mit einer veränderlichen Frequenz (in der Regel zwischen 20 und 450 Hertz), bis an den Fahrmotoren der volle Strom anliegt und der Hauptthyristor offen bleibt. Die Impulsbreite richtet sich nach dem vorgegebenen oberen und unteren Wert der in der Steuerung programmierten Fahr- und Bremsstufen. Beim Bremsen arbeitet der Gleichstromsteller analog, der Bremsstrom wird von den Fahrmotoren erzeugt (generatorische Bremse, elektrodynamische Bremse).

Ende der 70er Jahre entwickelte man die Thyristoren weiter zum GTO-Thyristor (engl.: Gate Turn Off). Dieser löscht sich selbst.

Bei der Modernisierung von Fahrzeugen wird oft ein kompakter Gleichstromsteller (Chopper) in IGBT-Technik (engl.: Insulated Gate Bipolar Transistor) als Ersatz für die Schützensteuerung verwendet. Diese Geräte sind kleiner und leichter als die bislang verwendete Thyristortechnik. Die vorhandenen Gleichstrommotoren können somit weiter verwendet werden.

Arbeitsweise des Choppers (zu deutsch „Zerhacker"): Bei Vollspannungsmotoren wird in der Regel jedem Motor, bei Halbspannungsmotoren jeder Motorgruppe, ein separater Chopper mit zugehörigem Fahr-/ Bremsregler zugeordnet (redundante Steuerung). Im selben oder in einem separaten Dachcontainer befindet sich ein wartungsarmer statischer Bordnetzumrichter (BNU). Verschleißintensive Widerstände und Schütze werden bei der Modernisierung sehr stark reduziert. Der Chopper benötigt nur die für die Motoren erforderliche Energie zur Antriebsleistung und führt ihnen diese durch Takten in den nötigen Impulsen zu, sodass die der Fahrleitung entnommene Energie effektiv genutzt wird. Beim Bremsen werden die Motoren wie bisher als Generator geschaltet. Durch die elektronische Regelung wird aber auch hier die Energie in das

G43

Grafik: Th. Backmann nach Vorlage der Bedienungsanleitung NGT 6, Heiterblick GmbH

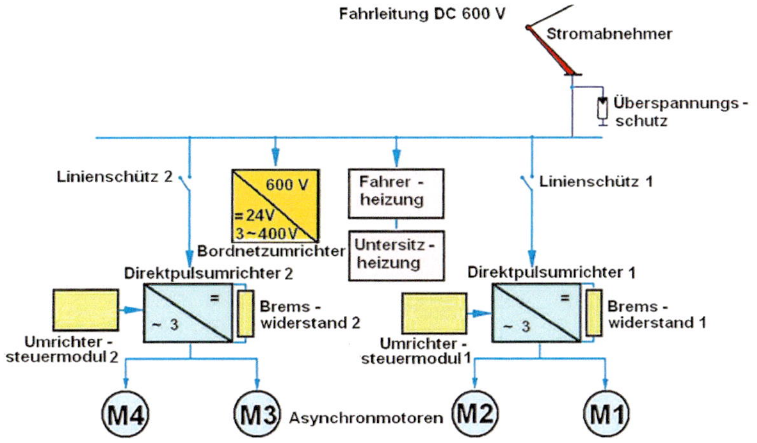

Beispiel einer aktuellen Fahrzeugsteuerung: Antriebskonzept und Steuerung (schematische Darstellung)

G44

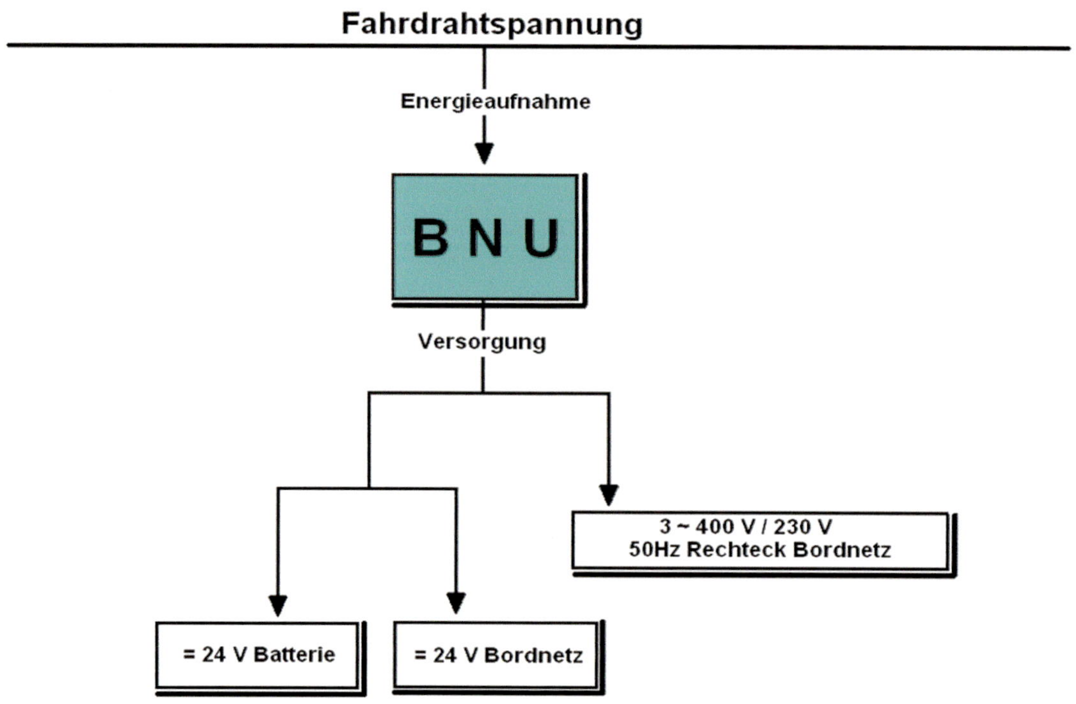

Prinzipdarstellung eines BNU

Grafik: Th. Backmann

G45

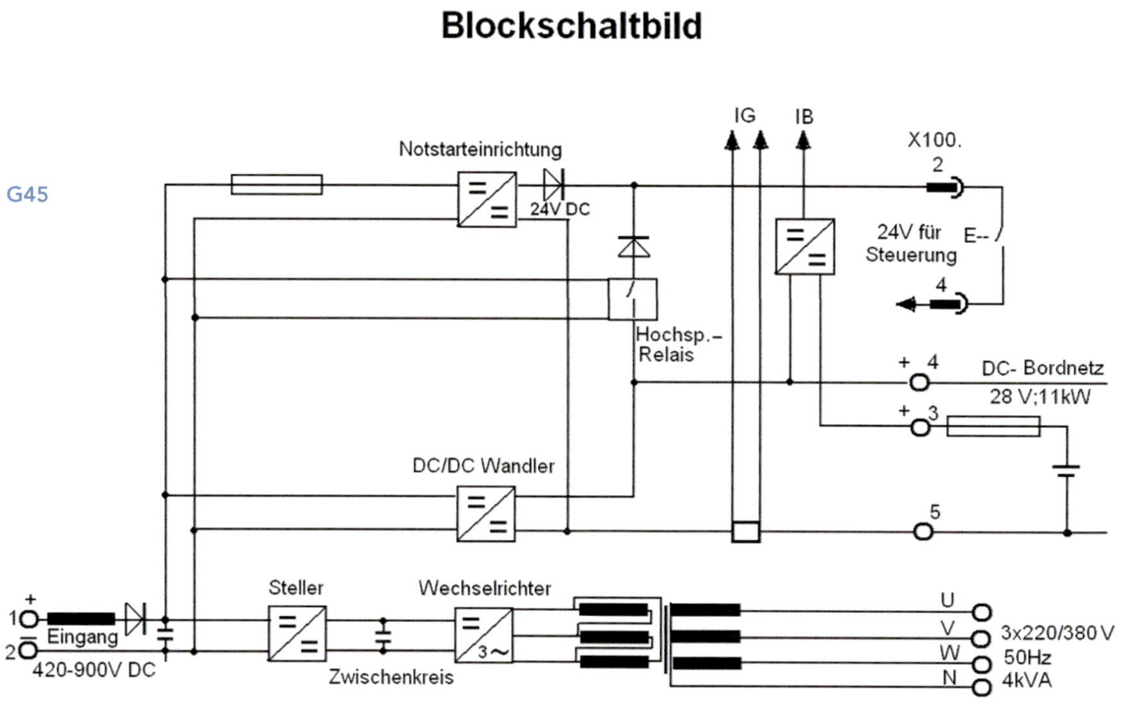

Schaltbild des BNU vom NGT 8 (Leipzig), Baujahr 1995

Grafik: Siemens Bedienungsanleitung NST 8

Netz zurückgespeist, sofern sich ein anderes aufnahmefähiges Fahrzeug im gleichen Speisebezirk befindet *(siehe Bremsen 4.1)*.

Neubaufahrzeuge von Straßenbahnen, Stadtbahnen und U-Bahnen werden nur noch mit Drehstrom-Asynchronmotoren angetrieben, werden aber weiterhin vom Gleichstromnetz gespeist. Um diese Maschinen antreiben zu können, wird, wie bereits beschrieben, mithilfe von Umrichtern die am Fahrdraht bzw. der Stromschiene zur Verfügung stehende Gleichspannung in eine dreiphasige Ständerwechselspannung variabler Größe und Frequenz um- gerichtet. Arbeitet die Asynchronmaschine als Motor, wird der Gleichstrom in Drehstrom umgewandelt. Wird der Asynchronmotor als elektrodynamische Bremse geschaltet, kehrt sich die Energieflussrichtung um. Der Strom wird nun gleichgerichtet und speist die Bremsenergie in das Gleichstromnetz zurück. Die Leittechnik wird heute über Steuergeräte mit entsprechender Software, die über BUS-Systeme miteinander kommunizieren, gesteuert, geregelt und koordiniert.

5.2.2 Umformer, Bordnetzumformer, Bordnetzumrichter

Ältere Fahrzeuge besitzen meist nur einen einfachen, rotierenden Umformer, der die Fahrleitungsspannung in Kleinspannung umwandelt und die Fahrzeugbatterie nachlädt. Zwischen dem Umformer und der Batterie befindet sich bei Fahrzeugen mit rotierendem Umformer ein Laderegler, der die ungeregelte Kleinspannung glättet und die Batterie auf einen eingestellten Wert nachlädt. Straßenbahnbatterien haben eine Nennspannung von 24 Volt. Der rotierende Umformer arbeitet ähnlich wie ein Fahrraddynamo, jedoch mit höheren Spannungen. Ein meist mit 600 Volt angetriebener Motor treibt einen Generator an, der die Kleinspannung erzeugt. Durch die neue, generell mit Kleinspannung funktionierende Steuer- und Regeltechnik wird heute eine äußerst stabile Kleinspannungsversorgung verlangt. Diese wird mit einem statischen Bordnetzumformer erzeugt. Außerdem werden Lüfter, Heizung, Klimaanlagen, Steckdosen etc. häufig mit Wechsel- bzw. Drehstrom betrieben, sodass ein Bordnetzumformer heute nicht nur die Kleinspannung erzeugt, sondern auch einen Stromkreis für die benötigten drei bis 400 Volt oder 230 V/50 Hertz bereitstellt. Manche Fahrzeugtypen verfügen aufgrund ihrer

Beim NGT 8 (Leipzig) muss der Sollwertgeber beim Fahren um 90° nach rechts gedreht gehalten werden, um die Sicherheitsschaltung herzustellen.

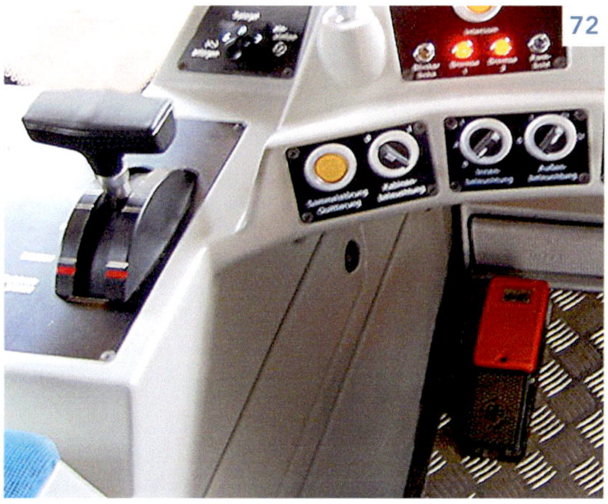

Der Sollwertgeber des NGT 6 (Leipzig) wird mittels Gewicht der Hand niedergedrückt.
Als Alternative kann aber auch der Fuß-Totmann (Pedal) getreten werden.

besonderen Ausstattung und Größe gleich über zwei Bordnetzumrichter (zum Beispiel FLEXITY von Bombardier). Die BNU können unterschiedlich aufgebaut sein, erfüllen jedoch immer den gleichen Zweck. Auf Seite 56 sind in den Grafiken G44 und G45 sowohl eine Prinzipdarstellung als auch ein Blockschaltbild zu sehen.

5.3 Sicherheitsüberwachung/ Totmann-Einrichtung

Zur serienmäßigen Ausstattung von neuen Stadt- und Straßenbahnen gehört heute eine Sicherheitsüberwachung, auch „Totmann-Schaltung" genannt. Die Sicherheitsüberwachung muss innerhalb einer in der Software eingestellten Zeit (zum Beispiel fünf Minuten) einmal losgelassen werden, sonst ertönt ein Warnsignal. Wenn dann nicht reagiert und einmal kurz losgelassen wird, bremst das Fahrzeug mit maximaler Betriebsbremsung bis zum Stillstand ab. Wenn während der Fahrt die Sicherheitseinrichtung länger als die in der Software eingestellten Sekunden (zwischen zwei und fünf Sekunden) losgelassen wird, ertönt ebenfalls ein Warnsignal. Wird dann die Sicherheitseinrichtung nicht schnellstens wieder betätigt, kommt es ebenfalls zur Betriebsbremsung bis zum Stillstand (Totmann-Bremsung).

Die Bauausführung der Sicherheitsüberwachung ist, je nach Hersteller und Kundenwunsch, sehr unterschiedlich. Sie kann auf verschiedene Weise in den Sollwertgeber integriert sein und durch Drehen oder Niederdrücken desselben aktiviert werden. Ausgeführt werden kann sie auch als Pedal, Drucktaster *(Bild 71 und 72 S. 57)* oder Joystick (häufig bei Rückfahreinrichtungen).

5.4 Besondere Verknüpfungen zwischen ÖPNV und SPNV

Als „Schienen-Personen-Nahverkehr" (SPNV) wird der auf dem Eisenbahnnetz mit Reisezügen durchgeführte Nahverkehr bezeichnet. Die Grundlage dafür ist in Deutschland das Allgemeine Eisenbahngesetz (AEG). Ein Wechsel von Stadtbahn- auf Eisenbahngleise bringt nicht nur den technischen Systemwechsel im Fahrzeug, sondern auch einen Wechsel der geltenden Rechtsvorschriften mit sich. Während auf Straßen- und Stadtbahnstrecken die BOStrab gilt, ist auf Gleisen der Eisenbahnen die EBO (Eisenbahn-Bau- und Betriebsordnung) gültig.

Beispiel Karlsruhe:

Um die Fahrgäste mit dem ÖPNV näher an ihr Ziel zu bringen, gibt es ständig neue Studien und Entwicklungen im Nahverkehr. Ein Novum der Fahrzeuggestaltung stellt das „Karlsruher Modell" dar. Es handelt sich dabei um eine Stadtbahn der besonderen Art. Die Innovation ist ein Zweisystemwagen, der sowohl mit 750 Volt Gleichstrom als Stadtbahn, als auch mit 15.000 Volt und 16,7 Hertz Wechselstrom auf den Gleisen der Eisenbahn fährt. Erste Voraussetzung dafür ist, dass der Stadtbahnbetrieb auf keiner Sonderspurweite (wie Leipzig 1.458 mm, Dresden 1.450 mm, Halle 1.000 mm) fährt, sondern auf der Regelspur der Eisenbahn (1.435 mm). Es gibt für diese Fahrzeuge eine eigene Betriebsanweisung: „Betriebsanweisung für das Fahren mit Leichten Nahverkehrstriebwagen (LNT) im Mischbetrieb mit Regelfahrzeugen auf Strecken von DB Netz". Da sich auf Eisenbahnstrecken keine Wendeschleifen befinden und die Bahnsteige teilweise in Fahrtrichtung links liegen, sind Zweirichtungsfahrzeuge *(Bild 76 S. 59)* erforderlich. Bei der elektrischen Ausrüstung der Fahrzeuge handelt es sich um eine normale 750-Volt-Gleichspannungsausrüstung mit einer Zusatzausrüstung für 15 kV. Wechselt das Fahrzeug nun in den 15-kV-Bereich, befährt es einen 70 Meter langen, spannungsfreien Abschnitt *(Bild 73 S. 59)*. Ein elektronisches Fühlelement stellt während der Fahrt fest, mit welcher Spannung gefahren wird. Beim Einfahren in den stromlosen Bereich schaltet sich der Systemwahlschalter auf „aus", bei Erreichen der neuen Spannung entsprechend der „richtigen" Spannung wieder ein. Beim Fahren vom 750-Volt-Abschnitt in den 15-kV-Abschnitt wird der 750-Volt-Gleich-spannungsausrüstung die Zusatzausrüstung, bestehend aus Transformatoren und Gleichrichtern, vorgeschaltet, sodass 15 kV Wechselspannung in 750 Volt Gleichspannung umgerichtet werden. Das Fahrzeug fährt somit mit seiner Grundausrüstung weiter. Das Umschalten von Gleich- auf Wechselspannung und umgekehrt erfolgt in dem spannungsfreien Abschnitt automatisch, ohne Einfluss des Fahrers über den beschrieben Systemwechselschalter, der sich auf dem Dach des Fahrzeugs befindet. Der Fahrer wechselt an dieser Stelle nicht nur die Fahrleitungsspannung, sondern auch die gesetzliche Vorschrift. Nach Verlassen der Stadtbahnstrecke gilt nicht mehr die BOStrab, sondern die EBO. Die Fahrer müssen beide Vorschriften kennen, da auf Eisenbahnstrecken nicht mehr auf Sicht, sondern im Raumabstand gefahren wird und andere Sicherheitsmaßnahmen und -einrichtungen beachtet werden müssen.

Die Fahrzeuge verfügen über die für Eisenbahnen vorgeschriebene **Sifa (Sicherheitsfahrschaltung)**, die in ihrer Betätigung nicht mit den Sicherheitsüberwachungen von Straßen- und Stadtbahnen zu vergleichen ist. Sie soll die Handlungsfähigkeit des Triebfahrzeugführers, der sich allein im Führerraum befindet, überwachen und den Zug beispielsweise bei Übelkeit oder Ohnmacht anhalten. Sie muss, je nach Variante, entweder in regelmäßigen Abständen betätigt oder ständig betätigt und in vorgeschriebenen Intervallen losgelassen werden, da sonst der Zug eine Zwangsbremsung auslöst.

Die Fahrzeuge, die auf Eisenbahnstrecken verkehren, verfügen außerdem über eine punktförmige **Zugbeeinflussung (PZB).** Diese reagiert, wenn ein Triebfahrzeug ein „Halt"-Signal überfährt. An einem Vorsignal wird zusätzlich die Bremsbereitschaft überwacht. Die Wirkungsweise kann man sich, stark vereinfacht, so vorstellen: Am Fahrzeug befindet sich unten seitlich ein Fahrzeugmagnet *(Bild 74 S. 59)*. Neben dem Gleis, an jedem Haupt- und Vorsignal, befindet sich ein Gleismagnet *(Bild 75 S. 59)*. Bei auf „Fahrt" stehenden Vor- und Hauptsignalen sind die Gleismagnete unwirksam. Stehen die Vor- und Hauptsignale jedoch auf „Halt", dann sind die Gleismagnete voll wirksam. Überfährt nun ein Triebwagenführer ein solches Vorsignal, das das „Halt" am Hauptsignal ankündigt, dann muss der Triebwagenführer innerhalb von vier Sekunden eine „Wachsamkeitstaste" betätigen und damit bestätigen, dass er das Signal gesehen hat und eine Bremsung einleitet. Unterlässt er die Bedienung, wird eine Zwangsbremsung ausgelöst. Außer in Karlsruhe gibt es auch in Saarbrücken und einigen anderen Verkehrsbetrieben, wie beispielsweise Kassel, Hanau, Chemnitz, etc., die Variante, dass Stadtbahnen weiter nach EBO auf Eisenbahngleisen (zum Teil gemeinsam mit Dieseltriebwagen) verkehren. Diese Strecken sind nach dem Standard für Straßenbahnen elektrifiziert worden. Durch diese Maßnahmen können kleinere Städte und Dörfer des Umlands den ÖPNV nutzen. Daduch wurde die Mobilität der Bürger verbessert.

73

Systemwechselstelle in Karlruhe

74

75

PZB-Fahrzeugmagnet (74), Gleismagnete der PZB (75)

76

Zweisystemfahrzeug in Karlsruhe

77

78

einfaches Dreischienengleis und Weiche in einem Dreischienengleis in Zwickau

79

80

KT4D der Zwickauer Verkehrsbetriebe (79) mit Meterspur und Regio Sprinter (80) der Vogtlandbahn mit Spurweite 1.435 mm in der Zwickauer Innenstadt

Beispiel Zwickau:

In vielen Städten Deutschlands gibt es eine enge Verbindung zwischen ÖPNV und Eisenbahn. Das zweite Beispiel dafür ist Zwickau. Hier liegen die Verhältnisse anders als in Karlsruhe.

Die Zwickauer Straßenbahn hat eine Spurweite von 1.000 mm. Um Zwickau besser mit dem Umland verbinden zu können, fahren die Dieseltriebwagen der Vogtlandbahn (Typ Regio Sprinter mit einer Spurweite von 1.435 mm) auf einem sogenannten Dreischienengleis in die Innenstadt von Zwickau *(Bild 77 und 78 S. 60)*. Die Triebfahrzeugführer der Vogtlandbahn müssen sowohl die EBO und das eisenbahnbetriebliche Regelwerk als auch (für die Fahrt durch die Zwickauer Innenstadt) die BOStrab und die Weichensysteme des ÖPNV beherrschen. Diese Verbindung hat den Zwickauer Verkehrsbetrieben und der Vogtlandbahn ebenfalls einen großen Fahrgastzuwachs beschert *(Bild 79 und 80 S. 60)*.

Beispiel Chemnitz:

Das Straßenbahnnetz von Chemnitz hat sich aufgrund seiner günstigen Fahrzeug- und Streckenvoraussetzungen zu einem Regionalstadtbahnsystem weiterentwickelt. Das innerstädtische Straßenbahnnetz ist derzeit über eine Eisenbahnstrecke mit dem Umland verbunden. Auf diesem Streckennetzt verkehren die sogenannten Variobahnen. Die erste Strecke führt seit 15.12.2002 nach Stollberg. Bis nach Altchemnitz werden die Gleise der Straßenbahn benutzt, dann folgt ein rund 150 Meter langes Übergangsgleis, das die Verbindung zwischen der zweigleisigen Straßenbahnstrecke und der eingleisigen Eisenbahnstrecke nach Stollberg herstellt. Diese Eisenbahnstrecke war bisher nicht elektrifiziert und wurde mit der für neue Straßenbahnen üblichen Spannung von 750 Volt Gleichstrom elektrifiziert. Das alte Chemnitzer Straßenbahnnetz wird aber immer noch mit 600 Volt betrieben. Die Chemnitzer Stadtbahnwagen wurden mit entsprechenden Sicherheitstechniken (wie PZB) ausgerüstet und fahren auf dieser Strecke nicht nach BOStrab, sondern nach EBO *(Bild 81 und 82 S. 61)*.

Ein Vorteil gegenüber Karlsruhe liegt darin, dass auf der EBO-Strecke im Fahrgastbetrieb ausschließlich Niederflurfahrzeuge verkehren und deshalb auch auf der Eisenbahnstrecke

Bahnsteige mit einer Höhe von 20 cm über der Schienenoberkante gebaut werden konnten.

Der Erfolg ist sichtbar. Als nach Stollberg noch die Busverbindung bestand, nutzten täglich rund 1.000 Fahrgäste diese Verbindung. Heute sind es entgegen allen Erwartungen (man hatte mit einer Verdopplung gerechnet) über 6.000 Kunden pro Tag.

6. Stromabnehmer und Schleifer

Stromabnehmer und Fahrleitungsanlagen müssen so aufeinander abgestimmt sein, dass der Strom bis zur zulässigen Höchstgeschwindigkeit zuverlässig aufgenommen werden kann. Dies gilt für Schleifer entsprechend. Schleifer müssen so gebaut sein, dass sie erst dann vom Null- oder Schutzleiter getrennt werden, wenn die zugehörigen Stromabnehmer von der Fahrleitung abgehoben haben. Beim Anlegen von Stromabnehmern müssen sie vor diesen am Nullleiter oder Schutzleiter anlegen (BOStrab).

81

82

Chemnitz: Variobahn auf der Eisenbahnstrecke nach/in Stollberg

6.1 Scheren- oder Halbscherenstromabnehmer (Pantograph)

Stromabnehmer aller Bauarten dienen grundsätzlich der gleichmäßigen Stromaufnahme von elektrisch betriebenen Schienenfahrzeugen. Der **Scherenstromabnehmer** *(G46 S. 62)* besteht aus beweglich verschraubten Rohren mit Erdlitzen an den Gelenken, der Wippe mit den Schleifkohlen und einer Andruckfeder, die dafür sorgt, dass die Schleifkohlen mit dem nötigen Druck an der Fahrleitung anliegen. Die Wippe ist quer zur Fahrtrichtung des Fahrzeugs als Einfach- oder Doppelleiste montiert. Die Anpresskraft des Stromabnehmers wird über die Feder und die Federhebel rechts/links realisiert. Die Federhebel haben entscheidenden Einfluss auf die Anpresskraft. Diese hängt stark von der Fahrleitungshöhe ab. In vielen Verkehrsbetrieben (zum Beispiel auch Leipzig) beträgt sie durchschnittlich acht Kilonewton.

Der Scherenstromabnehmer zeichnet sich durch seine einfache, robuste Bauart aus. Nachteile sind der große Platzbedarf im abgezogenen Zustand und sein hohes Gewicht durch die Scherenmechanik. Außerdem können schnelle Bewegungen an der Oberleitung nicht optimal ausgeglichen werden. Aus diesem Grund werden heute zunehmend **Halbscheren- oder Einholmstromabnehmer** *(Bild 83 S. 62)* benutzt. Letzterer ist die Weiterentwicklung der Scherenstromabnehmer und hat den Vorteil, sehr wenig Platz zu benötigen. Dadurch können bei Niederflurfahrzeugen die elektrischen Steuereinheiten besser auf dem Dach untergebracht werden. Auch sein Gewicht ist gering, dadurch zeigt er eine schnellere Reaktion auf dynamische Änderungen. Die Einstellung der Anpresskraft erfolgt über eine einstellbare Feder. Durch Wirkung der Feder über eine Kurvenscheibe wird eine relativ gleichmäßige Anpresskraft bei unterschiedlichen Fahrdrahthöhen erreicht.

Die Einholmstromabnehmer sind trotz der asymmetrischen Bauart so konstruiert, dass sie sowohl im Kniegang (Gelenk nach vorn), als auch im Spießgang (Gelenk nach hinten) über ein identisches Verhalten verfügen.

Ein Blick über den Tellerrand zeigt, dass es in Japan Hochgeschwindigkeitszüge mit Namen „Shinkansen" (Duchschnittsgeschwindigkeit: 300 km/h) gibt, die gleich mehrere besondere

G46

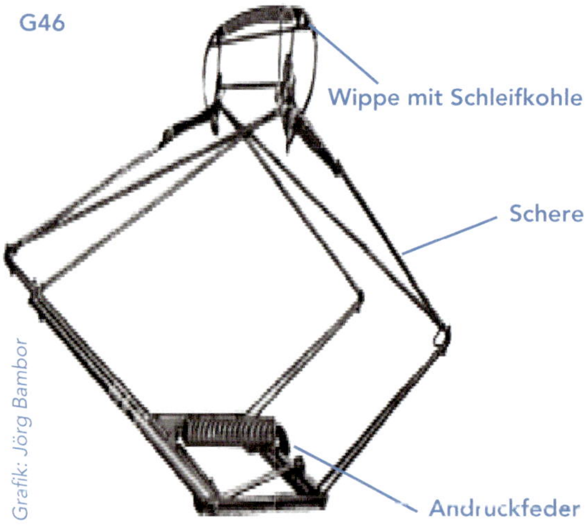

Scherenstromabnehmer

83

Halbscherenstromabnehmer

83 A

Shinkansen Tokio

83 B

Stromabnehmer des Shinkansen

G47 *Grafik aus DF Strab Leipzig (Teilheft 5, Historische Fahrzeuge)*

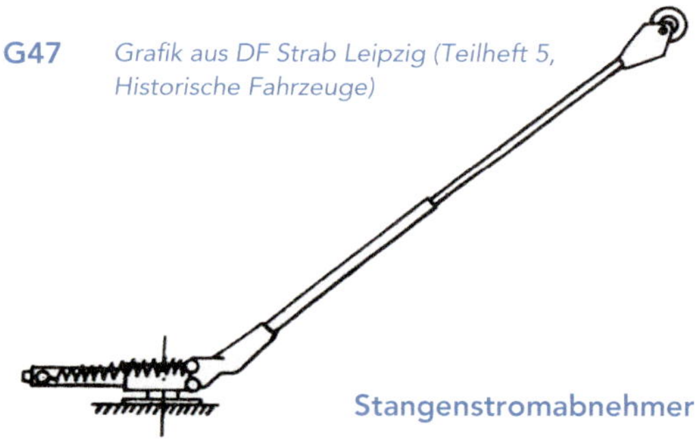

Stangenstromabnehmer

Stromabnehmer besitzen. Für den Fall, dass ein Stromabnehmer während der Fahrt wegbricht, kann der Zug ohne Halt seine Fahrt fortsetzen, weil noch andere Stromabnehmer vorhanden sind.

Alle Stromabnehmer (Pantographen) müssen gegenüber dem Wagendach isoliert sein. Scheren- und Halbscherenstromabnehmer können auf verschiedene Art und Weise gehoben oder gesenkt werden. So gibt es in älteren oder historischen Wagen, die Art per Hand mittels Bügelleine, später mittels Taster und Elektromotor oder, bei Fahrzeugen mit vorhandenem Kompressor, mit Druckluft. Alle Stromabnehmer, die über Hilfsmittel bedient werden (Strom, Hydrauliköl, Luft) müssen eine Handlöseeinrichtung besitzen. Diese erfolgt meist über eine ansteckbare Handkurbel oder bei hydraulischen Stromabnehmern über Handpumpen.

6.2 Stangenstromabnehmer

Stangenstromabnehmer *(G47 S.62)*, auch „Rollenstromabnehmer" genannt, wurden in vielen Verkehrsbetrieben um 1900 auf Straßenbahnen benutzt. Auf O-Bussen findet man sie in ähnlicher Form noch heute. Sie haben den Nachteil, dass sie schnell abrutschen. Außerdem muss beim Stangenstromabnehmer die Fahrleitung mit Weichen versehen werden. Da dies sehr aufwendig ist, konnte er sich im Bahnbetrieb nicht durchsetzen.

6.3. Bügelstromabnehmer (Lyra-Stromabnehmer)

Der Vollständigkeit halber soll auch der Bügelstromabnehmer, „Lyra“ genannt, Erwähnung finden. Er ist heute ausschließlich auf historischen Straßenbahnen zu finden. Der Name Lyra ist auf ein mittelalterliches Saiteninstrument zurückzuführen, dessen Form ähnlich ist. Der Lyra-Stromabnehmer besitzt generell nur eine Schleifkohle und ist aufgrund seiner Instabilität nicht für hohe Geschwindigkeiten geeignet.

6.4 Schleifer und Stromschienen (allgemein)

Die Stromschiene dient als Zuleitung für den Fahrstrom von elektrisch betriebenen Schienenfahrzeugen. Der Strom wird von der Stromschiene über Schleifer (auch „Schleifschuhe“ genannt) abgenommen. In Deutschland werden Stromschienen, die keine Oberleitung sind, nur bei U-Bahnen und teilweise S-Bahnen verwendet, die mit Spannungen von 750 bis 1500 Volt Gleichstrom betrieben werden. Auch wegen des Platzbedarfs seitlich der Strecke können Stromschienen nur auf eigenen Bahnkörpern gebaut werden. Besonders platzintensiv sind Kurven, da die Stromschiene dort nicht durchgängig seitlich der Strecke verlaufen kann, sondern auf die andere Seite verlegt werden muss. Nur Fahrzeuge mit entsprechend vielen Schleifern und durchgehender Stromleitung sind in der Lage, solche Trennstellen ohne Abriss der Stromversorgung zu durchfahren *(mehr zu Stromschienen im Teil 2 Punkt 4.3)*.

Stromschienen, die zu den **Oberleitungen** gehören *(Bild 85 S. 63)* und von Straßen- oder Stadtbahnen verwendet werden, sind oft in Fahrzeughallen oder Tunnelabschnitten *(Bild 86 S. 64)* zu finden. Sie werden über Kopf als Ersatz für die Fahrleitung angebracht und ermöglichen ein geringes Lichtraumprofil des Tunnels. Sie bestehen meist aus massiven Kupferschienen. Die Stromschienen werden mit dem normalen Dachstromabnehmer bestrichen. An den betreffenden Stellen (zum Beispiel vor dem Tunnel) geht die „normale“ Oberleitung in eine Stromschiene über, nach dem Tunnel wird aus der „Überkopf“-Stromschiene wieder eine „normale“ Fahrleitung. Konstruktiv wird auch manchmal ein normaler Kerbfahrdraht in ein Aluminium-Trägerprofil eingeklemmt. Eine ähnliche Stromschienenkonstruktion benutzt beispielsweise die Schwebebahn in Wuppertal.

Während in vielen Städten noch Kohleschleifleisten verwendet werden (deshalb der

G48

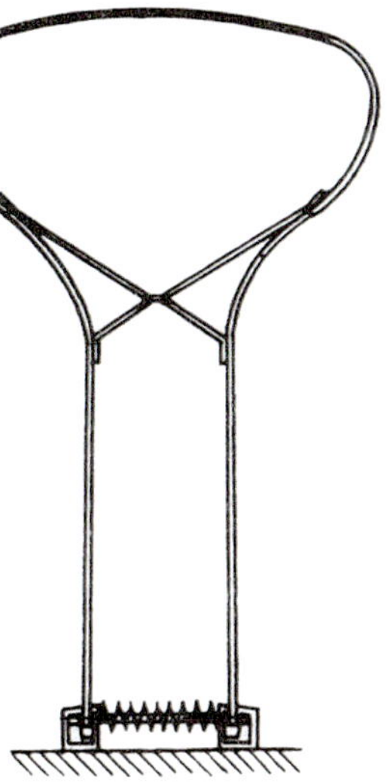

Grafik: DFStrab Leipzig (Teilheft 5)

Lyra

84

Lyra-Stromabnehmner eines historischen Wagens

85

Foto: Jörg Barber

Stromschiene als Oberleitung

Stromschiene einer Stadtbahn im Tunnel, Nürnberg

Unterschieden werden zwei Wippenvarianten:

1. starre Verbindung der beiden Schleifleisten untereinander – keine Federstufe zwischen Wippe und Schleifleiste

2. Schleifleisten nicht fest untereinander verbunden – Federung zwischen Wippe und Schleifleiste

Ausdruck „Bügelkohle"), findet man inzwischen vielerorts **Metallschleifleisten**. Diese neigen zu schnellerer Verschweißung bei Lichtbogen, weil sie Lichtbogentemperaturen von bis zu 3.000° C entwickeln. Dadurch ist eine Beschädigung des Metalls möglich.

Es gibt auch weitere Nachteile, zum Beispiel:

- Funkstörung aufgrund höherer Funkenbildung
- Patinabildung ist geringer, damit höherer Verschleiß an Fahrdraht und Schleifleistenmaterial
- hoher Geräuschpegel im Verkehr
- verschlissene Schleifleisten müssen mit Alugrundkörper ausgewechselt werden

Die Vorteile sind:

- geringer Übergangswiderstand zwischen Kontaktfläche und Grundkörper
- bessere dynamische Eigenschaften
- hohe Temperaturbeständigkeit
- sehr gute Wärmeleitfähigkeit
- bei einem Bruch der Kontaktfläche bleibt die Schleifleiste insgesamt stabil und verringert damit eine mögliche Beschädigung der Oberleitung

Vorteil der Kohleschleifleisten:

- gute Leitfähigkeit
- Erhöhung der Strombelastung durch Erhöhung der Kupfer oder Metallanteile im Kohlewerkstoff möglich
- Schmiereffekt an der Oberleitung ist gegeben (niedriger Reibwert, gute Gleiteigenschaften), damit geringer Fahrdrahtverschleiß
- resistenter bei Lichtbogenbildung (keine Verschweißung), Kohlenstoff hat keine flüssige Phase, sondern sublimeniert* oberhalb von 3.300° C
- keine Verschweißung mit Metallen
- bessere Patinabildung durch den Kohlewerkstoff, Schutz gegen Oxidation,
- besseres Funkstörverhalten gegenüber Metallschleifstück
- korrosionsbeständig

** Sublimation oder Sublimierung ist ein Begriff aus der Thermodynamik und bezeichnet den Prozess, bei dem ein Stoff mit festem Aggregatzustand unmittelbar in einen gasförmigen übergeht.*

Es gibt verschieden befestigte Schleifleisten. Vorteile der **geklebten Schleifleisten**:

- geringer Übergangswiderstand zwischen Kontaktfläche und Grundkörper
- geringes Eigengewicht, dadurch bessere dynamische Eigenschaften
- hohe Temperaturbeständigkeit
- gute Wärmeleitfähigkeit
- bei einem Bruch der Kontaktfläche bleibt die Schleifleiste insgesamt stabil und verringert damit eine mögliche Beschädigung der Oberleitung

Der Nachteil ist allerdings nicht ganz unerheblich: Verschlissene Schleifleisten müssen mit Alugrundkörpern ausgewechselt werden.

Alle Schleifleisten (Bügelkohlen) sollten einen bestimmten Radius haben, damit für eine optimale Auslegung und gleich bleibende Verhältnisse zwischen Oberleitung und Stromabnehmer gesorgt ist. Genauso müssen sich Stromabnehmer und Fahrleitung bei seitlichen Neigungen des Fahrzeugs bei fahrdynamischen Bewegungen anpassen. Dies garantiert die Reduzierung von Oberleitungs- und Stromabnehmerschäden durch ein sogenanntes „Einfädeln"!

Eine optimale Paarung zwischen Stromabnehmer und Fahrdraht wird durch den Einsatz von gefederten Wippen *(Bild 88 S. 64)* erreicht, weil ein flächiges Anliegen der Schleifleisten am Fahrdraht und damit eine optimale Kontaktierung im dynamischen Zustand gewährleistet sind. Außerdem ist durch die unabhängige Ausrichtung der Schleifleisten untereinander (durch getrennte Federung) eine gleichmäßige Abnutzung der Schleifkohlen sichergestellt.

Wenn ein Missverhältnis zwischen Bügelkohle und Fahrdraht vorliegt, kann es zu massiven Problemen kommen: Hat zum Beispiel ein Fahrzeug Schleifleisten mit geringer Laufleistung, erfolgt Rillenbildung *(Bild 89 S. 65)* in den Kohlen der Schleifleisten. Unmittelbare Ursache kann mechanisches Einschleifen des Fahrdrahts bei fehlende Zickzacklage sein. Eine defekte Schleifleiste zieht wiederum andere Schäden nach sich. In der Grafik G49 ist deutlich erkennbar, dass ein Abschleifvorgang beginnt, weil die Schleifleisten nach innen verkantet sind und sich dadurch jeweils an den Außenkanten der Scheifleistenwippe stark abnutzen *(Bild 90 S. 65)*. Durch diese Abnutzung liegen die Schleifleisten nicht mehr plan am Fahr-

89

Rillenbildung durch schadhafte Fahrleitung

G49

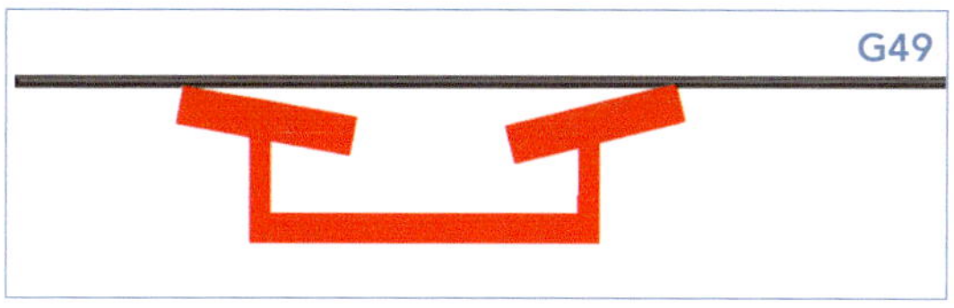

falscher Schleifleistenlauf einer Wippe an der Fahrleitung (seitlich)

90

defekte Schleifleisten

Eine Anekdote …

… zur Entwicklung der Stromschiene: In Berlin-Lichterfelde wurde 1881 eine elektrische Bahn (Spannung: 180 Volt) eingeweiht. Die Stromaufnahme des Gleichstroms erfolgte über eine der beiden Fahrschienen. Die Problematik dieser Konstruktion trat jedoch schnell zutage: Die Pferde der auf der Straße fahrenden oder sie kreuzenden Droschken/Fuhrwerke fielen reihenweise um, wenn sie mit ihren eisenbeschlagenen Hufen die Schiene berührten. Die Pferde starben des Öfteren an den Stromschlägen und verursachten dadurch zusätzlich Kurzschlüsse in der Bahnstromversorgung. Diese Art der Stromzufuhr wurde schnell wieder abgeschafft.

91

92

Citadis 402 und das APS- System in Bordeaux (ohne Fahrleitung)

93

fahrleitungslose Straßenbahn Citadis auf historischer Brücke in Bordeaux

93

Straßenbahn in Paris

draht an und die Anpressfläche verkleinert sich bei gleicher Anpresskraft. Die unnötige mechanische Belastung steigt ebenfalls und der Querschnitt zur Energieübertragung verringert sich (Widerstandswert steigt) bei erhöhter thermischer Belastung. Eine intakte Schleifleiste kann zwölf bis 14 Ampere pro Millimeter Kontaktlänge übertragen (Herstellerangabe). Bei einer Schleifleistenbreite von 60 mm können also theoretisch 1.440 bis 1.680 Ampere pro Wippe übertragen werden. Liegen die Schleifleisten infolge der Kantenläufigkeit beispielsweise nur mit einem Drittel der Fläche an (2 x 20 mm), wären theoretisch nur noch 480 bis 560 Ampere möglich.

Ein Fahrzeug benötigt aber im Anfahrvorgang (Volllast) bis zu 8 x 85 kW = 680 kW. Das entspricht bei 600 Volt Spannung einem Strom von 1.133 Ampere (I = P/U). Das einwandfreie Zusammenspiel zwischen Stromabnehmer mit Wippe und Schleifleiste und der Fahrleitung ist für optimale Stromaufnahme und damit energiewirtschaftliche Fahrweise äußerst wichtig und darf nicht unterschätzt werden *(mehr unter Teil 2 Punkt 4).*

Wo der Trend hingeht …

Wer das Wort Elektromobilität im Zusammenhang mit öffentlichem Personennahverkehr hört, denkt meist zuerst an Straßenbahnen. Sie gibt es ja schließlich schon seit 1885 in Europa.

Nach dem 2. Weltkrieg schafften viele Städte in Europa die Straßenbahn ab und setzten auf Busse mit Dieselantrieb. Doch die Straßenbahn ist aus dem Stadtbild nicht verschwunden. Im Gegenteil: Seit Jahren erlebt sie ein Comeback. In Frankreich begann Mitte der 90er Jahre ein regelrechter Straßenbahnbauboom. In Paris wurde die Staßenbahn, nachdem sie fast über 50 Jahre stillgelegt war, am 6. Juli 1992 wieder eingeführt. Viele Städte Frankreichs folgten. Im Rest der Welt sieht die Entwicklung ähnlich aus: Es gibt wieder Neubauten in London, Dublin, Sevilla, Athen - um nur einige zu nennen.

Selbst in China wird in immer mehr Städten die Straßenbahn oder Stadtbahn eingeführt, weil man sonst im Individualverkehr „ersticken" würde. Man hat erkannt, dass die Straßenbahn immer noch das umweltfreundlichste, leiseste und attraktivste Verkehrsmittel im Stadtverkehr ist. Die Trassen können bei einem Neubau, wenn genügend Platz ist, zum Teil unabhängig von der Straße, auch als Stadtbahn (siehe Definition S. 9) gebaut werden.

Straßenbahnen sind bei der Bevölkerung seit eh und je beliebt und werden sehr gut angenommen. Sie sind vom Fahrkomfort bequemer als Busse, denn der Lauf auf der Schiene ist gleichmäßiger, stoßfreier, fast vibrationsfrei und ruhiger. Die Kurven der Bahnen sind meist großzügiger gebaut, so dass die Fliehkräfte geringer sind als bei Omnibussen. Außerdem können in einer Bahn mehr Fahrgäste befördert werden als in anderen Verkehrsmitteln.

APS:

Doch noch ein paar Worte zu unserem Nachbarland Frankreich und der Elektromobilität:

Alstom, ein sehr bekannter französischer Schienenfahrzeughersteller mit Hauptsitz in Levallois-Perret (bei Paris), der weltweit Tochterunternehmen bertreibt und neben dem bekannten Hochgeschwindigkeitszug TGV (train à grande vitesse) auch sehr erfolgreich Straßenbahnen baut, besitzt in Frankreich die Monopolstellung des Schienenfahrzeugbaus. Seine Citadis Straßenbahnen beherrschen die Stadtbilder fast aller französischer Städte. Für die Citadis Bahnen werden standardisierte Module in Aluminium-Bauweise eingesetzt. Dadurch können die niederflurigen Gelenktriebwagen in unterschiedlichen Längen nach Anforderungen des Bestellers gebaut werden. Das Besondere der Citadis Bahnen in Frankreich sind die unterschiedlichen Kopfmodule in den einzelnen Städten. Das Design des Kopfmoduls wird nach den Vorgaben des Kunden gestaltet und nimmt fast immer Bezug zur jeweiligen Stadt. So wurde in Reims das Kopfmodul einem Sektglas nachempfunden, weil dort der Champagner produziert wird. In der Hafenstadt Marseille ähnelt es einen Schiffsrumpf und in Lyon soll es an eine Seidenraupe erinnern. Ganz speziell ist Toulouse. Hier wurde das Kopfmodul von einem Designer des Flugzeugherstellers Airbus entworfen.

Doch es wird auch von manchen Menschen kritisiert, dass die Masten mit ihren Fahrleitungsanlagen das Stadtbild verschandeln. Vor allem dort, wo die Sicht auf schöne historische Bauwerke verdeckt wird. Doch dafür gibt es heute Lösungen. In Frankreich kam die Lösung von Alstom mit ihren Citadis. Das System heißt **Alimentation par le sol** (Kurzbezeichnung **APS**) und erlaubt das Fahren ohne Fahrleitung.

In Bordeaux zum Beispiel, fahren die Fahrzeuge vorwiegend im innerstädtischen Bereich mit APS. Das APS ist ein von Alstom speziell für ihre Citadis Straßenbahnen entwickeltes System zur Stromversorgung. Bei diesem System befindet sich zwischen

93a

93b

Reims

93c

Marseille

93d

Citadis_302 in Toulouse

historisches Bauwerk mit und ohne Fahrleitung

den beiden Schienen eine Stromschiene (in die Gleismitte eingelassen), die bei Bedarf 750 Volt Spannung (Gleisbild 92 Seite 66), führt. Die Stromschiene ist in elf Meter lange Sektionen unterteilt. Jede Sektion besteht aus einem acht Meter langen stromführenden Stück und einem drei Meter langen isolierten Stück. Diese wechseln sich über die gesamte Länge der Stromschiene ab. Der stromführende Teil ist im Normalfall abgeschaltet, um niemanden zu gefährden. Fährt die Straßenbahn auf eine Sektion, sendet sie über Funk ein codiertes Signal aus, welches das betreffende Segment, das sich unter der Bahn befindet, aktiviert. Es können nur maximal zwei Segmente gleichzeitig aktiviert werden. Noch bevor die Straßenbahn ein Segment verlässt, wird der Strom abgeschaltet und das Segment geerdet. Die Fahrzeuge besitzen außer ihrem Pantographen (Dachstromabnehmer) für die Fahrleitung zwei Stromabnehmer unter dem Fahrzeug (frotteurs). Dadurch ist sichergestellt, dass immer einer der beiden Stromabnehmer Spannung erhält, auch wenn der andere im isolierten Stück schleift.

Das System wird von den in den Boden eingelassenen Kontrollboxen (coffrets) gesteuert. Alle 22 Meter entlang der Strecke befindet sich eine solche Box. Jede Box steuert zwei Segmente. Außerdem gibt es an jeder Station eine automatische Kontrollstelle, die das System überwacht. Es sorgt für zusätzliche Sicherheit. Bleibt zum Beispiel ein Teilabschnitt unter Strom, obwohl das Fahrzeug nicht mehr darauf fährt, wird innerhalb von 0,2 Sekunden der gesamte Abschnitt abgeschaltet. Dann wird das defekte Segment identifiziert und deaktiviert. Anschließend werden die intakten Abschnitte wieder zugeschaltet. Der gesamte Vorgang (Prüfen, Ab- und Zuschalten) dauert nur etwa zwei Sekunden. Die Fahrzeuge erkennen das defekte Teilstück und schalten in diesem Abschnitt automatisch auf Batteriebetrieb um. Im Batteriebetrieb können die Fahrzeuge maximal 150 m mit etwa drei Kilometer pro Stunde fahren.

Außerhalb der Stadt wird im Oberleitungsbetrieb gefahren. Das Umschalten der Stromversorgungsart muss der Fahrer an einer Haltestelle durchführen. Dies dauert rund 20 Sekunden und wird während des Fahrgastwechsels erledigt. Sollte der Fahrer das Umschalten vergessen, ertönt ein Warnsignal. Das System APS gilt als äußerst innovativ, hatte aber in der ersten Zeit mit Kinderkrankheiten zu kämpfen. Zudem ist das Unterflursystem APS im Bau etwa dreimal so teuer wie herkömmliche Fahrleitungen. Auch die Wartungskosten sind höher. Die Fahrzeuge, die mit dieser Technik ausgerüstet sind, sind ebenfalls erheblich preisintensiver. Außerdem müssen sie mindestens 33 Meter lang sein, damit die 2 x 11 m langen stromführenden Segmente ganz bedeckt sind. Trotz alledem kostet dieses System nur etwa ein Viertel einer U-Bahnstrecke gleicher Länge. Fahrleitungslose Straßenbahnen werden sich trotz finanziellem Aufwand nach und nach durchsetzen. Das Umweltbewusstsein nimmt global zu – Straßenbahnen sind wegen ihrer Umweltfreundlichkeit ohnehin wieder auf dem Vormarsch.

Oberleitungsfreie Straßenbahnen tragen außerdem dazu bei, das jeweilige Stadtbild in seiner ureigenen Form beizubehalten. Fahrleitungen, Abspannungen und Masten beeinträchtigen in vielen Stadtzentren den Blick auf historische Bauwerke, Denkmäler und Parkanlagen. Dagegen gewähren Straßenbahntrassen ohne Fahrleitungsanlagen freie Sicht und erhöhen die Attraktivität der Stadt *(vergleiche dazu auch Bild 94 und 95 S. 68).*

Bombardier Transportation, Alstom und Primove

Es gibt Veränderungen bei Bombardier. Die Bahnsparte des kanadischen Konzerns wurde im Januar 2021 vom französischen Konzern Alstom übernommen. Bombardier hat sich aus dem Bahngeschäft zurückgezogen und nur noch auf den Bau von kleineren Flugzeugen und Privatjets spezialisiert. Alstom ist ein weltweit agierender Hersteller von Schienenfahrzeugen und Bahntechnik verschiedenster Art, wie Lokomotiven, Triebwagen (zum Beispiel die TGV- Zugtypen), Straßenbahnen, Stadtbahnen, U-Bahn- und S-Bahnfahrzeugen, Reisezugwagen, sowie People Mover, Monorail (Einschienenbahnen) und auch Stellwerke mit Stellwerkstechnik. Der Hauptsitz von Alstom ist in Saint-Quen-sur-Seine in Frankreich. Seit der Übernahme der Bombardier Bahn-Sparte ist Alstom das weltweit zweitgrößte Unternehmen, welches Schienenfahrzeuge herstellt. Lediglich die China Railway Rolling Stock Corporation (kurz: CRRC) übertrifft Alstom an Größe auf dem Weltmarkt.

Das bestehende Produktportfolio von Primove, der von Bombardier Transportation entwickelten induktiven Ladetechnologien für Bahnen, Busse, LKW und PKW, hat die IPT Group übernommen. Zu dieser Holdinggesellschaft gehört die IPT Technology. Dieses Unternehmen hat sich bisher auch schon mit drahtlosen Lade- und Elektrifizierungslösungen für E-Mobilität und Industrieanwendungen befasst. Ziel von IPT ist es, mit Primove echte Synergien zu schaffen und serienreife Produkte auf den Markt zu bringen.

Alle Zeichnungen und Bilder: Bombardier Transportation

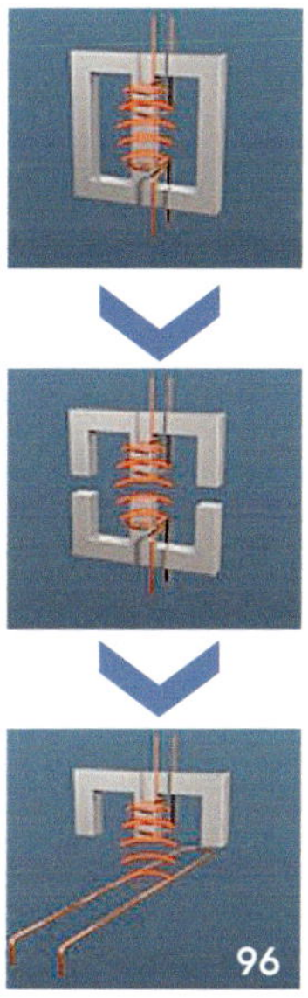

96

System der induktiven Energieübertragung mit dem PRIMOVE-System;
> Transformator
> Luftspalte im Eisenkern
> Primärwicklung als Schleife ausgeprägt; unterer Eisenkern entfernt

Doch wie funktioniert Primove?

Primove, ursprünglich von Bombardier für Straßenbahnen entwickelt, um ein fahrleitungsloses Fahren zu ermöglichen, ist heute Elektro-Mobilitätsportfolio. Primove ist ein System für Elektrofahrzeuge, das auf Induktionsbasis arbeitet. Die im Fahrzeug befindlichen Hochleistungsbatterien (Lithium-Ionen-Zellen auf Nickel-Mangan-Kobalt (NMC)-Basis) werden kabellos geladen. Das System ist vergleichbar mit einem Transformator. Es werden unterirdisch Komponenten wie der Primärkreis verlegt und am Fahrzeug befindet sich das Gegenstück – der Sekundärkreis. Der in den Windungen des Primärkreises befindliche elektrische Strom, wird erst dann in den Sekundärkreis induziert, wenn sich das Fahrzeug über dem Primärkreis befindet. Das funktioniert selbst dann, wenn sich ein Luftspalt im Eisenkern befindet. Dadurch ist eine kontaktlose Übertragung möglich. Der Primärkreis ist nur aktiv, sobald sich die Bahn über ihm befindet.

97

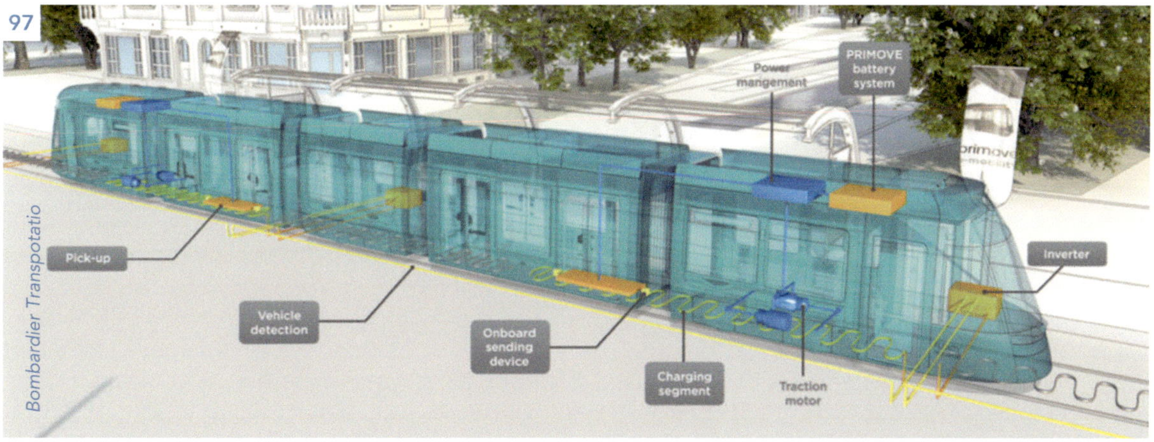

Prinzip des oberleitungsfreien Betriebs mit elektrischen Versorgungseinheiten im Fahrzeug und dem MITRAC Energy Saver

Chinesischen Stadt Nanjing

Chinesischen Stadt Nanjing

Die Ladesegmente (Primärteil) werden an den Haltestellen unter der Erde (an gekennzeichneten Haltepunkten) und auf einigen darauffolgenden Metern der Strecke, als Leiterschleifen verlegt. Bei sehr starke Steigerungen können diese Leiterschleifen auf eine längere Distanz installiert werden. So erfolgt im Stillstand des Fahrzeuges an der Haltestelle automatisch das sogenannte statische Laden und beim Anfahren bzw. bei anspruchsvollen Strecken auf längerer Distanz, durch die weiter verlegten Schleifen das dynamische Laden. Die leistungsstarken Batterien werden so fast ständig nachgeladen und versorgen die Fahrzeugsteuerung und Fahrmotoren mit Energie. Der Bremsstrom, der durch die Rekuperationsbremse (Rückspeisung des Bremsstromes) erzeugt wird, dient ebenfalls zum Laden des Batteriesystems. Auf diese Art ist das Fahren ohne Fahrleitung in ganzen Städten möglich. Bombardier hat 2014 zum Beispiel Fahrzeuge in die chinesische Millionenstadt Nanjing geliefert und diese komplett mit Primove ausgerüstet. Es sind zwei Straßenbahnlinien auf denen die Bombardier-Bahnen fahren.

Jede Bahn ist mit zwei Lithium-Ionen Batterien, die eine Speicherkapazität von je 49 kWh besitzen und dem Mitrac Antriebssystem, ausgerüstet. In über 90% der Strecken in Nanjing verkehren die Bahnen mit Primove – völlig ohne Fahrleitung. In „Straßenbahnstädten", in denen flächendekkend Fahrleitungsanlagen vorhanden sind und wo nur in bestimmten Bereichen der Stadt ohne Fahrleitungsanlagen gefahren werden soll, kann das Primove Batteriesystem auch über Pantograph konduktiv geladen werden.

Zu den leichten und langlebigen Primove Batterien lieferte Bombardier, wie bereits erwähnt, auch das passende MITRAC Antriebs- und Steuerungssystem für die Straßenbahnen. PRIMOVE beinhaltet induktive Schnellladesysteme, leichte, langlebige Lithium-Ionen- Batterien und einen effizienten Elektroantrieb für alle E-Fahrzeuge, egal ob Straßenbahn, Bus, LKW oder PKW. Mit PRIMOVE wird die Umwelt in zweierlei Hinsicht geschont: Es gibt keine CO^2-Belastung und der Lärm wird reduziert, da Elektroantriebe leise sind. In Deutschland gab es zwischen 2009 und 2018 bei der Rhein-Neckar-Verkehr GmbH (RNV) Tests mit Bombardier - SuperCaps. Anfänglich war es das Ziel, den Bremsstrom, der bei einer Rekuperationsbremse erzeugt wird, vollständig zu nutzen. Bisher konnte der ins Netz zurück gespeiste Bremsstrom nur genutzt werden, sofern sich eine andere, gerade aufnahmefähige Bahn im gleichen Speiseabschnitt befand. Der nicht genutzte Bremsstrom wurde (und wird auch heute noch in vielen Städten) in Bremswiderständen in Wärme umgewandelt und vernichtet. Die im Jahr 2009 in die Mannheimer Bahnen eingebauten SuperCaps machten es möglich, den Bremsstrom, der nicht sofort genutzt werden konnte, zu speichern. Diese gespeicherte Energie kann zum Anfahren wieder verwendet werden. Dies senkt den Energieverbrauch und die damit verbundenen Kosten. Die Lithium-Ionen-Batterien sind eine Weiterentwicklung der SuperCaps. Die Elektromobilität machte dann in Mannheim weitere Fortschritte. 2015 stellte eine von Bombardier gebaute Straßenbahn, die mit dem

Batteriesystem in Kombination mit der Mitrac-Antriebssteuerung ausgerüstet war, einen Rekord auf. Im "oberleitungsfreien" Probebetrieb Stromabnehmer abgezogen) fuhr sie erfolgreich eine 41,6 km lange Strecke. Die neuesten Batteriesysteme wurden speziell für fahrleitungsfreien Betrieb auf längeren Strecken entwickelt. Auch für Elektrobusse ist PRIMOVE eine Innovation. Ohne zusätzlichen Zeitaufwand lassen sich die Batterien mit kabellosen Ladestationen an den Haltestellen entlang der bestehenden Route und in der Wendezeit an den Endhaltestellen aufladen. Damit werden auf der Linie nicht mehr Fahrzeuge (Kurse) benötigt und auch die Fahrzeit verlängert sich dadurch nicht. Primove E-Busse wurden auch in Braunschweig, Berlin, Mannheim etc. getestet. Doch leider wollten die Verkehrsunternehmen in Deutschland nicht auf PRIMOVE setzen, sondern entschieden sich bei Elektrobussen mehrheitlich für Ladestationen im Depot und auf der Strecke mit Pantograph oder Ladekabel. Auch bei der Straßenbahn konnte sich PRIMOVE in Deutschland nicht durchsetzen. Vielleicht ist der Eingriff in die Infrastruktur (Verlegung der Ladesegmente in die Straße oder zwischen die Gleise) zu teuer. In China funktioniert, wie bereits beschrieben, PRIMOVE sehr gut. Bleibt zu hoffen, dass IPT Technology mit PRIMOVE durchstarten und Erfolg verbuchen kann. Immerhin ist ITP führend in Lösungen für innovative Technologien und Anwendungen der drahtlosen Elektrifizierung und Batterieladung. PRIMOVE ergänzt das bereits bestehende Produktportfolio von IPT, so dass man in Zukunft noch viel erwarten kann.

6.5 Fahrzeuge mit besonderem Fahrweg und People Mover

6.5.1 Translohr

Translohr ist ein aus Frankreich stammendes Nahverkehrssystem, welches mit niederflurigen Zweirichtungsfahrzeugen, die wie Straßenbahnen aussehen, auf Eigentrassen betrieben wird. Translohr fährt in der Regel mit Pantograph, und ist mittels einer mittig angeordneten Führungsschiene permanent spurgeführt. Unter den Gelenken (Faltenbalg) befinden sich luftbereifte Räder, die fast lautlos rollen. Die Bezeichnung für solche Systeme lautet Tramway sur pneumatiques, was in deutsch so viel heißt wie Straßenbahn auf Luftreifen. Die Vorzüge von Translohr gegenüber Straßenbahnen sind kleinere befahrbare Radien, ein geringerer Platzbedarf in Kurven und das bessere Bewältigen stärkerer Steigungen. Ein weiterer Vorteil ist im Vergleich zu Bussen eine größere Kapazität. Die Zweirichtungsausführung benötigt keine Wendeschleifen. Der Nachteile des Systems sind hohe Kosten für den Fahrweg. Ein sinnvoller Bau eines Translohr ergibt sich bei schwierigen Trassierungsverhältnissen, wo hohe Fahrgastzahlen den Einsatz von Bussen unrentabel machen. Als Beispiel soll hier Padua (eine der ältesten Städte Italiens) mit 200.000 Einwohnern und schwierigen Streckenverhältnissen dienen. Nachdem 1954 das Straßenbahnnetz stillgelegt wurde, eröffnete dort 2007 eine Translohr-Linie. Das besondere an dieser Linie ist, dass sie auf einem ca. 600 Meter langen Abschnitt in der Innenstadt mit Batterie und ohne Fahrleitung verkehrt.

Straßenbahn von Bombardier für den rnv
Mit MITRAC Antriebssteuerung

Nanjing Stadtbahn mit Primove System

Foto: Translohr

T1

Spurführung eines Translohr

Reifen eines Translohr

Translohr in Padua

6.5.2 Docklands Light Railway in London

Die Bahnen der **Docklands Light Railway (DLR)** fahren autonom (ganz ohne Fahrer) in einem unabhängigen, separaten System. Die Steuerungsdaten erhält der Zug über ein Linienzugbeeinflussungssystem. Zwischen jedem Zug und dem Stellwerk besteht eine permanente Funkverbindung. Die Antenne befindet sich unter dem Fahrzeug. Weiterhin befinden sich im Gleis zwei verlegte Linienleiter, über die das Stellwerk ebenfalls Informationen erhält. Der Stellwerksrechner bekommt ständig Informationen über den Fahrzeugstandort. Der Fahrzeugrechner berechnet die jeweils zulässige Höchstgeschwindigkeit. Die DLR fährt mit einer 750 V DC Stromschiene, die von unten bestrichen wird (DC = direct current =Gleichstrom). Laut Definition ist die DLR eine autonome U-Bahn. Doch sie gehört nicht zur London Underground, sondern wird mit einer von Transport for London (TfL) vergebenen Konzession betrieben. Die DLR wurde bereits 1987 von Queen Elisabeth II. eingeweiht. Sie bedient vorwiegend Stationen im ehemaligen Hafengebiet (den Docklands) im Osten von London . Die Strecken der DLR befinden sich hauptsächlich auf Viadukten. An manchen Stellen werden auch die nicht mehr benötigten Trassen der Hafenbahnen genutzt. Es gibt drei Tunnel. Zwei von ihnen führen in Greenwich und Woolwich unter der Themse entlang und der dritte Tunnel ist die unterste Etage des großen Umsteigeknotens der U-Bahnstation „Bank" in der City of London. Hier starten die Bahnen der DLR. Es gibt bei der DLR keine niveaugleichen Kreuzungen mit anderen Verkehrsmitteln. Fahrgäste haben nur an den Stationen Zugang zur Bahn. Der Begriff „light rail" wird verwendet, weil die Technologien der Bahnen selbst, den Technologien einer Stadtbahn ähneln. Äußerlich unterscheiden sich die Bahnen der DLR von denen der „Underground" in London. Die Fahrzeuge der DLR stammen heute ausschließlich von Bombardier. Gut erhaltene Wagen der DLR wurden 1991nach Essen verkauft. Dort wurden sie umgebaut, bekamen einen Fahrerstand, einen Pantograph auf das Dach und ein anderes Türschließsystem. Sie sind mit Fahrpersonal besetzt und befördern in Essen als Stadtbahn ihr Fahrgäste *(Foto in der Gallerie s. S. 166)*

6.5.3 People Mover

Der Begriff **People Mover** stammt aus dem Englischen und heißt wörtlich: Volksbeweger/Personenbeweger. People Mover bezeichnet meist schienengebundene und in der Regel automatisch verkehrende Fahrzeuge. Sie sind für kurze Strecken, etwa auf Flughäfen und Messen, konzipiert. Manchmal wird statt des Begriffs People Mover auch die Abkürzung **PTS**, für **Passenger Transport System** verwendet. Peoplemover erhalten ihren Strom häufig über eine Stromschiene und leiten ihn über Schleifer ab (BOStrab §39). Sie verkehren in einem vom übrigen Verkehr völlig abgetrennten Fahrwegsystem. Der Ein-und Ausstieg der Fahrgäste erfolgt in einem speziell gesicherten Bereich. Auch Fahrsteige, Personenaufzüge oder Bahnen in Freizeitparks werden manchmal zu den People Movern gerechnet. People Mover werden häufig für Kurzstrecken auf Flughäfen (beispielsweise Frankfurt am Main) eingesetzt. Eine Bauart fährt beispielsweise auf Gummirädern in Betonfahrbahnen und erhält den Strom über Stromschienen. Abgeleitet wird der Strom über Schleifer zur Erde. Diese Erdschleifer dürfen erst vom Nullleiter (Erde) getrennt werden, wenn der Stromschleifer von der Stromschiene getrennt ist: Stromschlag-Gefahr! Eine weitere Bauart des People Movers sind Hängebahnen. Die erste wurde 1984 auf dem Gelände der Universität Dortmund in Betrieb genommen. Damit in den Stationen der People Mover das Betreten der Bahnsteige durch Fahrgäste vermieden wird, wenn sich kein Fahrzeug am Bahnsteig befindet, sind diese von den Fahrwegen durch Glastüren oder andere Sperren getrennt. Die Fahrzeuge besitzen ein Ortungssystem, das ein punktgenaues Anhalten des Fahrzeuges ermöglicht. Erst dann werden die Glastüren am Bahnsteig und gleichzeitig die Türen am Fahrzeug geöffnet. Als erster Peoplemover gilt der Expo-Express, der für die Weltausstellung 1967 in Montreal gebaut wurde. Die Strecke war 5,7 km lang und fuhr mit vollautomatischen Zügen. Leider wurde die Anlage nach wenigen Jahren stillgelegt und schließlich abgerissen. Eine Besonderheit des People Movers stellt die Skymetro am Flughafen Zürich dar, die das Dock E auf dem Vorfeld

100

Londoner Docklands light Railway (DLR) mit seperatem Fahrweg.

101

People Mover am Frankfurter Flughafen

102

eine der 13 Weichen des People Movers

103

Magnetbahn Berlin, führerlos auf U-Bahn-Trasse, 1990

104

Fahrweg der People Mover auf dem Frankfurter Flughafen

105

Magnetbahn Berlin, führerlos auf U-Bahn-Trasse, 1990

106

führerlose M-Bahn in Berlin, 1990

mit dem Hauptterminal verbindet. Diese Bahn schwebt auf einem Luftkissen über einen glatten Betonboden in einen Tunnel und wird von einem Seil gezogen.

6.6 Vergessene Besonderheiten: Berliner Magnetbahn

Wenn in der heutigen Zeit über die Baukosten von Magnetbahnen gestritten wird, lässt sich anmerken: Das alles gab es schon vor Jahrzehnten in Berlin! Der Versuchsbetrieb lief 1984 an, 1989 bis 1991 wurde die Magnetbahn im Linienbetrieb eingesetzt. Als die Mauer fiel, wurde die U-Bahnlinie 2 wieder aufgenommen und die Magnetbahn musste infolgedessen weichen.

Der Antrieb der Magnetbahn bestand aus einem Linearmotor, der, gemeinsam mit dem besonderen Fahrweg, den Antrieb darstellte. Die Bahn selbst hatte keine Motoren. Die Fahrtrasse ließ die Bahn auf einem Magnetfeld gleiten. Unter den Kabinen waren starke Dauermagnete angebracht, die etwas mehr als drei Viertel des Fahrzeuggewichts trugen. Kleine Räder rechts und links führten die Magnetbahn sowohl horizontal als auch vertikal. Zwischen den Schienen verlegte Wicklungen wirkten als Motoren, die ein veränderliches Magnetfeld erzeugten, auf dem die Fahrzeuge elegant und weich „dahinschwebten". Fahren und Bremsen erfolgte durch entsprechende Veränderung des Magnetfelds. Die Triebkräfte wurden über Magnetismus übertragen, die Führungskräfte mechanisch. Die Magnetbahn lief vollautomatisch und hatte viele Vorteile: Sie war leise, energiesparend, glitt ruck- und stoßfrei und kam mit wenig Personal aus. Der Stromverbrauch lag deutlich unter dem einer U-Bahn.

Insgesamt beförderte die Magnetbahn während ihrer kurzen Betriebsdauer drei Millionen Fahrgäste. Sie war weltweit die erste im Personenverkehr eingesetzte Magnetbahn. Doch auch ihr großer Erfolg konnte sie nicht retten. Nur im Verkehrsmuseum Nürnberg erinnert heute noch ein Fahrzeug auf einem Stück der originalen Trasse an die M-Bahn von Berlin.

Eine Anekdote: Warum gibt es unterschiedliche Spurweiten in Deutschland? Ursprünglich wurden auch in Leipzig und Dresden Gleise von 1.435 Millimeter Spurweite gelegt. Doch das Gleis fuhr sich aus und wurde breiter und breiter.

G89

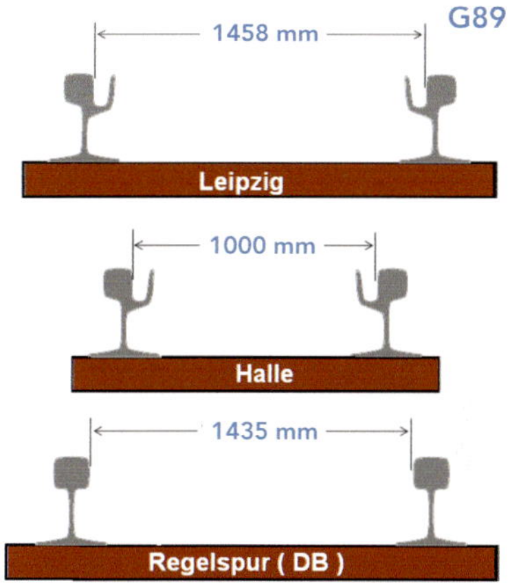

Nun waren die Mittel der Stadtväter von Leipzig und Dresden knapp. Das Anpassen der Achsen war billiger als die Erneuerung des Gleises. Neues Gleis wurde immer wieder dem ausgefahrenen, alten Gleismaß angepasst. Als dann eines Tages die Spur ihr heutiges Maß erreicht hatte, war das Netz schon so groß, dass ein Rückbau auf die Regelspur nicht mehr zu finanzieren war. So hat Leipzig heute die breiteste Spur Deutschlands (1.458 Millimeter), gefolgt von der Landeshauptstadt Dresden (1.450 Millimeter). Das Leipziger Spurmaß ist auf der Welt einmalig.

Die als Normalspur oder Regelspur bezeichnete Spurweite mit einem Spurmaß von 1435 mm zwischen den Innenkanten der Schienenköpfe wurde auch als Stephenson-Spur bezeichnet. Als 1822 der Bau der ersten öffentlichen Eisenbahn der Welt von Stockton nach Darlington (George Stephenson war ihr Erbauer) begann, wurden die Gleise mit 4 Fuß und 8½ Zoll verlegt, was = 1435 mm entspricht. Im Jahr 1846 wurde diese Spurweite gesetzlich als Standard-Spurweite für Großbritannien vorgeschrieben. Doch zusammen mit der Eisenbahntechnik breitete sich diese Spurweite in viele Länder der Erde aus.

G89A

Pjöngjang Nordkorea mit Regelspurgleis

Z 1

Z 2

Z 3

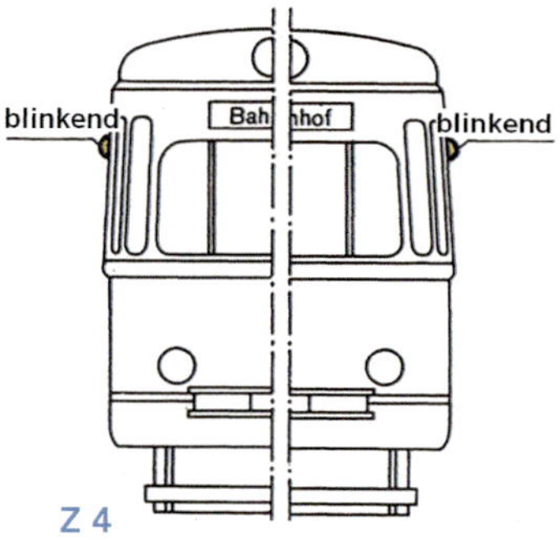

Z 4

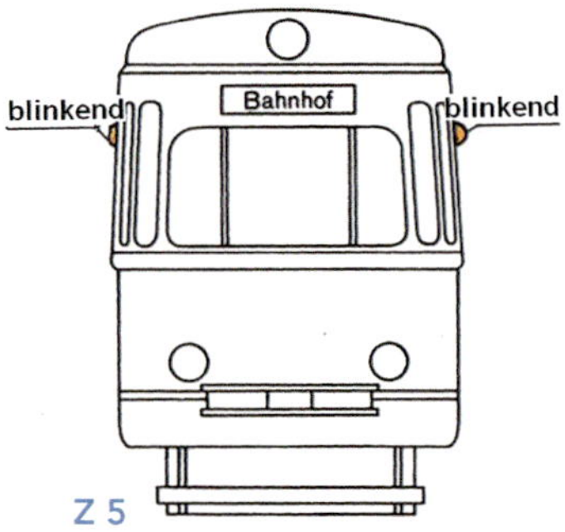

Z 5

7. Signaleinrichtungen

Signaleinrichtungen müssen im betriebsbedingt notwendigen Umfang vorhanden und so gebaut sein, dass die vorgesehenen Signale eindeutig und gut erkennbar abgegeben werden können. Ihre Wirksamkeit darf nicht von der Fahrleitungsspannung abhängen. Deshalb funktionieren alle Zugsignale über Batteriespannung. Bei straßenabhängigen Bahnen müssen Spitzensignal, Fahrtrichtungssignal, Schlusssignal und Bremssignal vorhanden sein. Zudem müssen sie hinten zwei Rückstrahler aufweisen (§ 40 BOStrab).

7.1 Zugsignale

Bezeichnung Z 1 – Spitzensignal – an der Spitze eines Zuges drei weiße Lichter

Die Stirnleuchte des Spitzensignals kann die Linienbezeichnung enthalten. Die beiden unteren Leuchten sind normale Scheinwerfer mit Abblend- und Fernlicht-Schaltung.

Bezeichnung Z 2 – Schlusssignal – am Zugschluss zwei rote Lichter

Das Schlusssignal besteht aus zwei roten Rücklichtern, die den Rücklichtern der Kraftfahrzeuge entsprechen.

Bezeichnung Z 3 – Bremssignal – am Zugschluss zwei gelbe oder rote Lichter

Das Bremssignal entspricht den Bremsleuchten (oft auch als „Stopp-Lichter" bezeichnet) von Kraftfahrzeugen. Die Bremssignale können bei Straßen- und Stadtbahnen rot oder gelb sein.

Bezeichnung Z 4 – Fahrtrichtungssignal – gelbe Blinklichter an einer der beiden Längsseiten

Das Fahrtrichtungssignal entspricht den Blinkleuchten der Kraftfahrzeuge und ist gemäß StVO zu nutzen.

Bezeichnung Z 5 – Warnblinksignal – gelbe Blinklichter gleichzeitig an beiden Längsseiten

Sie zeigen an, dass der Zug liegen geblieben ist oder aufgrund einer Verkehrsstörung steht. Warnblinksignale entsprechen in Bauart und Einsatz den Warnblinkanlagen der Kraftfahrzeuge. Sie werden entsprechend der StVO eingesetzt.

7.2 Rangiersignale

Rangiersignale, über Rangiertaster im Fahrzeug gegeben, dienen zu Verständigung zwischen Fahrer und Rangierer in Fahrzeugen ohne oder defektem Rückfahrstand. Rangiersignale können auch von einem außerhalb des Fahrzeugs befindlichen Rangierer mittels Signalpfeife oder durch Handzeichen gegeben werden. Besonders im Umgang mit Schadfahrzeugen sind die Rangiersignale von größter Bedeutung.

Beim Rangierhalt hat der Fahrer stets bereits beim ersten Ton oder erkennbaren Handzeichen mit allen verfügbaren Bremsen anzuhalten.

G55

Bezeichnung	Signalbild	Bedeutung	Erläuterung
R 1	Ein mäßig langer Ton und senkrechte Bewegung des Armes, bei Dunkelheit mit einer weißen Laterne 	Wegfahren	Rangierbewegung vom Signalgebenden ab
R 2	Zwei mäßig lange Töne und waagerechte langsame Bewegung des Armes, bei Dunkelheit mit einer weißen Laterne 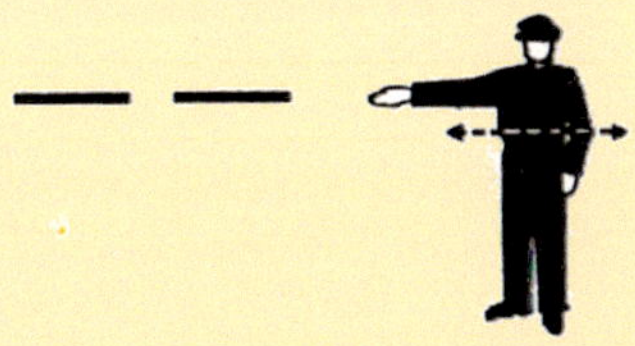	Herkommen	Rangierbewegung zum Signalgebenden hin
R 3	Drei kurze Töne und kreisförmige Bewegung des Armes, bei Dunkelheit mit einer weißen Laterne 	Rangierhalt	

107

Abweiser eines T4D-MC

108

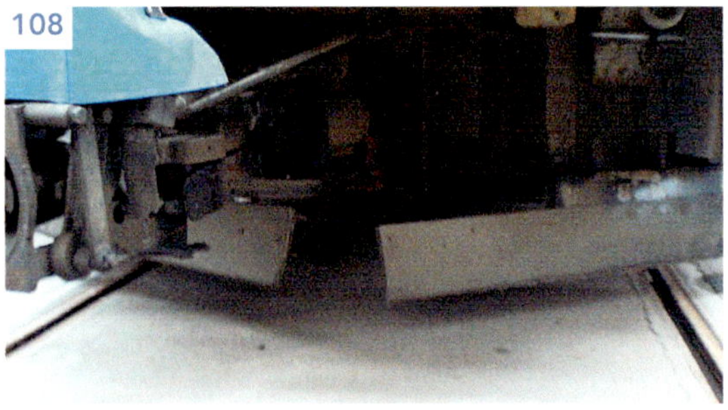

Bahnräumer eines Hochflurwagen (T6A2)

109

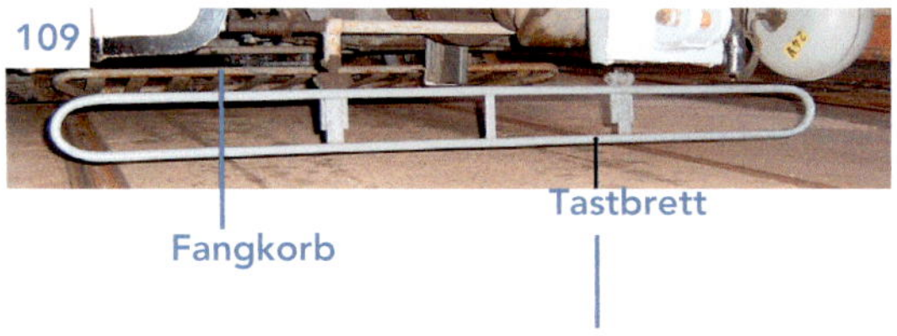

Fangkorb an einem Gothaer Gelenkwagen G4 (heute historisches Fahrzeug)

110

Schutz am Niederflurwagen NGT 12

8. Bahn- und Schienenräumer

Fahrzeuge müssen vor dem ersten Radsatz in Fahrtrichtung Bahnräumer oder Schienenräumer aufweisen, die eine durch Hindernisse hervorgerufene Entgleisungsgefahr vermindern. Sie müssen möglichst dicht vor den Rädern angeordnet sein und einen geringen Abstand zur Schienenoberkante haben. Bei Fahrzeugen straßenabhängiger Bahnen müssen sie zudem Gefahren vermindern, die durch seitliche Hindernisse drohen. Außerdem soll bei Personenunfällen verhindert werden, dass die Personen direkt unter die Räder kommen *(Bild 107 und 108 S. 78)*. Bahnräumer sind entbehrlich, wenn andere Einrichtungen des Fahrzeugs diese Aufgaben mit übernehmen können (BOStrab) *(Bild 110 S. 78)*.

Eine besondere Schutzvorrichtung war der sogenannte „**Fangkorb**". Bei Berührung oder Fernauslösung fiel er herunter und fing damit eine Person oder auf dem Gleis befindliche Gegenstände auf. Allerdings löste er sich auch dann, wenn das Gleis uneben oder eingeschneit war, sodass Bindedraht zur Ausrüstung jedes Fahrers gehörte, um den versehentlich gefallenen Fangkorb wieder hoch zu binden *(Bild 109 S. 78)*. Selbstauslösende Fangkörbe wurden von einem Tastbrett ausgelöst.

Abweiser sind schräg unter dem Wagen angebracht, sodass Personen oder Gegenstände aus dem Gleis geschoben werden und nicht unter die Räder gelangen. Bei Niederflurwagen gibt es meist keinen direkten Bahnräumer mehr, es ist häufig nur noch ein schmaler, quer befestigter Schutz direkt vor dem Dreh- oder Fahrgestell angebracht. Durch die geringe Bodenfreiheit ist ein Bahnräumer auch nicht mehr nötig, da bereits mit der Rammbohle (auch „Prallelement" oder „Stoßstange" genannt) größere Gegenstände weggeschoben werden können. Personen werden durch besondere Spoilerformen nach oben oder zur Seite gestoßen.

9. Kupplungseinrichtungen

Kupplungseinrichtungen von Fahrzeugen, die im Zugverband betrieben werden, müssen nach Bauart und Abmessung aufeinander abgestimmt sein. Bei selbsttätiger Kupplungseinrichtung muss das ordnungsgemäße Einlaufen und Verriegeln der Kupplung erkennbar sein (BOStrab).

9.1 Scharfenberg-Kupplung

Die gebräuchlichste Kupplung bei Straßen- und Stadtbahnen ist die Scharfenberg-Kupplung. Sie besteht aus einem mechanischem *(siehe G56 S. 79)* und einem elektrischen Teil. Das elektrische Kuppeln von Fahrzeugen unterschiedlicher Bauart ist jedoch nicht möglich. Die mechanischen Teile beider Kupplungen verbinden sich fest miteinander. Die Kupplungen der Fahrzeuge werden durch Trichter und Kegelform des mechanischen Teils, wie in Grafik G56 ersichtlich, aufeinander ausgerichtet. Aus der Kegelseite ragt die Kuppelöse hervor. Hinter dem Trichter befindet sich das Herzstück. Drücken die Kuppelösen beim Ankuppeln gegen das jeweilige Herzstück *(siehe auch Bild 111 und 112 S. 79)*, werden diese verdreht. In einem festgelegten Winkel rasten die Ösen in die jeweiligen Mäuler ein, sodass eine formschlüssige Verbindung entsteht. Dadurch sind große Kraftübertragungen möglich. Getrennt wird diese Verbindung durch Verdrehen der Herzstücke. Das kann sowohl mechanisch (per Hand), elektrisch, als auch elektropneumatisch geschehen. Das E-Teil kann oben, unten oder seitlich an dem mechanischen Kupplungsteil angebracht sein.

9.2 Albertkupplung

Früher war die Albertkupplung (Bild G 57 S. 79), die häufigste Kupplung zwischen den einzelnen Fahrzeugen, oft ein Triebwagen mit zwei Beiwagen. Sie ist eine einfache Ösen-Bolzen-Verbindung, die leicht zu kuppeln ist. Die elektrische Verbindung erfolgte mittels Kabel zwischen den einzelnen Wagen (Bild 113 und 114 S. 80). Heute findet man die Albertkupplung nur noch bei Gelenkfahrzeugen mit verdeckter Kupplung als Notkupplung, wenn diese Fahrzeuge im Linienbetrieb nicht als Traktion kuppelbar sind.

9.3 Notkupplungen

Notkupplungen sind, wie der Name schon sagt, ausschließlich für den Notfall gedacht. Sie sind auf das verwendete Kupplungssystem des Verkehrsbetriebs abgestimmt. Es finden in Deutschland sowohl Scharfenbergkupplungen als auch Albertkupplungen Anwendung. Notkupplungen sind fast immer unter einer Schürze oder hinter einem Prallelement verborgen und werden im Notfall zum Abschleppen ausgeklappt. Um zwei verschiedene Kupplungssysteme im Notfall zu verbinden, ist ein Adapterstück *(Bild 116 S.80)* nötig.

G56

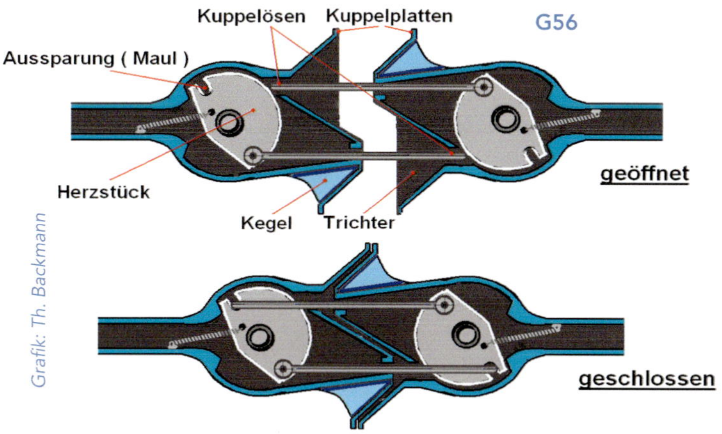

Grafik: Th. Backmann

Prinzip der Scharfenbergkupplung (Draufsicht)

111

ESW-Kupplung mit aufgeklappten Elektroteil der Bauart Scharfenberg

112

zwei mittels Scharfenbergkupplung gekuppelte Wagen

G57

Grafik: Th. Backmann

Albertkupplung

113

geschlossene Albertkupplung an historischem Wagen

114

Hälfte einer Albertkupplung (Straßenbahnmuseum Leipzig)

115

Scharfenberg-Kupplung mit seitlich angebrachten E-Teilen in Karlsruhe

116

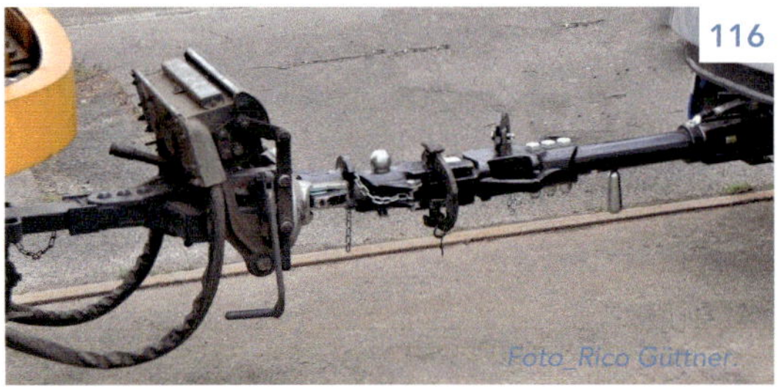

Adapter ordentlich gekuppelt

9.4 Compact-Kupplung

Die Bezeichnung BSI stammt vom Entwickler/Hersteller Bergische Stahl-Industrie AG. Die Compact-Kupplung *(Bild 117 S. 77)* wurde Anfang der 1930er Jahre entwickelt und hat eine ähnliche Wirkungsweise wie die Scharfenberg- bzw. ESW-Kupplung. Die Konstruktion ist jedoch etwas anders aufgebaut: Sie besteht aus einem Kupplungskopf mit drehbarem Herzstück und einer rechts angeordneten starren Klaue.

Von Vorteil sind eine reduzierte Anzahl an Einzelteilen und eine höhere Bruchkraft, nachteilig ist die gegenüber der Scharfenbergkupplung größere Empfindlichkeit gegenüber ruckartigen Belastungen.

Ein elektrischer Kupplungsaufsatz ist wie bei der Scharfenbergkupplung möglich *(Bild 118 S. 81)* und wurde oft in der Praxis verwendet. Vor dem zweiten Weltkrieg war die Compact-Kupplung in ganz Deutschland verbreitet. Danach wurde sie, weil sich die Herstellerfirma in den heute „alten" Bundesländern befand, auch nur noch dort verwendet. Bei modernen kuppelbaren Fahrzeugen wird nur noch die Scharfenbergkupplung verwendet, allerdings als vollautomatische Kupplung.

9.5 Vollautomatische Kupplungssysteme

Vollautomatische Kupplungen werden heute in allen Verkehrsbetrieben verwendet, die ihre Fahrzeuge, nach Bedarf Solo oder als Traktion verkehren lassen. Manche Unternehmen führen auch sogenannte Y-Fahrten durch: Eine Doppeltraktion kommt aus dem hoch frequentierten Stadtzentrum. An einem Punkt X teilt sich die Strecke dann in zwei Außenstrecken mit weniger Fahrgastaufkommen. Um dieser Tatsache so ökonomisch wie möglich zu begegnen, wird die Doppeltraktion am Punkt X vollautomatisch durch das Fahrpersonal getrennt und der zweite Wagen mit einem Fahrer besetzt. So können die beiden Außenbezirke effektiv angefahren werden. Bei Rückkehr zum Punkt X wird aus den beiden Solofahrzeugen mittels vollautomatischer Kupplung wieder eine Doppeltraktion, um das Stadtzentrum zu bedienen.

Der Fahrer kann vom Fahrzeugführerstand aus die Schürze (Verkleidung) elektrisch, hydraulisch oder pneumatisch hochfahren und die Kupplung ausklappen. Durch das Heranfahren schließt und arretiert die Kupplung vollautomatisch. Ein Verlassen des Fahrerstands ist dabei nicht nötig.

10. Fahrzeugführerplatz

Der Fahrzeugführerplatz muss so gestaltet sein, dass der Fahrzeugführer den Zug sicher führen kann. Insbesondere müssen ein ausreichendes Sichtfeld sowie Einrichtungen zum Schutz gegen witterungsbedingte Einflüsse und gegen Zugluft vorhanden sein. Behinderungen durch Fahrgäste müssen durch geeignete technische Maßnahmen vermieden werden.

Der Fahrzeugführerplatz, insbesondere der Arbeitssitz, hat nach den allgemein anerkannten sicherheitstechnischen, arbeitsmedizinischen und hygienischen Regeln sowie sonstigen gesicherten arbeitswissenschaftlichen Erkenntnissen eingerichtet zu sein. Fahrzeugführerplätze müssen so gebaut sein, dass sie im Notfall schnell verlassen werden können. Sie sind mit Geschwindigkeitsanzeigern und Fahrtschreibern auszustatten. An Fahrzeugen straßenabhängiger Bahnen muss im Sichtbereich des Fahrzeugführers mindestens auf der in Fahrtrichtung rechten Seite des Fahrzeugs ein Rückspiegel vorhanden sein.

Für Plätze, die für die Bedienung von Fahrzeugen bei Rangierbewegungen und im Störfall vorgesehen sind, gelten die Absätze 1 bis 4 des § 44 nur insoweit, wie dies für den vorgesehenen Zweck erforderlich ist (BOStrab).

10.1 Historie von Stehwagen und Notsitzen

In den Straßenbahnwagen der Anfangszeit musste das Fahrpersonal noch während des gesamten Dienstes stehen und war auf einem offenen Perron Wind und Wetter ausgesetzt *(Bild 119 S. 81)*. Später wurde die Front verglast und den Fahrern ein transportabler Drehschemel zur Verfügung gestellt – eine wackelige Angelegenheit! Es folgten erste fest eingebaute Sitzgelegenheiten in Form von nicht oder kaum verstellbaren starren, harten Sitzen *(Bild 120 S. 81)*. Der Fahrerarbeitsplatz wurde zunächst durch einen Vorhang, später durch die geschlossene Kabine abgetrennt. Die Entwicklung eines optimalen Fahrerarbeitsplatzes war eingeleitet.

117

mechanischer Teil der Compact-Kupplung

118

Compact-Kupplung mit E-Teil im gekuppelten Zustand, Karlsruhe (historische Fahrzeuge)

119

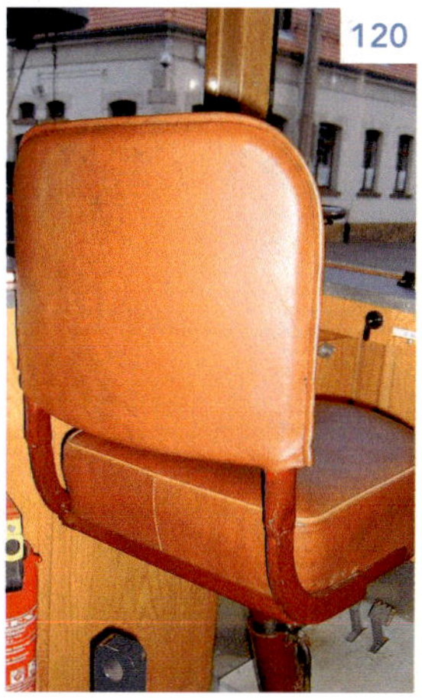
120

119: Fahrerstand um 1900
120: starrer Fahrersitz aus den 50er Jahren (historische Fahrzeuge in Leipzig)

121

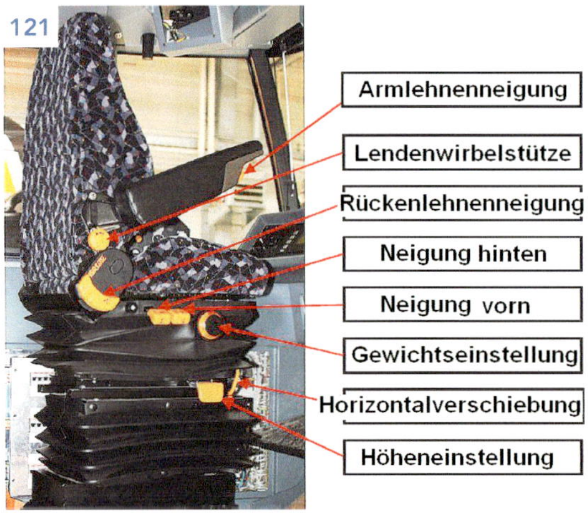

Foto: Bedienhandbuch NGT12 XXL FLEXITY Classic, Bombardier Transportation

Fahrersitz mit Lendenwirbelstütze

122

Armaturen des NGT 6 (Leoliner – Leipzig)

123

Armaturen des T4D-MC (mod. Tatra – Leipzig)

10.2 Ergonomische Gestaltung

In der Vergangenheit wurden Bandscheibenschäden zur „Fahrerkrankheit". Daher befasste sich bald die Arbeitsmedizin mit diesem Problem. In Zusammenarbeit mit Wissenschaft, Medizin und Technik wurden ergonomische Fahrersitze *(Bild 121 S. 82)* entwickelt. Die neuen Sitze sind mit einer Hand verstellbar und können entsprechend Körpergröße und Gewicht angepasst werden. Da beim Fahren eine sitzende Zwangshaltung eingenommen werden muss, sollte die Sitzfläche in Höhe, Neigung und Tiefe verstellbar sein. Die Oberschenkel sollten dabei aufliegen und im 90°-Winkel auf dem Boden stehen oder, bei Fahrzeugen mit Fußsteuerung, auf dem entsprechenden Pedal aufliegen. Der Fußraum muss genügend Beinfreiheit aufweisen. Bei Fahrzeugen mit Handsteuerung sollte die Armauflage verstellbar sein, damit auch der linke Unterarm aufliegen kann. Ideal ist eine verstellbare Armlehne auf der rechten Seite, sodass der Fahrer nicht zu einer nach rechts geneigten Körperhaltung tendiert. Die Rückenlehne sollte ausreichend hoch sein und möglichst eine verstellbare Lendenwirbelstütze besitzen. Die Sitzfederungen müssen Schwingungen gut aufnehmen und dämpfen. In manchen Fahrzeugen sind auch bestimmte Bedienelemente in die Armlehne integriert. Die Armaturen müssen für den Fahrer gut erreichbar und übersichtlich angeordnet sein *(Bild 122 und 123 S. 82)*. Ständig benötigte Taster und Schalter sollen im Greifraum des Fahrers liegen. Sicherheitsrelevante Bedienelemente müssen in unmittelbarer Nähe angeordnet und so gestaltet sein, dass Verwechslungen ausgeschlossen sind.

10.3 Sitzhaltung

Um Haltungsschäden vorzubeugen, müssen Armaturen und Fahrersitz aufeinander abgestimmt sein. Der Fahrer sollte bequem, aber aufrecht sitzen, um alle Bedienelemente zu erreichen. Außerdem muss die Sitzposition so gewählt werden, dass die Sicherheit gewährleistet ist und folgende **Richtlinie des VDV** (Verband deutscher Verkehrsunternehmen) eingehalten wird:

> Eine 1,20 Meter große Person, die im Abstand von 30 cm zur Fahrzeugfront vor dem Fahrzeug vorbei geht, muss problemlos erkannt werden.

Zudem gibt es eine **Richtlinie der BG Bahnen**, die in Zusammenarbeit von Wissenschaftlern, Fahrpersonal, VDV und ÖTV (heute Ver.di) entstanden ist, die folgendes empfiehlt:

- Sitzhöhe: die Füße sollten auf den Boden auftreten
- Sitzflächentiefe: zwischen Kniekehle und Sitzvorderkante mindestens fingerbreit Platz lassen
- Neigung der Sitzfläche: vom Gesäß zur Kniebeuge etwa 5°, leicht absteigend
- Rückenlehne: Neigung nach hinten etwa 15°– 20°

Dabei sollte sich der Fahrer möglichst weit nach hinten setzen und den Rücken vollständig anlehnen. Sind Sitzflächenneigung und Rückenlehne optimal aufeinander eingestellt, beträgt der Winkel zwischen Oberkörper und Oberschenkel rund 100°-105°. In dieser Position sind die inneren Organe entlastet. Die Lendenwirbelstütze sollte so eingestellt werden, dass der Rücken unterstützt wird und ein angenehmes Gefühl entsteht.

G58

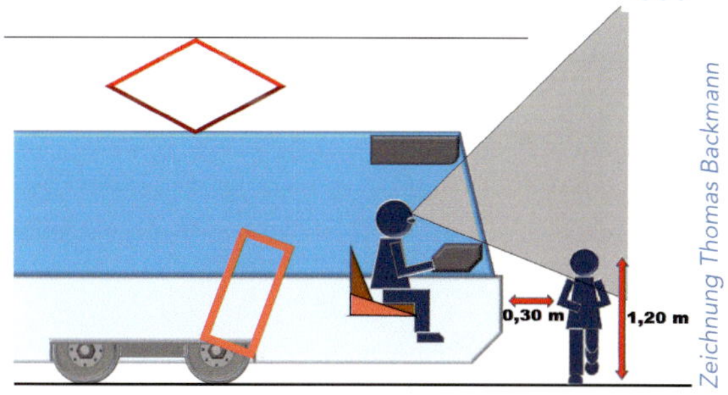

Das graue Dreieck zeigt den Blickwinkel des Fahrers.

124

Beleuchtung einer Straßenbahn um 1900 (Fahrzeug des Leipziger Straßenbahnmuseums)

11. Beleuchtung, Heizung, Lüftung

Fahrgasträume müssen eine ausreichende Innenbeleuchtung haben. Sie darf von den Fahrgästen nicht ausgeschaltet werden können und die Sicht des Fahrzeugführers nicht erheblich beeinträchtigen. Trittstufenbereiche von Personenfahrzeugen müssen so ausgeleuchtet werden können, dass die Stufen gut erkennbar sind. Personenfahrzeuge müssen eine Hilfsbeleuchtung aufweisen, die bei Ausfall der Regelbeleuchtung mindestens die Bereiche von Türen und Notausstiegen ausreichend erhellt. Fahrgasträume und Fahrzeugführerplätze müssen ausreichend beheizt und belüftet werden können (BOStrab).

11.1 Innenbeleuchtung

In manchen Fahrzeugen, zum Beispiel in historischen Straßenbahnen wie im Bild 124, finden sich noch **Glühlampen** (600 Volt Gleichstrom), die in Reihe geschalten sind (zum Beispiel fünf Glühlampen zu je 125 Volt). Um ausreichend Glühlampen verwenden zu können, werden die Reihen zueinander parallel geschaltet *(siehe Punkt 2 Exkurs Elektrotechnik)*. Auch **Leuchtstofföhren** (230

Volt Wechselstrom) sind in Straßenbahnen gebräuchlich. Die Bordnetz-Spannung wird mittels Wechselrichter und Transformator auf die benötigten 230 V/50 Hz transformiert. Da bei Fahrspannungsausfall der BNU mit ausfällt, werden dann nur noch zwei bis drei Lampen (Notbeleuchtung) betrieben. Meistens sind heute auch Dämmerungsschalter eingebaut, die bei Einbrechen der Dunkelheit ansprechen und die Innenbeleuchtung oder auch die gesamte Beleuchtung automatisch einschalten. Unabhängig davon kann die jeweilige Beleuchtung über Schalter oder auch Touchscreen ein- oder ausgeschaltet werden.

Jedes Fahrzeug muss mit einer **Notbeleuchtung** ausgerüstet sein, damit bei Spannungsausfall und Dunkelheit die Sicherheit gewährleistet ist. Bei Fahrzeugen, deren Innenbeleuchtung mit fahrleitungsgespeisten Glühlampen betrieben wird, muss ein gesonderter 24-Volt-Stromkreis als Notbeleuchtung vorhanden sein. Dieser wird mit einem Schalter durch den Fahrer eingeschaltet.

11.2 Außenbeleuchtung

Die Außenbeleuchtung gehört zu den in Punkt 7 genannten Zugsignalen und ist entsprechend vorgeschrieben. Dazu gehören

- vorne das Spitzensignal (Scheinwerfer und oben mittig angeordnete Lampe),
- Schlusssignal (Rücklichter, rot),
- seitliche Begrenzungsleuchten (weiß),
- Fahrtrichtungssignal (gelbe Blinker rechts oder links) und
- Warnblinksignal (gelbe Blinker gleichzeitig).

Die Außenbeleuchtung wird generell mit Kleinspannung betrieben, damit auch bei Stromausfällen in der Dunkelheit das Fahrzeug für andere Verkehrsteilnehmer ausreichend erkennbar ist.

11.3 Heizung und Lüftung

Frischstromheizkörper können direkt mit Fahrleitungsspannung oder aus dem 230-Volt-Bordnetz gespeist werden. Diese Heizungen werden mittels Schalter ein- und ausgeschaltet und können darüber hinaus über Thermostat geregelt werden. Bei Speisung direkt aus dem Fahrleitungsnetz findet man oft gemischte Schaltungen (mehrere Heizkörper in Reihe, die Reihen zueinander parallel).

Während die **Klimaanlage** in der Fahrerkabine fast überall zum Standard gehört, verfügen viele Neufahrzeuge heute schon über eine Klimaanlage im Fahrgastraum. Sie wird meist über die Bordnetzspannung mit 230 Volt oder 400 Volt betrieben. Die Raumtemperatur wird dabei fast immer über die Software vorgegeben, sodass der Fahrer keinen Einfluss darauf hat. Die Klimaanlage in der Fahrerkabine wird generell vom Fahrer manuell geregelt, damit die Temperatur den persönlichen Bedürfnissen angepasst werden kann.

Lüfterheizungen (auch „Gebläseheizung" genannt) für den Fahrgastraum werden ebenfalls meistens mit Frischstrom betrieben. Auch als Heizung für die Fahrerkabine finden in älteren Fahrzeugen Lüfterheizungen verschiedener Bauformen Verwendung. Sie besitzen häufig eine Kaltluft- und mehrere Heizstufen. Der Fahrer kann sie mittels Stufenschalter betätigen.

Eine veraltete Form der Heizung ist die **mittels Bremsstrom** über Widerstandsheizkörper. Dabei werden die Vorschaltwiderstände *(siehe Punkt 5.1.1 direkte Widerstandssteuerung)* auch als Heizwiderstände genutzt. Die Widerstandsgruppen sind manuell umschaltbar auf Sommerbetrieb (Dach- oder Außenwiderstände) und Winterbetrieb (Heizwiderstände). Das Umschalten erfolgt in der Regel durch die Werkstatt, da anschließend eine Bremsprobe erfolgen muss. Moderne Straßenbahnen verfügen mitunter auch über Bremsstromheizkörper (beispielsweise Aluminium-Speicher-Heizgerät). Diese werden nicht manuell, sondern rechnergestützt eingesetzt.

In den meisten Fahrzeugen ist die Lüftung im Fahrgastraum nur durch **Fenster** und Dachluken gewährleistet. Fenster müssen aber so gestaltet sein, dass ein Hinauslehnen grundsätzlich verhindert wird. In moderneren Fahrzeugen befinden sich Temperaturfühler im Fahrgastraum. Wird eine bestimmte Temperatur erreicht, schalten sich die Lüfter automatisch ein und sorgen für bessere Luftzirkulation. Die Lüfter sorgen für einen Luftaustausch, erreichen aber keinesfalls den Effekt einer Klimaanlage.

12. Beschriftung und Sinnbilder

An den **Außenseiten** der Fahrzeuge müssen vorhanden sein:

- an den Längsseiten: Name und Betriebssitz des Unternehmers oder die Geschäftszeichen oder Wappen sowie die Fahrzeugnummer
- Betätigungs- und Verhaltenshinweise für die

Fahrgäste

- Zeichen an den Stellen, an denen bei Entgleisungen und Unfällen Hebezeuge eingesetzt werden dürfen
- bei Betriebsfahrzeugen: Angaben über das zulässige Ladegewicht.

Im **Inneren** von Personenfahrzeugen müssen angebracht sein:

- Betätigungs- und Verhaltenshinweise für die Fahrgäste
- Sinnbilder nach Anlage 3 an den Sitzplätzen, die für Schwerbehinderte, in der Gehfähigkeit Beeinträchtigte, ältere oder gebrechliche Personen, werdende Mütter und für Fahrgäste mit kleinen Kindern vorzusehen sind
- Hinweise auf Einrichtungen und Ausrüstungen für Notfälle

Beschriftungen und Sinnbilder müssen eindeutig, gut sichtbar und deutlich lesbar sein. Ihre Erkennbarkeit darf durch andere Aufschriften oder Bildzeichen nicht beeinträchtigt werden.

13. Türen, Steuerung, Anfahrsperre, Notlöseeinrichtung

Türen müssen nach BOStrab so gebaut und angeordnet sein, dass ein zügiger Fahrgastwechsel möglich ist. Sie müssen eine lichte Durchgangsbreite von mindestens 0,65 m aufweisen. Bei jedem Fahrzeug muss mindestens eine der Türen eine lichte Durchgangsbreite von mindestens 0,8 m haben. Türen sind mit Schutzeinrichtungen zu versehen, die verhindern, dass Fahrgäste durch Einklemmen verletzt werden. Kraftbetätigte, bewegliche Trittstufen dürfen sich nur in Abhängigkeit vom Bewegungsablauf der dazu gehörigen Türen bewegen lassen. In Personenfahrzeugen müssen Einrichtungen vorhanden sein, die

- dem Fahrzeugführer anzeigen, dass die Türen geschlossen sind.
- bei Türen auf beiden Längsseiten bei Zweirichtungswagen ein seitenabhängiges Öffnen zulassen.
- bei Fahrbetrieb ohne Fahrzeugführer (U-Bahn) sicherstellen, dass Züge nur bei geschlossenen Türen anfahren können.

Türen müssen in geschlossener Stellung festgehalten sein, aber von Fahrgästen im Notfall geöffnet werden können. Auf Streckenab-

Aufbewahrung des Sanitätskastens *

Aufbewahrung des Feuerlöschers *

Kennzeichnung Notausstieg *

Sitzplatz für Behinderte vorbehalten *

Einstieg speziell für Rollstuhlfahrer und Kinderwagen *

Rauchen verboten *

Hunde müssen Beisskorb und Leine tragen **

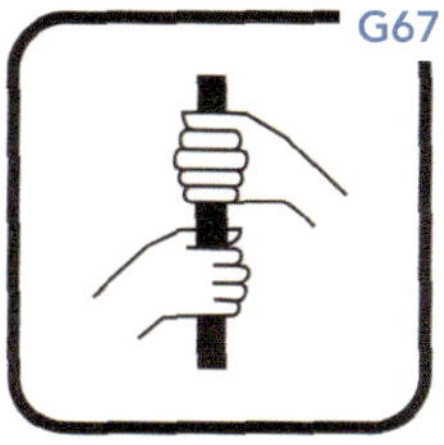

Bitte festhalten! **

Hinweis auf Entwerter **

* vorgeschriebene Beschriftung; ** zusätzliche Sinnbilder

125

126

125: Tür von Hand zu öffnen und zu schließen (keine Überwachung)
126: Tür von Hand zu öffnen, aber elektrisch zu schließen (Kontrolllampe)

127

Falttür eines Triebwagens (Kontrolllampe, Wagen fährt nicht mit offenen Türen und schaltet bei gewaltsamen Öffnen während der Fahrt den Fahrstrom ab)

schnitten ohne Sicherheitsraum dürfen Türen in Personenfahrzeugen nicht von Fahrgästen geöffnet werden können, wenn die Bergung der Fahrgäste im Gefahrenfall auf andere Weise sichergestellt wird (BOStrab).

13.1 Tür- und Betätigungsarten

Mechanische Schiebetüren, die von Hand auf- und zugeschoben werden *(Bild 125 S. 86)*, gibt es nur noch in historischen Fahrzeugen. Später folgten **automatische Schiebetüren**, die elektrisch *(Bild 126 S. 86)* oder pneumatisch geschlossen wurden, aber zum Teil noch manuell geöffnet werden mussten. Der Vollzug der Türschließung wird über eine Kontrolllampe angezeigt.

Manche Straßenbahn- oder Stadtbahnfahrzeuge sind mit **Falttüren** *(Bild 127 S. 86)* ausgestattet. Sie können mit integrierten, ausklappbaren Trittstufen versehen sein *(Bild 128 S. 86)* oder nur einfach vor den Trittstufen schließen. Sie haben häufig keine Einklemmschutz-Überwachung. Der Fahrer muss also selbst darauf achten, dass beim Schließen kein Fahrgast zu Schaden kommt. Allerdings besitzen diese Fahrzeuge nachgerüstete Anfahrsperren, die ein Anfahren mit offenen Türen verhindern.

13.2 Überwachungssysteme

Alle neueren Fahrzeuge mit Außenschwenkschiebetüren *(Bild 129 S. 87)* besitzen eine **Mehrfachüberwachung** mittels Lichtschranke, Fingerschutzgummi mit Druckwellenschalter und zusätzlicher Motorstromüberwachung.

Die Türen schließen erst, wenn sich kein Fahrgast mehr im Überwachungsbereich der Lichschranke befindet. An den Türblättern befinden sich Fingerschutzgummis, in denen Druckwellenschalter untergebracht sind. Wird ein Fahrgast eingeklemmt, wird der im Fingerschutzgummi untergebrachte Druckwellenschalter aktiviert und die Tür öffnet sich wieder. Auch der Motorstrom des Türmotors wird gemessen: Bei erhöhtem Kraftaufwand des Motors und damit höherem Motorstrom öffnet sich die Tür ebenfalls. Die Lichtschranke kann durch den Fahrer per Knopfdruck bei Notwendigkeit für den jeweiligen Schließvorgang deaktiviert werden oder wird mit dem Schließbefehl per Taster automatisch außer Kraft gesetzt.

Ein Anfahren mit geöffneten Türen ist nicht möglich. Im Störfall gibt es, je nach Türsystem, immer die Möglichkeit, die betreffende Tür außer Betrieb zu nehmen (häufig mit Schlüssel oder

Vierkant). Am weitesten verbreitet sind elektrisch betätigte Türen, aber auch elektro-pneumatische Türsysteme (wie die Doppelfalttüren des DT8 in Stuttgart).

13.3 Notentriegelung

Türen, die sich aufgrund ihrer spezifischen Antriebe im Störfall nicht problemlos öffnen lassen, müssen über eine mechanische Notlöseeinrichtung *(Bild 130 und 131 S. 88)* verfügen – beispielsweise wird die Tür mittels Hebelvorrichtung entriegelt und dann per Hand aufgeschoben. Pneumatische Türsysteme müssen entlüftet werden und sind dann ebenfalls per Hand zu öffnen.

14. Störungssuche und -beseitigung

Zu jeder soliden Fahrschulausbildung gehört das Erkennen und, im gewissen Umfang, das Beseitigen von Störungen. Dazu sind fundierte Grundkenntnisse der Fahrzeugtechnik nötig, die in jedem Verkehrsbetrieb fahrzeugspezifisch vermittelt werden.

14.1 Störungssuche

Zu unterscheiden sind äußere Störungen und Störungen im Fahrzeug. Äußere Störungen gehen vom Netz aus, wie Fahrleitungsschäden oder einfache Stromstörungen. Der Fahrer erkennt sie, je nach Fahrzeugtyp, entweder durch augenscheinliche Kontrolle, Kontrollleuchten oder daran, dass ein Summer ertönt und/oder die Innenbeleuchtung auf Notbeleuchtung wechselt und/oder das Display „Stromstörung" anzeigt.

Störungen im Fahrzeug lassen sich (vor allem bei älteren Fahrzeugen) an Geräuschen oder Fahreigenschaften erkennen, in neueren Fahrzeugen an den Kontrollleuchten. In Fahrzeugen mit Selbstdiagnose zeigt das Display den Schaden direkt an und weist den Fahrer auf die erforderliche Handlungsweise hin.

14.2 Störungsmeldung

Störungen sind grundsätzlich entsprechend der DFStrab der Verkehrsleitstelle (in manchen Regionen auch „Betriebsleitstelle" genannt) zu melden. Derjenige Betriebsbedienstete, der den Störungsfall feststellt, ist zunächst für die Einleitung entsprechender Maßnahmen verant-

128

Falttür mit ausklappbaren Trittstufen (Kontrollsystem mit Kontrollleuchte und Einklemmschutz)

129

Außenschwenk-Schiebetüren (Überwachungssystem über Lichtschranke, Druckwellenschalter, Motorstromüberwachung [Einklemmschutz] und Kontrollleuchte)

130

Notlösungseinrichtung einer Tür

131

Notlösungseinrichtung und Notbremseneinrichtung für Fahrgäste

132

Foto: Unfallfoto der Fahrschule Leipzig (1980)

Der Grundsatz „Sichern – Retten – Melden" gilt auch bei Unfällen. Hier wollte ein Lkw an einer Engstelle unbedingt die Straßenbahn überholen.

wortlich. Bei Fahrleitungsschaden ist zum Beispiel die Störungsstelle so weiträumig abzusperren, dass kein Passant oder Fahrgast gefährdet werden kann. Bei Schäden am Wagenzug, die die Verkehrssicherheit und die Sicherheit der Fahrgäste beeinträchtigen, ist dieser sofort von Fahrgästen zu räumen und unter Beachtung besonderer Vorschriften aus dem Verkehr zu ziehen. Dabei ist das Aussteigen der Fahrgäste abzusichern. Bei leichten Schäden, die die Verkehrssicherheit nicht beeinträchtigen, wird die Leitstelle den Fahrzeugwechsel an einer geeigneten Stelle im Netz (Endstelle oder Betriebshof) vornehmen lassen. Störungen durch Verkehrsunfälle wie im Bild 132, Wagenbrände oder Entgleisungen sind der Verkehrsleitstelle über „Notruf" zu melden.

> Es gilt immer und überall der Grundsatz:
> Sichern – Retten – Melden

4.3 Beseitigung der Störung

Für jedes Fahrzeug gibt es in den Verkehrsbetrieben eine Störungsrichtlinie, in der festgelegt ist, welche Schäden der Fahrer selbst reparieren darf, welche Maßnahmen nur die Mitarbeiter der Aufsicht ausführen dürfen oder bei welchen Störungen unbedingt der Werkstattwagen gerufen werden muss. Da bei Schienenfahrzeugen die gesamten Linien im Nachfolgeverkehr von der Störung mitbetroffen sind, ist es oberstes Kriterium, den Fahrgästen trotz Schaden Service zu bieten, Störungszeiten zu vermeiden oder zu verringern sowie schnellstmöglich Schienenersatzverkehr zu stellen. Auch vom Fahrpersonal wird aus diesem Grund ein fundiertes, solides technisches Wissen erwartet, das jederzeit angewandt werden kann.

15. Unfallverhütungsvorschriften

Die BG Bahnen (Berufsgenossenschaft der Straßen-, U-Bahnen und Eisenbahnen) ist Träger der **gesetzlichen Unfallversicherung** der Verkehrsunternehmen für seine Beschäftigten. Berufsgenossenschaften werden aus Beiträgen der Unternehmer/Arbeitgeber finanziert. Nach Eintritt des Versicherungsfalls entschädigt die Berufsgenossenschaft durch Übernahme der

Kosten. Sie tritt bei Arbeitsunfällen im Auftrag des Unternehmens für den verunglückten Mitarbeiter ein. Notwendige Umschulungen werden ebenfalls von der BG bezahlt. Erste Aufgabe der BG ist jedoch die Unfallverhütung durch den **Technischen Aufsichtsdienst** (Prävention). Es gibt für jeden Bereich (wie Gebäude, Büros, Maschinen und natürlich Fahrzeuge – speziell Schienenfahrzeuge) Vorschriften. Die Unfallverhütungsvorschrift (UVV) mit der Bezeichnung VBG 11 gilt für Schienenbahnen. Sie liegt in jedem Verkehrsbetrieb zur Einsicht aus oder ist im Internet nachzulesen. Für den Fahrdienst relevante Teile sind häufig in die „Dienstanweisung für den Fahrdienst – Straßenbahn" (DFStrab) eingearbeitet.

Auch bei der **gesundheitlichen Vorsorge** für das Fahrpersonal unterstützt die BG den Verkehrsunternehmer. Sehr viele langjährige Fahrer leiden unter starken Rückenbeschwerden. Die BG arbeitet deshalb an der Entwicklung ergonomisch gestalteter Fahrerarbeitsplätze mit *(siehe auch Punkt 10)*, um in Zukunft dieses berufstypische Leiden zu senken oder gar zu vermeiden. Filme, Bücher oder andere Publikationen runden die Prävention ab. So gibt es einen Film für den Fahrdienst mit dem Titel „Todmüde?" (inklusive Interpretationshinweisen), der sich gut für Schulungen eignet. Das Video „Fit und gesund im Fahrdienst" (heute als DVD erhältlich) soll Rückenproblemen vorbeugen.

16. Notfallausrüstung

Personenfahrzeuge wie Betriebsfahrzeuge mit eigenem Antrieb müssen mindestens je einen Verbandskasten, einen tragbaren Feuerlöscher und, soweit sie am öffentlichen Straßenverkehr teilnehmen, ein Warndreieck mitführen. Bei Fahrzeugen unabhängiger Bahnen kann auf das Mitführen von Verbandskästen verzichtet werden, wenn diese an den Haltestellen in ausreichender Zahl vorhanden sind (BOStrab).

Der **Sanikasten** muss versiegelt sein. Das Verfallsdatum darf nicht überschritten werden. Regelmäßige Kontrollen werden durch den Betrieb durchgeführt. Überalterte Kästen sind auszutauschen. Der Aufbewahrungsort des Sanikastens muss – auch für Fahrgäste – deutlich sichtbar mit einer international gültigen Kennzeichnung *(G59 S. 85) versehen* sein.

Feuerlöscher sind zwingend als Ausrüstung des Fahrzeugs vorgeschrieben. Es muss sich um Trockenlöscher für Brände aller Art handeln, die in regelmäßigen Abständen zu prüfen sind (Prüfplakette mit Ablaufdatum). Der Aufbewahrungsplatz für Feuerlöscher ist leicht zugängig anzuordnen und mit dem dazu gehörigen Symbol *(G60 S. 85)* deutlich zu kennzeichnen.

Das **Warndreieck** ist im Nahverkehr für Straßenbahnen noch nicht überall vorgeschrieben, kann jedoch aufgrund besonderer betrieblicher Bestimmungen im Einzelfall mitgeführt werden müssen.

Warnwesten für Fahrpersonal sind in allen Städten Deutschlands im ÖPNV vorgeschrieben und werden deshalb von den Verkehrsbetrieben aufgrund des hohen Verkehrsaufkommens im innerstädtischen Verkehr auf straßenbündigen Gleistrassen an die Fahrbediensteten ausgegeben. Sie sollen im Störungsfall beim Verlassen des Fahrzeugs getragen werden und das Fahrpersonal so vor Arbeitsunfällen schützen.

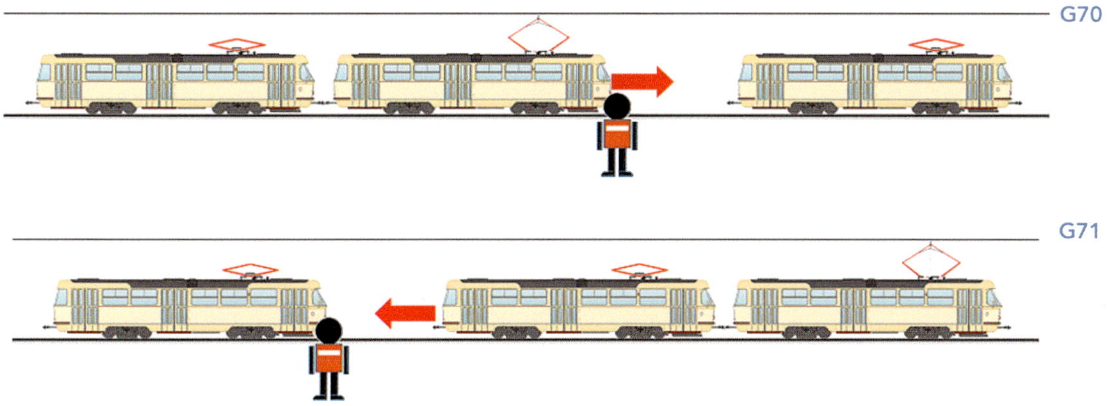

Grafiken: Th. Backmann

G70: Schieben eines Fahrzeugs; G71: Schleppen eines Fahrzeugs

Exkurs: Gesetzliche Vorschriften und Verordnungen

Jeder Betriebsleiter muss und jeder Fahrbedienstete sollte – zumindest auszugsweise – das **PBefG** (Personenbeförderungsgesetz) kennen. Es regelt die Bedingungen zur Personenbeförderung für Fahrgast und Unternehmen sowie die Vorschriften zur Mitnahme von Sachgütern verschiedenster Art und Tieren. Es enthält detailliert Sonderbestimmungen für einzelne Verkehrsarten, beispielsweise unter Punkt A für Straßenbahnen, B für Obusse und C für Kraftfahrzeuge im Linienverkehr.

Die **StVO** (Straßenverkehrsordnung) regelt das Handeln der Verkehrsteilnehmer im Straßenverkehr. Sie gibt Vorfahrtsregeln vor und beschreibt die Bedeutung von Verkehrszeichen sowie Verhaltensregeln der Verkehrsteilnehmer untereinander.

Die **StVZO** (Straßenverkehrszulassungsordnung) regelt alle Dinge, die mit der Zulassung von Kraftfahrzeugen zu tun haben. Dazu gehören Bau- und Betriebsvorschriften, AU, TÜV, technische Festlegungen für Umbauten an Fahrzeugen, Ladungssicherung, Pflichtversicherungen und Bußgeldregeln bei Zuwiderhandlungen.

Das **StVG** (Straßenverkehrsgesetz) regelt alle Verkehrsvorschriften hinsichtlich Fahrerlaubnis-wesen, Fahrzeugkennzeichen, Haftpflicht, Fahrzeugregister, Fahrerlaubnisregister sowie Übermittlung, Eintragung und Löschung von entsprechenden Daten. Außerdem enthält es den Bußgeldkatalog.

In den **UVV** (Unfallverhütungsvorschriften) sind Arbeitsschutzbestimmungen für die entsprechenden Tätigkeiten vorgeschrieben. Die UVV werden von der zuständigen BG herausgegeben. Die für den Fahrdienst zuständige BG ist die BG Bahnen.

Die **BOStrab** (Bau- und Betriebsordnung für den Straßenbahnbetrieb) trifft Regelungen über Betriebsleitung, Betriebsbedienstete, Betriebsanlagen, Bau- und Betrieb der Fahrzeuge, Bau der Haltestellenanlagen, Signalordnung, Fahrbetrieb und Ordnungswidrigkeiten.

Die **DFStrab** (Dienstanweisung Fahrdienst Straßenbahn) enthält Auszüge aus der BOStrab und interne Regeln der einzelnen Verkehrsbetriebe. Es gibt eine für alle Deutschen Verkehrsbetriebe gültige DFStrab, deren Vorschriften in die einzelnen DFStrab der verschiedenen Verkehrsbetriebe eingearbeitet sind. Ergänzt wird das Regelwerk durch die Bestimmungen der einzelnen Verkehrsbetriebe, sodass jede Region eine eigene Dienstanweisung Fahrdienst mit einheitlichen Grundvorschriften und weiteren, auf das jeweilige Unternehmen abgestimmten Vorschriften besitzt.

Die **SOStrab** (Signalordnung Straßenbahn) erklärt die Bedeutung der in Deutschland nach BOStrab zulässigen Signale. Sie wird allerdings auf den jeweiligen Verkehrsbetrieb zugeschnitten und enthält nur die Signale, die im entsprechenden Unternehmen Anwendung finden.

Das **StGB** (Strafgesetzbuch) und die **StPO** (Strafprozessordnung) finden nur Anwendung, wenn ein Verkehrsunfall vor Gericht verhandelt wird.

Die **Tarifbestimmungen** des Verkehrsunternehmens gehören zum Grundwissen von Fahrbediensteten. Sie sind regional unterschiedlich und umfassen auch die Bestimmungen von Tarifverbünden.

Die **Lenk- und Ruhezeiten-VO** beruht auf einer EU-Verordnung. Sie muss bei der Gestaltung von Dienstplänen eingehalten werden. Sie regelt maximale Lenkzeiten, Ruhezeiten und Pausen.

Die **EBO** (Eisenbahn-Bau- und Betriebsordnung) und das **AEG** (Allgemeines Eisenbahngesetz) finden nur in Verkehrsbetrieben Anwen- dung, die mit Zweisystemfahrzeugen Eisenbahnstrecken befahren. Sie regeln Bauart und Sicherheitseinrichtungen beim Betrieb dieser Fahrzeuge sowie die Art der Ausbildung des Betriebspersonals. Die Signalordnung für Eisenbahnen enthält die Eisenbahn-Signalordnung (ESO)

17. Abschleppen

Abgeschleppt oder weggeschoben darf ein Fahrzeug nur dann werden, wenn das Räumen der Strecke aus eigener Kraft nicht möglich ist. Dabei dürfen nur Fahrzeuge mit gleichen Kupplungssystemen gekuppelt werden, anderenfalls ist ein Adapter notwendig. Elektrisch dürfen nur gleiche Fahrzeugtypen gekuppelt werden. Das schleppende/schiebende Fahrzeug *(G70 + G71 S. 89)* muss so ausgelegt sein, dass es unter den gegebenen Vorschriften und Streckenverhältnissen auch mit der abzuschleppenden oder zu schiebenden (gegebenenfalls ungebremsten) Masse gefahrlos anhalten kann. Dies muss im Vorfeld anhand der betriebseigenen Fahrzeuge berechnet und in einer Anweisung durch den Betriebsleiter festgeschrieben werden. Dabei gelten entsprechende Geschwindigkeitsbegrenzungen. Weiterhin findet in jedem Fall beim Abschleppen im öffentlichen Verkehrsraum § 15 a StVO und die jeweiligen Festlegungen der DFStrab Anwendung. Beim Schieben sind möglichst Handfunkgeräte oder Handys zu verwenden. Der „Schiebende" muss der Dienstaufsicht angehören. Sind keine Handfunkgeräte oder Handys vorhanden, muss der geschobene Triebwagenführer mittels Außenbeleuchtung dem schiebenden Mitarbeiter Signale geben.

18. Funktions- und Abfahrtskontrolle

Für die Betriebs- und Verkehrssicherheit der Fahrzeuge ist in erster Linie das Verkehrsunternehmen verantwortlich. Es hat durch entsprechende Dienstanweisungen seine Mitarbeiter (Betriebsbedienstete) in die Wahrnehmung seiner Aufgaben einzubeziehen. In den Dienstanweisungen ist auch geregelt, in welcher Form Wagenüberprüfungen durchzuführen sind. Für die Betriebs- und Verkehrssicherheit bei der Bereitstellung des Fahrzeugs ist der Verkehrsbetrieb über seine dafür bestimmten Mitarbeiter verantwortlich. Befindet sich das Fahrzeug im Einsatz, übernimmt der Fahrer im Auftrag des Verkehrsunternehmens die Verantwortung. In der Regel hat der Fahrer, entsprechend der Dienstanweisung des Betriebs, im täglichen Fahrzeugeinsatz nachfolgende Überprüfungen durchzuführen:

Wagenüberprüfung vor dem Ausrücken

Bei der manuellen Wagenüberprüfung hat der Fahrer das bereitgestellte Fahrzeug selbst noch einmal auf Betriebs- und Verkehrssicherheit zu überprüfen. Dazu gehören zum Beispiel alle Bremssysteme, Bremssignal, Außen- und Innenbeleuchtung, Fahrtrichtungssignale, Warnblinksignal, Warnsignal, Türfunktion, Sandfüllstand, gegebenenfalls vorgeschriebene Schalterstellungen, Entwerter, Fahrkartenautomaten usw. In vielen modernen Fahrzeugtypen testet sich das Fahrzeug auf Tastendruck selbst (Komponententest) und zeigt dem Fahrer eventuelle Fehler auf einem Display an. Der Fahrer hat in diesem Fall nur noch eine Überwachungsfunktion. In jedem Fall sind die Fahrzeug-Ausrüstungsgegenstände auf Vollständigkeit zu überprüfen. Dazu gehören beispielsweise Weichenstelleisen, Sanikasten, Feuerlöscher und Weichenreinigungsbesen. Je nach Fahrzeugtyp können noch zusätzliche Werkzeuge zur Ausrüstung des Fahrzeugs gehören:

- Handkurbel für elektrischen Stromabnehmer
- Werkzeug zum Abbau von Verkleidungsteilen für Kupplungen, Adapterkupplungen (wenn im Verkehrsbetrieb unterschiedliche Kupplungssysteme vorhanden sind)
- Warndreieck

Auf entsprechenden „Fahrzeugbegleitscheinen" ist die Überprüfung zu bestätigen.

Überprüfung während des Betriebs

Das Fahrpersonal ist verpflichtet, während des gesamten Dienstes die Betriebs- und Verkehrssicherheit des Fahrzeugs ständig zu überwachen und zu prüfen. Bei Mängeln ist entsprechend der Störrichtlinien des Betriebs zu handeln. Zur Überprüfung gehört auch der Rundgang um das Fahrzeug an den Endstellen auf eventuelle sichtbare Schäden an Wagenkasten oder Stromabnehmer. Vor Einbruch der Dunkelheit müssen Außen- und Innenbeleuchtung geprüft werden. Auch die Kontrolle des Sandvorrats gehört zu den täglichen Pflichten während des Dienstes.

Überprüfung zum Fahrzeugeinsatzende

Beim Einrücken ist das Fahrzeug innen und außen auf Unversehrtheit zu kontrollieren. Die Fenster sind zu schließen und ggf. der Sandvorrat zu ergänzen. Mängel sind in den Fahrzeugbegleitschein einzutragen, damit sie von der Werkstatt behoben werden können. Der Fahrzeugbegleitschein ist zusammen mit den

133

134

Berliner U-Bahn

U-Bahn: Definition nach VDV
Eine U-Bahn ist ein schienengebundenes, vom Individualverkehr völlig getrennt geführtes Massenverkehrsmittel, das ein geschlossenes System bildet. Ihre Strecken können sowohl im Tunnel als auch auf Dämmen und Hochstrecken oder im freien Gelände angelegt sein. Unabhängig bedeutet in diesem Falle auch, dass sich eine U-Bahn mit keinem anderen Verkehrsmittel niveaugleich kreuzen darf, also keine Bahnübergänge, ob für Fußgänger oder Fahrzeuge, keine Verzweigungen zu anderen Schienensystemen wie Eisenbahn, Straßenbahn usw. besitzt. Die Fahrstromzuführung erfolgt im Allgemeinen über eine seitlich am Gleis angeordnete Stromschiene.

anderen fahrzeugtypischen Unterlagen (beispielsweise Kursunterlagen) an entsprechender Stelle abzugeben, sofern dies nicht schon alles auf elektronischem Weg passiert. Zum Beispiel durch ein Betriebshofmanagementsystem (BMS), wie es größere Unternehmen schon eingeführt haben oder es gerade einführen.

19. U-Bahnen

Die U-Bahn, auch international als Metro (Metropolitan Railway) bezeichnet, ist ein an Schienen gebundenes, vom Individualverkehr getrennt geführtes Massenverkehrsmittel. Sie bildet ein geschlossenes System. In diesem Zusammenhang wird das „U" (Untergrund-Bahn) auch als „unabhängig" interpretiert. **Echte U-Bahnen gibt es in Deutschland nur in München, Nürnberg, Hamburg und Berlin**. In anderen Städten wie Frankfurt oder Hannover handelt es sich um eine Mischform aus Straßenbahn und U-Bahn.

Eine U-Bahn muss nicht immer unterirdisch fahren. Sie fährt auch auf Dämmen, Brücken oder Hochstrecken. Die Hamburger „U-Bahn" (Hochbahn) fährt so nur zu 40 Prozent unterirdisch. U-Bahnen haben grundsätzlich keine niveaugleichen Kreuzungen mit anderen Verkehrsmitteln oder Überwege für Fußgänger. Je nach Größe des Netzes können sie auf verschiedenen Ebenen verkehren. U-Bahnen fahren nicht auf Sicht, sie werden ausschließlich mit einer komplexen Zugsicherungsanlage betrieben, durch die Zusammenstöße und Flankenfahrten verhindert werden. Weichen werden über ein Stellwerk gestellt und mit besonderen Systemen gesichert. U-Bahnen fahren meist in einer sehr dichten Zugfolge. Die Stromzufuhr erfolgt über Stromschienen *(siehe dazu Teil 2 Punkt 4.3)*.

Die erste U-Bahn in Deutschland wurde am 15.02.1902 in **Berlin** eröffnet. Das Netz der Berliner U-Bahn besteht aus dem sogenannten „Groß- und Kleinprofil". Die Unterscheidung bezieht sich auf die Größe der Wagenkästen. Das Kleinprofil wurde bis 1913 favorisiert. Die Wagenbauart war an die Straßenbahn angelehnt. Die Wagenkastenbreite beträgt 2,30 Meter. Anschließend wurden bis etwa 1930 die Großprofillinien ausgebaut. Deren Wagenkästen besitzen eine Breite von 2,65 Meter. Für Klein- oder Großprofillinien wurden Trassen mit entsprechend angepassten Bahnsteigen und Röhren gebaut, sodass ein Austausch der Fahrzeuge nicht möglich ist. Will man heute eine Linie verlängern, muss dies in der bereits vorgegebenen Profillinie stattfinden. Berlin besitzt ein Streckennetz von 146,2 Kilometern mit 173 Bahnhöfen. Die U-Bahnlinien werden alle (Klein- und Großprofil) mit 750 Volt Gleichstrom betrieben. Die Fahrzeugtechnik wurde modernisiert, indem bei den Fahrzeugen mit Gleichstrom-Hauptschlussmotoren die mit hohem Stromverbrauch behaftete Widerstandssteuerung ausgebaut und durch eine sparsamere Chopper-Steuerung (GTO Thyristoren/Gleichstromsteller) ersetzt wurde. Neue Fahrzeuge verfügen über Drehstromtechnik mit Asynchronmotoren. Der Strom wird über die Stromschiene zum Stromabnehmer übertragen. Klein- und Großprofilbahnen nutzen allerdings unterschiedliche Varianten. Während im Kleinprofilnetz die Stromschiene von oben bestrichen wird, geschieht das im Großprofilnetz von unten. Beide Netze besitzen die gleiche Spurweite von 1.435 Millimeter Regelspur.

Die **Hamburger Hochbahn** ist im Sinne der BOStrab zwar eine U-Bahn *(siehe VDV-Definition S. 92 Kasten)*. Da ihr unabhängiges Netz zu einem großen Teil über Brücken geführt wird, nennt man sie aber nach ihrer Betreiber-Gesellschaft (Hamburger Hochbahn AG) Hamburger Hochbahn. Sie ist die zweitälteste U-Bahn in Deutschland und wurde 1912 eröffnet. Ihr Netz weist eine Länge von 101 Kilometern auf und hat 89 Haltestellen. Sie fährt ebenfalls auf Regelspurgleisen (1.435 Millimeter) und wird wie auch die anderen deutschen U-Bahnen mit 750 Volt Gleichstrom betrieben.

Die **Münchener U-Bahn** ist die zweitjüngste der vier deutschen U-Bahnen. Sie wurde erst am 19.10.1971 eröffnet. Wäre 1972 nicht die Olympiade nach München gekommen, hätte das Projekt „Münchener U-Bahn" sicher noch ein paar Jahre warten müssen. Doch heute ist dieses Verkehrsmittel in München nicht mehr wegzudenken. Sie hat ein Netz von 100 Kilometern Länge und besitzt 98 Bahnhöfe und Haltestellen. Die Wagenkästen sind 2,90 Meter breit, die Gleise wurden mit der Regelspurweite von 1.435 Millimeter verlegt.

Die jüngste U-Bahn in **Nürnberg** *(Bild 139 S. 94)* ist auch die modernste der deutschen U-Bahnen. Sie wurde am 01.03.1972 eröffnet und hat eine Netzlänge von 35 Kilometern. Aufmerksamkeit erlangte die Nürnberger U-Bahn durch ihr 2001 begonnenes Projekt „RUBIN" (Realisierung einer automatisierten U-Bahn in Nürnberg). In Lille und London (Docklands Light Railway, *Bild 138 S. 90)* gibt es bereits solche Systeme. In Deutschland war die VAG Nürnberg der erste

135

136

Hamburger Hochbahn an den Landungsbrücken (135) und am Haltepunkt Kellinghusenstraße (136)

137

Münchener U-Bahn

138

Foto: R.-R. Scholze

Nürnberger U-Bahn mit Triebfahrzeugführer

139

Foto: Iwan Gritschenko

Metro Moskau

Betreiber, der den fahrerlosen Betrieb einführte. Am 15.06.2008 nahm die erste führerlose U-Bahnlinie (U3) in Nürnberg ihren Betrieb auf. Deutschlandweit einmalig ist bis jetzt der Mischbetrieb zwischen konventionellen U-Bahnen mit Fahrer und führerlosen Bahnen. Inzwischen ist auch die U2 in Nürnberg voll automatisiert worden. Dadurch sind ein höherer Takt und damit ein besseres Angebot, entsprechend der Tagesganglinie möglich. Auch in Hamburg denkt man bereits über Automatisierung nach.

19.1 U-Bahn-Technik

Gemäß § 4 des Personenbeförderungsgesetzes gilt in Deutschland eine U-Bahn als Straßenbahn und unterliegt deshalb der BOStrab (Verordnung über den Bau und Betrieb von Straßenbahnen). Demnach lassen sich die in den Punkten 1 bis 19 beschriebenen Vorgaben und Techniken auch auf U-Bahnen übertragen. Einige Besonderheiten sollen allerdings noch Erwähnung finden.

G72

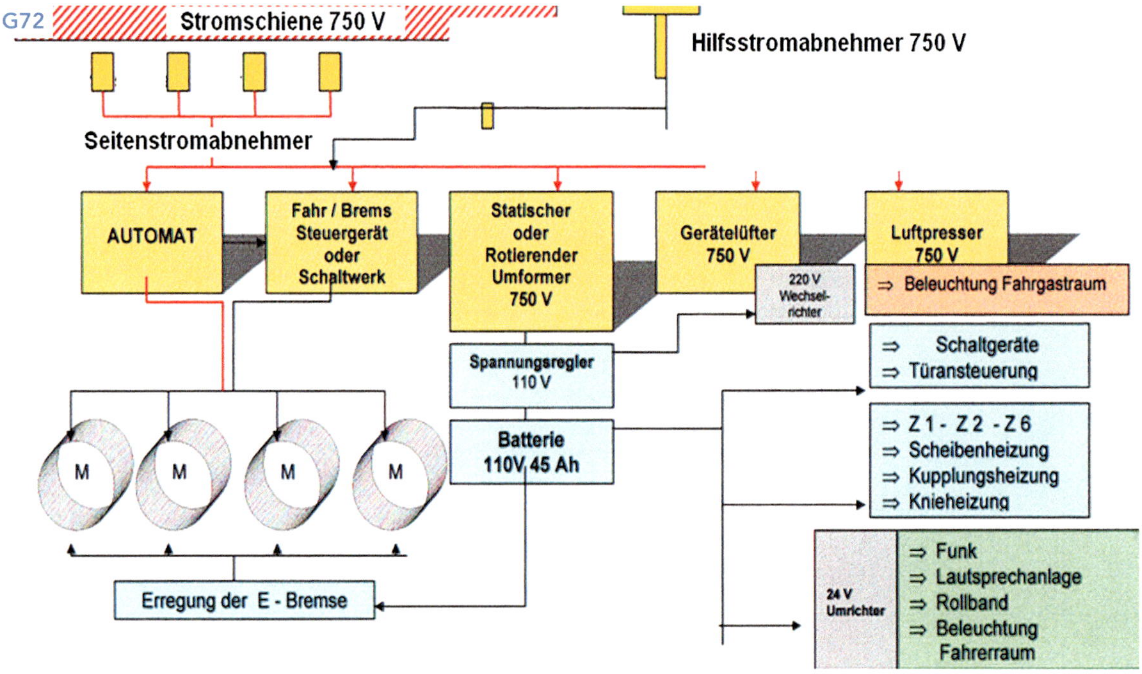

Grafik: VAG Nürnberg

Prinzipschaltbild eines U-Bahnwagens

Fahrzeugmaße/Fahrzeugdesign:

U-Bahnen bestehen aus gekuppelten Doppeltriebwagen oder Gelenkwagen verschiedener Bauart. Die Fahrzeugmaße unterscheiden sich von denen straßenabhängiger Bahnen (Straßenbahnen). Da es sich um ein unabhängiges Verkehrssystem handelt, können Wagenkästen bis zu 2,90 Meter breit sein (Straßenbahnen maximal 2,65 Meter). Auch die Zuglänge ist variabel und kann über 120 Meter betragen. Die Bahnsteige in den Bahnhöfen sind an die Zugverbandslängen angepasst. Um hohe Fahrgastmengen mit wenigen Zügen befördern zu können, gibt es große Stehplatzbereiche. Dazu werden teilweise die Fahrgastsitze in Längsrichtung an den Seitenwänden angeordnet (häufig in Asien anzutreffen). Auf jeder Fahrzeugseite befinden sich je Wagen mehrere Türen, um einen schnellen Fahrgastwechsel zu gewährleisten.

Bahnspannungsversorgung/elektrische Ausrüstung:

U-Bahnen werden häufig mit 750 Volt Gleichspannung betrieben. Die Stromzufuhr erfolgt über Stromschienen. Die Fahrzeuge besitzen in der Regel ein Bordspannungsnetz mit 110 Volt Nennspannung zur Versorgung der Komponenten im Zug (zum Beispiel Türsteuerung, Licht, Linienanzeigen, Komponenten der Zugsicherungsanlage). Es wird vom Umformer gespeist und bei Ausfall der Bahnspannungsversorgung von einer Batterie gestützt.

Bremsausrüstung:

In der Regel ist die Betriebsbremse heute auch bei U-Bahnen die elektrische Bremse. Bei modernen Fahrzeugen ist die Netzrückspeisung oder die Nutzung des Bremsstroms als Heizung üblich. Als Zusatzbremsen (für den Fall, dass die elektrische Betriebsbremse versagt) und als Anhaltebremse werden (elektro-) pneumatische Druckluftscheibenbremsen verwendet. Sie bremsen auf Federspeicherbasis: Wenn der Druck abgebaut wird, bremst das Fahrzeug. Um fahren zu können, muss der Druck aufgebaut werden. Ältere U-Bahn-Fahrzeuge besitzen teilweise nur die Druckluftbremsanlage als Betriebsbremse. Die Druckluftbremse kann, je nach Bauart, ein- oder mehrlösig wirken. Das bedeutet: Bei pneumatischer **einlösiger Bremse** kann der Fahrer zwar stufenweise bremsen, aber nicht lösen. Es muss erst wieder der volle Druck aufgebaut werden, um eine erneute Bremsung durchzuführen. Eine eingeleitete Bremsung muss deshalb bis zum Stillstand durchgeführt werden. Es ist für den Fahrer so gut wie unmöglich, den Zug mit dieser Bremse punktgenau zum Stehen zu bringen. Einlösige Bremsen finden deshalb nur als Ersatzbremse (bei Ausfall der E-Bremse) oder Feststellbremse Anwendung.

Die **mehrlösige Bremse** ist heute eine elektropneumatische Bremse (EP-Bremse). Sie ist sowohl beim Bremsen als auch beim Lösen mehrstufig regelbar. Eine eingeleitete Bremsung kann beliebig oft wieder gelöst und wieder eingeleitet werden. Sie kann deshalb auch als Betriebsbremse dienen oder bei deren Ausfall eine Betriebsbremse ersetzen. Zielbremsen ist möglich. Schienenbremsen, wie sie bei Straßenbahnen vorgeschrieben sind, gibt es bei U-Bahnen nicht, da die vorgeschriebenen Bremswege aufgrund der völligen Separierung der Strecken vom Straßenverkehr länger sein dürfen. Bei Gefahrenbremsungen liegen die Bremsverzögerungswerte durchschnittlich zwischen 2,6 m/s^2 und 2,9 m/s^2 bei Straßenbahnen, bei U-Bahnen zwischen 1,0 m/s^2 und 1,3 m/s^2.

Druckluftversorgung:

U-Bahnen sind meist mit Kompressoren ausgestattet, die verschiedene Aggregate mit Druckluft versorgen. Das sind zum Beispiel die pneumatische Bremse *(siehe oben)* und die Luftfederung. Einige Fahrzeugtypen besitzen auch pneumatisch betätigte Türen.

Brandschutz:

U-Bahnen sind für den Betrieb im Tunnel konzipiert. Da sich dort die Evakuierung von Personen und die Hilfestellung in Notfällen recht schwierig gestalten, werden bei der Konstruktion hohe Maßstäbe an den Brandschutz gesetzt. Dabei muss weitgehend sicher gestellt werden, dass das Fahrzeug den nächsten Bahnhof anfahren kann. Denn dort ist es für Feuerwehr und andere Hilfskräfte wesentlich einfacher, Brände zu löschen und Verletzte zu bergen. Auch verschärfte gesetzliche Vorschriften müssen eingehalten werden. Im Innenraum verbaute Materialien dürfen nicht brennbar sein (Sitzpolster, Seitenwandverkleidungen, Fußbodenbeläge), verbaute Kabel und elektrische Komponenten müssen hohen Anforderungen standhalten.

140

führerlose U-Bahn in Nürnberg

141

142

141 und 142: Londoner Underground

142a

London Canada Water-Jubilee-lin

Automatisierter Fahrbetrieb in Nürnberg:

Am 15.06.2008 nahm die erste führerlose U-Bahnlinie (U3) in Nürnberg ihren Betrieb auf. Deutschlandweit einmalig ist bis jetzt der Mischbetrieb zwischen einer konventionellen Linie (U1) und zwei führerlosen Linien, denn die U2 ist auch automatisiert. Der Fahrbetrieb ohne Fahrer *(Bild 140 S. 92)* ist nur durch ein komplexes Sicherheitssystem möglich. Es gibt stationär nahe der Strecke ein System, das sich ATC (Automatic Train Control) nennt: Rechner für Strecke und Stellwerke stehen in diesem Rahmen in ständiger Verbindung zu den Hauptrechnern des Leitsystems in der Leitstelle und zum Zug. Der Zug sendet über Lichtwellenleiter und Funklinienleiter, die sich im Gleisbett befinden, ebenfalls Daten an den Rechner. Der Rechner überprüft die Angaben und erkennt daraufhin, wo sich der Zug befindet, wie schnell er fahren darf, wann er planmäßig bremsen muss und auf welcher Seite am nächsten Bahnsteig die Türen zu öffnen sind. Die entsprechenden Weichen werden dann vom Stellwerk gestellt.

Der „Fahrer" des Zugs ist ein Computer mit Namen ATO (Automatic Train Operation). Dieser wird von einem zweiten Computer ATP (Automatic Train Protection) überwacht. Beide Computer, ATO und ATP, stehen ständig mit dem ATC in Verbindung und tauschen Daten aus. Die Systeme sorgen dafür, dass der Zug in Kurven entsprechend abbremst, anschließend sanft beschleunigt und so bremst, dass er genau am Bahnsteig zum Stehen kommt. Streckenhöchstgeschwindigkeiten werden ständig überwacht und die Fahrweise des Zugs entsprechend angepasst. Die Fahrgäste selbst bemerken nichts von der Arbeit der elektronischen Steuersysteme.

Die Sicherheit bei außergewöhnlichen Vorfällen ist gewährleistet durch Videoüberwachungssysteme und ein Hochfrequenz-Transpondersystem. Letzteres arbeitet wie folgt: Unterhalb der Bahnsteigkante sind Sender- und Empfängerleisten angebracht. Sie senden ein enges Netz von Prüfstrahlen aus. Geraten Personen oder größere Gegenstände in den Gleisbereich, werden alle Züge im betroffenen Abschnitt über das Sicherheitssystem gestoppt (ohne die menschentypische Reaktionszeit). Auch an den Spalt zwischen U-Bahn und Bahnsteigkante wurde gedacht. Dieser Spalt wird bei geöffneter Zugtür mittels Schiebetritt automatisch abgedeckt. Die Türen selbst sind mit einem Infrarotsensor im Gummiprofil ausgestattet. Er erkennt eingeklemmte Gegenstände ab der Größe einer Hundeleine und verhindert die Abfertigung des Zugs am Bahnsteig. Der Fahrcomputer ATO erhält keinen Abfahrtsauftrag und die Türen öffnen wieder. Auch der Innenraum des Zugs wird von der Leitstelle mit Videokameras überwacht. Löst ein Fahrgast Alarm aus, werden sofort die Videobilder am Bedienplatz in der Leitstelle angezeigt und eine Sprechverbindung wird hergestellt.

Es ist anzunehmen, dass in Europa der Trend hin zum führerlosen U-Bahn-System geht, weil sich das System trotz hoher Anschaffungskosten rechnet: Es spart Personal und kann auf schwankende Fahrgastzahlen (in der Hauptverkehrszeit oder bei Veranstaltungen) schneller durch Fahrtverstärkungen reagieren.

19.2 U-Bahnen weltweit

Aufgrund der Unabhängigkeit werden mehr und mehr Netze vollautomatisch betrieben, Bahnen verkehren ohne Fahrer und werden von einem Computersystem gesteuert. In Lille, Frankreich, wurde 1983 die erste U-Bahn mit führerlosem Betrieb eröffnet. Inzwischen sind Städte wie Paris, Lyon, Rennes und auch Kopenhagen diesem Vorbild gefolgt.

Die erste U-Bahn der Welt wurde am 10. Januar 1863 ebenfalls in London *(Bild 141 und 142 S. 96)* eröffnet. Sie wird offiziell als „Underground" bezeichnet, von den Londonern aber liebevoll als „tube" (deutsch: Röhre) betitelt.

Bei der Londoner U- Bahn unterscheidet man die Großprofillinien und die Röhrenbahnen (Tube). Wenn man das Bild betrachtet, weiß man, warum die Bahn „Röhre" genannt wird. Die Großprofillinien (Sub-Surface) der Londoner Underground sind in offener Bauweise gebaut. Dazu wurde im Straßenverlauf die Baugrube ausgehoben. Nachdem die Tunnelwände und Gleise verlegt waren, wurde die Baugrube abschnittsweise mit einem „Dekkel" wieder verschlossen und darüber die Straße neu gebaut. Diese Tunnel sind großzügig angelegt und haben durchschnittlich eine Breite von 8 m. Sie liegen nur etwa 5-8 m unter der Erde. Die Röhrenbahnen (Tube) sind früher mit Spitzhacke, später mit Bohrer, in so genannter bergmännischer Bauweise im Schildvortrieb ausgebohrt worden. Sie liegen in einer Tiefe von 20 bis 50 m unter der Erde. Hampstead Heath ist mit einer Tiefe von 58,5 m die am tiefsten liegende Station. In der großen, stark frequentierten Station „Bank" liegen fünf Etagen in verschiedener Bauweise untereinander. Der

143

Pariser Metro mit luftbereiften Rädern (außen) und Stahlrädern (innen)

144

145

144 und 145: Kiewer Metro

145a

Komsomolskaya-Koltsevaya Station der Moskauer Metro

146

147

146 und 147: New Yorker City Subway (U-Bahn)

148

Stadtbahn (U-Straßenbahn) in Hannover

149

Wuppertaler Schwebebahn in der Station

Tunneldurchmesser der „Tube" ist im Durchschnitt nur 3,50 m und jedes Gleis liegt in einer eigenen Röhre. Das Lichtraumprofil ist sehr gering, obwohl beide Bahnen die gleiche Spurweite (1435 mm Regelspur) haben. Vom Grunde her sind die beiden Netze getrennt. Ausnahme ist eine oberirdische Strecke von Rayners Lane nach Uxbridge, wo sowohl eine Sub-Surface-Linie (Metropolitanline) als auch eine Tube-Linie (Piccadillyline) verkehren. Jede Linie in London hat einen Namen, wie Victorialine, Jubileeline, Nothernline, Bakerlooline, Districtline, Circleline etc.!

Leider kommt es im Netz der Underground öfters (durchschnittlich einmal pro Woche) zu Suizidversuchen, von denen jeder dritte tödlich endet. Die Lautsprecherdurchsagen werden den Fahrgästen als: „ incident, passenger action" („Fahrgastzwischenfall") umschrieben. Beim Personal verständigt man sich mit „one under" („einer drunter"). Um dem vorzubeugen, wurden bereits mehrere Stationen mit Bahnsteigtüren ausgerüstet. Die U-Bahn fährt in die Station ein und hält punktgenau vor den Bahnsteigtüren. Dann werden die Türen der Bahn und des Bahnsteiges geöffnet. So wird verhindert, dass Personen vor die einfahrende U-Bahn springen. Typisch für die Londoner Underground ist auch die Durchsage: "Please mind the gap between the train and the plattform!" Wer schon einmal in London war, hat sich garantiert diese Durchsage eingeprägt, denn sie ertönt an jeder Haltestelle der „Underground".

Die Moskauer U-Bahn, die wie in Paris „Metro" genannt wird, besitzt eines der größten Netze in Europa. Sie wurde 1933 eröffnet und nach dem Krieg kontinuierlich ausgebaut. Besonders bekannt ist diese Metro durch ihre sehenswerten, teils prunkvoll gestalteten und sehr tief unter der Erde liegenden Stationen.

In Kiew *(Bild 144 und 145 S. 97)* wurde die Metro erst 1960 eröffnet. Die Länge des Netzes beträgt 60,3 Kilometer. Die Fahrzeuge waren bis vor wenigen Jahren die Gleichen wie in Moskau.

In Paris wurde am 19. Juli 1900 die Metro (Compagnie du Metropolitain de Paris) eröffnet. Ihre Besonderheit besteht darin, dass sie zwischen 1956 und 1974 auf ein von Michelin erfundenes System mit Gummi bereiften Rädern *(Bild 143 S. 97)* umgestellt wurde, die außen neben den Gleisen fahren. Für den Fall eines Reifenschadens besitzt die Metro zusätzlich konventionelle Stahlräder.

Die New Yorker U-Bahn *(Bild 146 und 147 S. 98)*, auch City Subway genannt, ist nach London die zweitälteste und zweitgrößte U-Bahn der Welt. Sie wurde 1904 eröffnet und besitzt heute ein Streckennetz von etwa 370 Kilometern Länge, das von 26 Linien befahren wird.

19.3 Stadtbahnen mit Tunnelbetrieb

Stadtbahnen, die streckenweise auch im Tunnel fahren, sind zusätzlich mit den für den Tunnelbetrieb entsprechend vorgeschriebenen Zugsicherungsanlagen ausgestattet – sonst fahren sie auf Sicht. Diese Mischbauform wird im Volksmund häufig als U-Straßenbahn *(Bild 148 S. 98)* bezeichnet. Sie ist häufiger vertreten als die reine U-Bahn (nur 4 x in Deutschland), da der Bau kostengünstiger ist und die Vorteile von Straßen- und U-Bahnen vereint. Die Fahrt im Tunnel wird, wie bei der U-Bahn, über Zugsicherungsanlagen *(siehe Teil 2)* abgesichert. Die Stromzufuhr erfolgt über Stromabnehmer.

19.4 Wuppertaler Schwebebahn

Die Wuppertaler Schwebebahn *(Bild 149 S. 98)*, deren offizieller Name „Einschienige Hängebahn – System Eugen Langen" ist, wurde um 1900 von MAN konstruiert und erbaut. Bereits 1901 ging sie in Betrieb und ist bis heute ein einzigartiges Nahverkehrssystem. Die Bahn fährt etwa zehn Kilometer in rund zwölf Metern Höhe über dem Flussbett der Wupper. Ein kleines Stück (etwa drei Kilometer) legt sie über den Straßen der Stadt zurück. Sie hat 20 Haltestellen und befördert täglich rund 75.000 Fahrgäste. Verkehrsrechtlich ist die Wuppertaler Schwebebahn eine „Straßenbahn besonderer Bauart" und unterliegt damit der BOStrab.

Da die Wupper häufig Hochwasser führt, musste beim Bau des Traggerüsts für den Fahrtweg genügend Platz unter der Bahn berücksichtigt werden. Die Konstruktion der Stromversorgung (*Bild 150 S. 99*) und die Erschließung der Stationen waren eine komplizierte Angelegenheit. Das Traggerüst besteht aus schräg gestellten Stützenpaaren, die zwischen die Träger eingehängt wurden und eine Spannweite von bis zu 33 Metern aufweisen. Ankerstützen alle 200 bis 300 Meter geben dem System die notwendige Stabilität. Sie nehmen die Längskräfte auf, die durch das Fahren und Bremsen entstehen. Alle Wagen verfügen über eine Sicherheitsfahrschaltung (Totmann-Schaltung). Der Fahrer muss ständig das Pedal betätigen. Vergisst er es, wird automatisch die Betriebsbremsung eingeleitet (wie auch bei modernen Straßenbahnen). Die Wuppertaler Schwebebahn fährt nicht auf Sicht, sondern im Blockabstand.

150

Antrieb und Führungsschiene der Wuppertaler Schwebebahn auf dem Dach der Bahn

151

Zahnradbahn „Zacke" Stuttgart

100 Jahre elektrische Straßenbahn in Leipzig, 1996

153: Standseilbahn Oberweißbach;

154: Kabinenschwebebahn Thale/Harz

19.5 Andere Bahnen nach BOStrab

Andere Bahnen, die ebenfalls unter die BOStrab fallen, sind:

- Zahnradbahnen
- Einschienenbahnen
- Kabinenbahnen
- Standseilbahnen *(Bild 153 S. 100)*
- Seilschwebebahnen *(Bild 154 S. 100)*
- Fahrstuhl Bad Schandau *(Bild 156 S. 101)*
- Rolltreppen und Fahrsteige *(Bild 158 S. 101)*

Eine **Zahnradbahn** ist ein schienengebundenes Verkehrsmittel, nach BOStrab, dessen Triebfahrzeug über eines oder mehrere Zahnräder, welche in die Zahnstange, die in der gesamten Steigung verlegt ist, eingreifen. Der formschlüssige Eingriff des Zahnrads in die Zahnstange erlaubt die Überwindung starker Steigungen, wie zum Beispiel in Stuttgart die Zahnradbahn „Zacke" *(S.99 Bild 151)*. Der Adhäsionsantrieb, bei dem sich Stahlräder auf den Stahlschienen bewegen, kommt bei starken Steigungen an seine technischen Grenzen. Die Haftzugkraft zwischen Rad und Schiene ist dann nicht mehr ausreichend und die Räder kommen ins Gleiten. Damit würde die Bahn in der Steigung „rückwärts rutschen". Im Gebirge müssen oft bedeutende Höhendifferenzen in nur kurzen Distanzen überwunden werden. Dafür eignet sich eine Zahnradbahn ausgezeichnet. Die zulässigen maximalen Steigungen auf Adhäsionsbahnen sind relativ gering. Aus diesem Grund ist die Zahnradbahn in Gebirgen das Non plus Ultra.

Von einer Adhäsionsbahn (auch Reibungsbahn) spricht man, wenn der Antrieb allein über die Haftreibung zwischen Rädern und Schienen erfolgt. Das hat den Vorteil, dass die Reibungsverluste zwischen Eisenrädern des Fahrzeugs und den Schienen des Fahrwegs sehr gering sind. Doch starke Steigungen sind so nicht zu überwinden. Zahnradbahnen oder Standseilbahnen sind dann die Lösung. Als problematisch bei Adhäsionsbahnen erweist sich nicht nur die Haftreibung in Steigungen. Auch die Addition der talwärts wirkenden Haftreibung im Zusammenhang mit der Hangabtriebskraft (Gesamtgewicht der Bahn) spielt eine große Rolle. Bei Überschreiten der Haftzugkraft (die immer geringer sein muss, als die Gesamtzugkraft des Fahrzeuges) geraten die Räder ins Gleiten. Deshalb sind Maximalwerte für Adhäsionsbahnen

155

155: Sessellift Thale/Harz;

156

156: Fahrstuhl von Bad Schandau (technisches Denkmal), 2009

vorgeschrieben und größere Steigungen/Gefälle bedürfen Hilfsmittel.

Fähren unterliegen nicht der BOStrab, sondern der Binnenschifffahrtsstraßenordnung. Sie gehören aber häufig zu den Verkehrsbetrieben (wie die Elbfähren in Dresden zur DVB) oder zum jeweiligen Verkehrsverbund (wie die Elbfähre Bad Schandau-Krippen zur Oberelbischen Verkehrsgesellschaft Pirna Sebnitz). Letztere betreibt übrigens auch Busse und die Kirnitzschtalbahn (eine Straßenbahn).

Ein Fahrzeug, welches bergab fährt, wird durch die Hangabtriebskraft beschleunigt. Gleichzeitig nimmt die Bodenhaftung mit zunehmendem Gefälle ab. Nimmt man die übliche Haftreibung zwischen Fahrzeug und Fahrbahn an, dann verlängert sich der Bremsweg aus beiden genannten Gründen.

157

Fähre Bad Schandau-Krippen

158

Fahrsteig auf dem Flughafen Leipzig/Halle

Teil 2

Zugsicherungsanlagen Fahrleitung – Gleise Stellwerk – Verkehrsanlagen

BOStrab § 49 Fahrordnung (Auszug)

(1) Ein Zug darf einem anderen nur in einem solchen Abstand folgen, dass er auch bei ungünstigen Betriebsverhältnissen, insbesondere bei unvermutetem Halten des vorausfahrenden Zuges, rechtzeitig zum Halten gebracht werden kann. Dieser Abstand muss
1. bei Fahren auf Sicht vom Fahrzeugführer bewirkt werden,
2. bei Fahren auf Zugsicherung durch Zugsicherungsanlagen nach § 22 gewährleistet sein.

(2) Auf Sicht dürfen nicht fahren
1. Züge unabhängiger Bahnen,
2. Züge straßenabhängiger Bahnen
   a) bei Streckenhöchstgeschwindigkeit über 70 km/h
   b) in Tunneln.

G73

Fahren im Raumabstand

1. Grundlagen

Der Einsatz von Zugsicherungsanlagen ist physikalisch bedingt. Durch Masse und Reibungsverhältnisse von Schienenfahrzeugen entstehen bei höheren Geschwindigkeiten lange Bremswege. Ein Schienenfahrzeug, in dessen Sichtabstand ein Hindernis gerät, kann vor diesem nicht mehr rechtzeitig durch eine Betriebsbremsung zum Stillstand gebracht werden. Fahren auf Sicht, so wie im Straßenverkehr üblich, ist aus Gründen einer sicheren Betriebsführung nicht möglich.

Aus den Regeln der BOStrab folgt, dass für U-Bahnen grundsätzlich, für Straßen- und Stadtbahnen auf Streckenabschnitten in Tunneln, eine Zugsicherungsanlage erforderlich ist. Diese soll die Abstandshaltung zwischen den Zügen gewährleisten sowie die Fahrwege sichern.

Bevor Aufbau und Wirkungsweise der Zugsicherungsanlagen genauer betrachtet werden, sollen zunächst einige grundlegende Begriffe erläutert werden:

- Zugfahrten

  Zugfahrten sind Fahrzeugbewegungen im Zugsicherungsbereich. Die Fahrzeuge fahren in der Regel im Raumabstand und werden als Personen- oder Betriebszüge bezeichnet. Zugfahrten finden auf gesicherten Fahrwegen statt.

- Zugsicherungsbereich

  Zu diesem Bereich gehören Streckenabschnitte, die mit einer Zugsicherungsanlage ausgerüstet sind. Fahrzeugbewegungen in diesen Bereichen sind Zugfahrten. Durch die Zugsicherungstechnik werden das Fahren im Raumabstand und das Sichern der Fahrwege gewährleistet.

- Fahren im Raumabstand

  Die räumliche Entfernung der Züge gilt als Sicherheitsprinzip beim Fahren im Raumabstand. Züge dürfen nur in einen durch Hauptsignale begrenzten Abschnitt einfahren, wenn dieser frei von Fahrzeugen ist. Durch die Fahrtstellung des Hauptsignals

2. Zugsicherungsanlagen

2.1 Begriffe

Zu den Zugsicherungsanlagen gehören:

- Stellwerke
- Streckenblockanlagen
- Zugbeeinflussungsanlagen

Diese haben folgende Aufgaben:

Stellwerke:

- Sichern der Fahrwege
- Prüfen des Freiseins der Gleise

Streckenblockanlagen:

- Gewährleistung des Raumabstands (Sichern der Zugfolge)

Zugbeeinflussungsanlagen:

- Überwachung der Fahrweise der Züge
- Verhinderung von Zuggefährdungen (Überfahren „Halt"-zeigender Signale)

Im Zusammenhang mit Zugsicherungsanlagen sind weitere Begriffe von Bedeutung:

Fahrstraßen

Fahrstraßen sind durch Zugsicherungsanlagen (Stellwerke) gesicherte Fahrwege. Sie umfassen folgende Elemente:

- Fahrstraßenstartpunkt (meist ein Hauptsignal)
- Elemente zwischen Fahrstraßenstart- und Fahrstraßenzielpunkt
- Fahrstraßenzielpunkt (Hauptsignal oder Stumpfgleisabschluss)
- Elemente des Durchrutschweges (D-Weg) hinter dem Zielsignal
- Elemente des Flankenschutzes seitlich des Fahrweges und des D-Weges *(G74 S. 105)*

Flankenschutz

Der Flankenschutz dient der Sicherung einer Zugfahrt gegen gefährdende Flankenfahrten anderer Schienenfahrzeuge. Hierzu dienen Weichen in abweisender Stellung (Schutzweichen), Gleissperren (in aufgelegter Stellung) und Signale in Haltstellung.

Gefahrenpunkt

Der Gefahrenpunkt kennzeichnet die Stelle im Gleis, vor der die Zugspitze zum Stillstand kommen muss, um eine Betriebsgefährdung zu vermeiden. Der Gefahrenpunkt ist zugleich das Ende der Schutzstrecke.

Durchrutschweg (D-Weg)

BOStrab § 22 Zugsicherungsanlagen (Auszug)

(1) Zugsicherungsanlagen sind Anlagen zum Sichern und Steuern des Fahrbetriebes. Sie dienen dazu,
1. die Fahrwege einzustellen und zu sichern,
2. den Zügen Aufträge über die Fahrweise zu übermitteln,
3. die Fahrweise der Züge technisch zu überwachen und bei gefährdenden Abweichungen zu beeinflussen.

G74

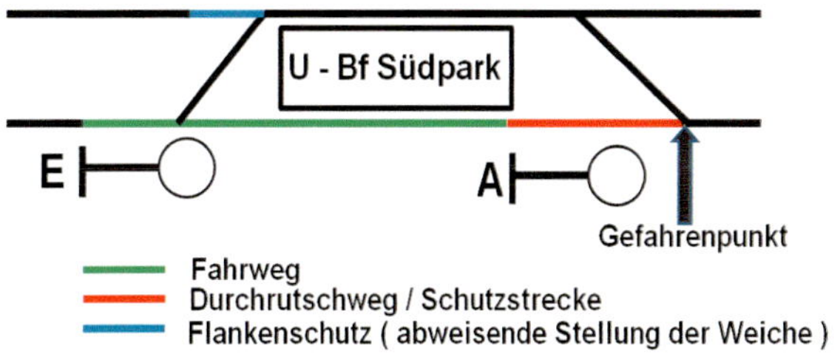

Elemente einer Fahrstraße (Fahrstraße von Signal E nach Signal A)

Fotos: Stephan Weber

159

160

159: Hauptsignal der U-Bahn Berlin in Stellung Hp 0

160: Hauptsignal der U-Bahn Hamburg in Stellung Hp 1

G75

Bez. BOStrab	H 0	H 1	H 2	
Bez. DFStrab	Hp 0	Hp 1	Hp 2	
Signalbild		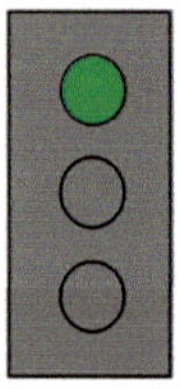		Weitere Hauptsignalbegriffe können in der Signalordnung des jeweiligen U- oder Stadtbahnbetriebs festgelegt sein.
Bedeutung	Halt	Fahrt	Fahrt mit Geschwindigkeitsbeschränkung	

Bez. BOStrab	V 0	V 1	V 2	
Bez. DFStrab	Vr 0	Vr 1	Vr 2	
Signalbild	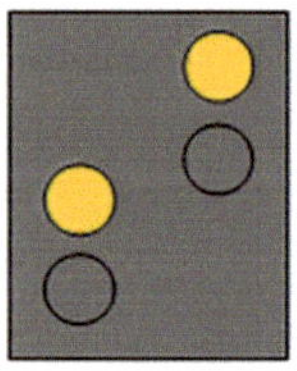	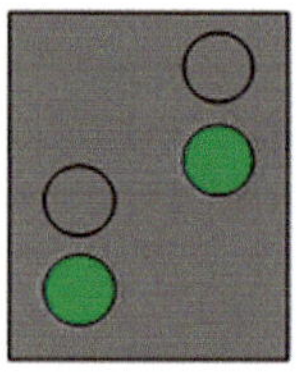		Bei beschränktem Raum können die Lichter senkrecht untereinander angeordnet sein, wenn keine Verwechslungen mit anderen Signalbildern zu befürchten sind.
Bedeutung	am folgenden Hauptsignal ist „Halt“ zu erwarten	am folgenden Hauptsignal ist „Fahrt“ zu erwarten	am folgenden Hauptsignal ist „Fahrt“ mit Geschwindigkeitsbeschränkung zu erwarten	
Ankündigung des Hauptsignalbegriffs	H 0 / Hp 0	H 1 / Hp 1	H 2 / Hp 2	

Bez. BOStrab	So 1	So 2
Bez. DFStrab	So 1	So 2
Signalbild	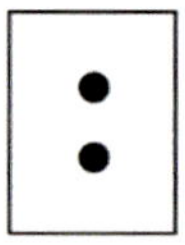	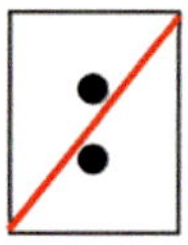
Bedeutung	Beginn einer Strecke mit Zugsicherung	Ende einer Strecke mit mit Zugsicherung
Erläuterung	Übergang vom Fahren auf Sicht zum Fahren auf Zugsicherung	Übergang vom Fahren auf Zugsicherung zum Fahren auf Sicht

Der Durchrutschweg ist Bestandteil einer Fahrstraße. Er schließt sich an das Fahrstraßenziel eines Stellwerkssignals an. Seine Länge richtet sich nach der erforderlichen Schutzstrecke. Diese ist abhängig von der Geschwindigkeit und der Bremskraft der eingesetzten Fahrzeuge.

Schutzstrecke

Die Schutzstrecke ist die Strecke hinter dem Fahrstraßenzielpunkt, die aufgrund der Eigenschaften des Zugbeeinflussungssystems bis zum Gefahrenpunkt vorgehalten werden muss. Ein durch eine Zwangsbremsung beeinflusster Zug muss vor dem Gefahrenpunkt zum Stillstand kommen.

2.2 Signale

Die in Zugsicherungsbereichen anzuwendenden Signale sind in der Anlage 4 der BOStrab vorgeschrieben. Nähere Bestimmungen enthält die Anlage zur DFStrab. Diese wird in den Verkehrsunternehmen häufig als eigene Signalordnung herausgeben (Beispiel: Bielefeld – Signalordnung Bielefeld, SO-BI; Berlin – Signalbuch U-Bahn, SBU). Von Bedeutung sind vor allem die Haupt- und Vorsignale.

Hauptsignale

Hauptsignale zeigen an, ob der hinter dem Signal liegende Gleisabschnitt befahren werden darf. Sie sind durch ein Bezeichnungsschild und häufig auch durch ein farbiges Mastschild gekennzeichnet. Durch dieses ist geregelt, wie sich der Zugfahrer bei einer Signalstörung zu verhalten hat.

Vorsignale

Um vor einem „Halt"-zeigenden Hauptsignal *(Bild 159 S. 105)* mit einer Betriebsbremsung anhalten zu können, ist eine ausreichende Sicht auf das Hauptsignal erforderlich. Nicht an allen Stellen kann dies gewährleistet werden, beispielsweise wenn das Hauptsignal am Ende eines Gleisbogens steht. In solchen Fällen wird ein Vorsignal (auch bezeichnet als „Vorankündigungssignal") aufgestellt. Das Vorsignal kündigt die Stellung des zugehörigen Hauptsignals *(Bild 160 S. 105)* an.

Sondersignale

Besonders in Stadtbahnbetrieben, in den sowohl Streckenabschnitte auf Sicht befahren werden als auch Strecken mit Zugsicherung vorhanden sind, müssen dem Zugfahrer Beginn und Ende eines Zugsicherungsbereichs signalisiert werden. Dazu werden die Sondersignale So 1 und So 2 verwendet.

Anordnung von Hauptsignalen

Hauptsignale werden nach ihrer Funktion (Standort) unterschieden. Es gibt unterschiedliche Bezeichnungen in den U- und Stadtbahnbetrieben. In der Abbildung unten sind die wichtigsten Anordnungsmöglichkeiten dargestellt.

Stellwerksignale

Stellwerkssignale stehen in der Regel vor Gleisabschnitten mit Weichen oder Kreuzungen. Um ein Stellwerkssignal in Fahrtstellung zu bringen, muss eine Fahrstraße eingestellt werden, die die Fahrwegelemente sichert.

Blocksignale

Blocksignale decken Zugfahrten auf Streckenabschnitten ohne Weichen und verhindern somit das Einfahren eines Folgezugs in einen besetzten Blockabschnitt.

Signalabhängigkeit bedeutet, dass ein Hauptsignal erst dann auf Fahrt gestellt werden kann, wenn
- die zum Fahrweg gehörenden Weichen und
- Flankenschutzeinrichtungen

richtig stehen. Sie müssen in dieser Stellung verschlossen bleiben, solange das Hauptsignal auf Fahrt steht.

G76

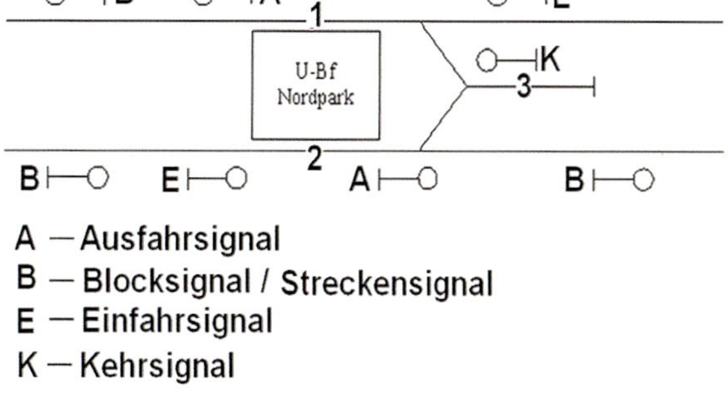

Anordnung von Hauptsignalen

161

führerlose U-Bahn in Nürnberg

162

LZB + PZB mit Signalen

163

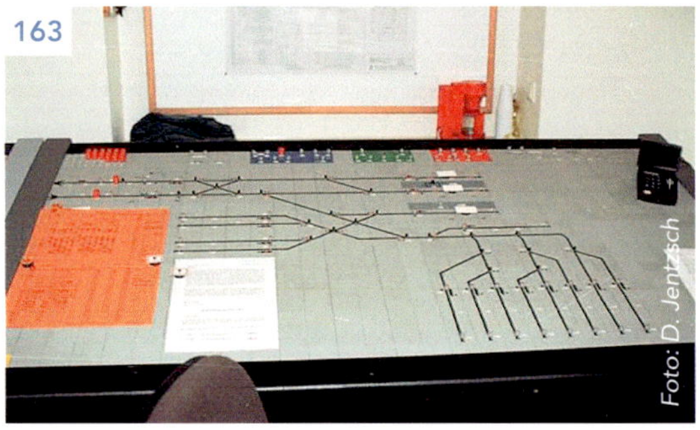

Stelltisch eines Relaisstellwerks der Berliner U-Bahn

164

Foto: Stephan Weber

Gleismagnet der magnetischen Zugbeeinflussung als Streckeneinrichtung der PZB der Berliner U-Bahn

2.3 Stellwerke

Stellwerke dienen dazu, die Bedienungseinrichtungen von Weichen und Signalen an einem Ort zusammenzufassen und voneinander abhängig zu machen. Durch die Stellwerkstechnik wird die Signalabhängigkeit hergestellt.

Zugfahrten müssen auf gesicherten Fahrwegen durchgeführt werden. Daher ist eine wesentliche Aufgabe von Stellwerken das Bilden und Auflösen von Fahrstraßen.

In den Zugsicherungsbereichen der U- und Stadtbahnen sind ausschließlich elektrische Stellwerke vorhanden. Im Einsatz sind

- Relaisstellwerke und
- elektronische Stellwerke.

Für die Bedienung von **Relaisstellwerken** *(Bild 163 S. 108)* ist meist ein Gleisbildtisch vorhanden. Auf ihm sind die Gleisanlagen des zu steuernden Bereichs schematisch abgebildet. Die Bedienung erfolgt in vielen Fällen durch das Drücken zweier Tasten. Zum Einstellen einer Fahrstraße werden gleichzeitig eine Start- und eine Zieltaste bedient. Die Fahrstraßeneinstellung bis zur Fahrtstellung des Hauptsignals läuft anschließend selbsttätig ab. Sämtliche Vorgänge werden durch eine Relaisanlage gesteuert, die sich in einem besonderen Raum befindet. Weichen und Signale sind mit dem Stellwerk über eine Kabelanlage verbunden. Relaisstellwerke werden auch als Drucktastenstellwerke (Abkürzung Dr, SpDr) oder als Gleisbildstellwerke (GS) bezeichnet.

Elektronische Stellwerke (ESTW) sind in der Regel für eine Mausbedienung an Rechnerarbeitsplätzen vorgesehen. Zur Fahrstraßeneinstellung wird, ähnlich dem Relaisstellwerk, ein Start- und ein Zielfeld bedient. Die Fahrwegsicherung wird durch eine signaltechnisch sichere Software bewirkt. Auch hier sind Kabel zur Verbindung der Stellwerksinnenanlage mit den Außenanlagen (zum Beispiel Weichen, Signale und Gleisfreimeldeanlagen) vorhanden.

2.4 Streckenblockanlagen

Streckenblockanlagen sichern die Zugfolge zwischen den Stellwerksbereichen. Sie gewährleisten das Fahren im Raumabstand. Auf U- und Stadtbahnstrecken kommen ausschließlich selbsttätig wirkende Streckenblockeinrichtungen zum Einsatz. Deren Arbeitsweise beruht auf dem Einsatz von Gleisfreimeldeanlagen (Gleisstromkreise oder Achszähler). Die von den selbsttätigen Streckenblockanlagen gesteuerten Haupt- signale werden als Blocksignale bezeichnet.

2.5 Zugbeeinflussungsanlagen

Gemäß § 22 BOStrab sind Zugbeeinflussungsanlagen zur Erhöhung der Sicherheit erforderlich. Sie sollen die Fahrweise der Züge technisch überwachen und bei gefährdenden Abweichungen beeinflussen. Genauer muss verhindert werden, dass Zugfahrer unbeabsichtigt an „Halt"-zeigenden Hauptsignalen vorbeifahren und Geschwindigkeiten erreichen, die unzulässig sind.

Zugbeeinflussungsanlagen bestehen aus Einrichtungen an der Strecke und im Fahrzeug. Sie lassen sich wie folgt unterscheiden:

punktförmige Zugbeeinflussung (PZB)

Die Streckeneinrichtungen befinden sich nur an bestimmten Punkten der Strecke *(Bild 164 S. 108)*. Informationen können nur an diesen Punkten auf das Fahrzeug übertragen werden *(nähere Beschreibung S. 59)*.

Beeinflussungspunkte sind (Auswahl):

- Hauptsignale (Fahrsperrenwirkung)
- Streckenabschnitte (Geschwindigkeitsüberwachung)

Bauformen:

- magnetische Zugbeeinflussung
- induktive Zugbeeinflussung (zum Beispiel ZUB 100)

linienförmige Zugbeeinflussung (LZB)

Diese ist nur bei Zügen, die schneller als 160 km/h fahren, vorgeschrieben.

Es findet ein kontinuierlicher Datenaustausch zwischen Fahrzeug und Strecke statt. Die Fahrt des Zugs wird ständig überwacht und beeinflusst. Der Zug kann automatisch geführt werden.

Bauformen (Auswahl):

- LZB 500
- LZB 512

Handelt der Zugfahrer entgegen den ihm signalisierten Aufträgen, wird der Zug in beiden Systemen durch eine Zwangsbremsung angehalten.

3. Gleisanlagen

Der Gleiskörper der Straßen-, Stadt- und U-Bahnen wird als Oberbau bezeichnet. Dazu gehören Schienen *(G77 bis 83 S. 104)*, Schwellen, Schienenbefestigungsmittel, Schotter und andere Tragkonstruktionen. Das Gleis kann sowohl eingeschottert, als auch straßenbündig eingegossen oder eingepflastert sein kann. Auch die Verlegung der Schienen kann auf vielfältige Weise erfolgen. Die Schienen selbst sind Walzstahlerzeugnisse. Die Schienenbezeichnungen wie S49, S41 oder S65 geben das Gewicht in Kilo pro Meter Profilschiene an. So wiegt ein Meter Schiene S41= 41 Kilogramm pro Meter Länge. S41 wird oft auf unabhängigen Bahnkörpern von Straßenbahnen verwendet, weil Straßenbahnen weniger schwer sind wie Eisenbahnfahrzeuge. Je schwerer eine Schiene, desto höher ist ihre Tragkraft.

Schienen sind der Fahrtweg des Schienenfahrzeugs und dienen dazu, dass die Radsätze sicher durch den Sinuslauf der Radachse geführt werden. Die Schwellen in offenen Bahnkörpern können aus Holz, Beton oder Stahl sein.

3.1 Schienenprofile und Spurweiten

Im Jahr 1830 erfand der Amerikaner Robert L. Stevens die Breitfußschiene, die sich zunächst durchsetzte. Etwas später entwickelte der Engländer Charles Blecker Vignoles *(G77, G79, G80 S. 110)* die Schiene weiter und fertigte die nach ihm benannte **Vignolschiene**, auch „Kopfschiene" genannt. Sie wird vor allem bei der Eisenbahn sowie für besondere und unabhängige Bahnkörper von Straßenbahnen benutzt. Bei dieser Schienenform erfolgt eine gute Kraftverteilung auf den Untergrund. Die Vignolschiene hat einen flachen, aber breiten Fuß. Sie ist meistens auf Schwellen befestigt und hat einen schmalen Steg mit Schienenkopf, der die Laufbahn für die Räder darstellt.

Da es bei Schienen verschiedene Bauformen gibt (zum Beispiel unterschiedlich breite Schienenköpfe, bei Rillenschienen unterschiedlich breite Leitschienen *(G78 und G81 bis G83 S. 104)* und Schienenrillen, verschiedener Stahl usw.), wird, um bei Gleisbauarbeiten Verwechslungen auszuschließen, der Schienentyp in den Schienensteg eingeprägt. Die Führung des Fahrzeugs erfolgt durch den Spurkranz des Rades und den Schienenkopf. Das Abrollen des Rades geschieht auf der Lauffläche.

Schienenformen

G77

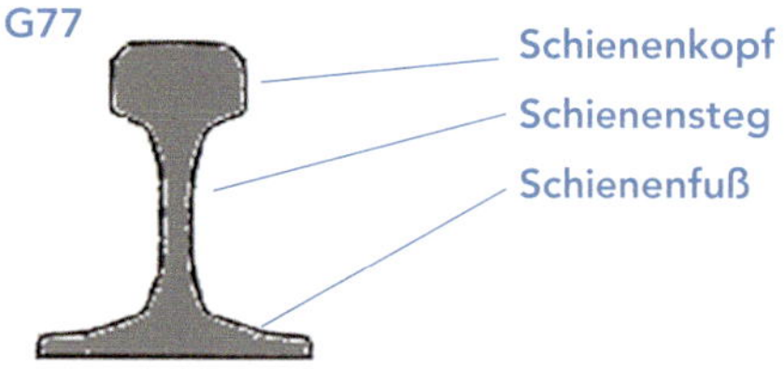

Bauteile der Vignolschiene

G78

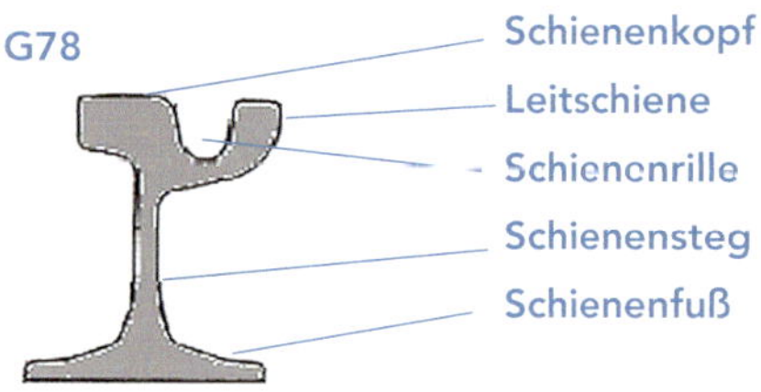

Bauteile der Rillenschiene

G79

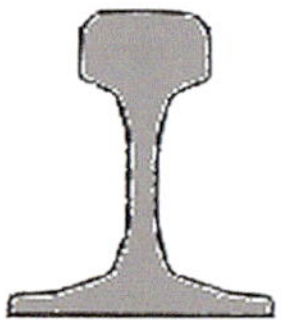

G80

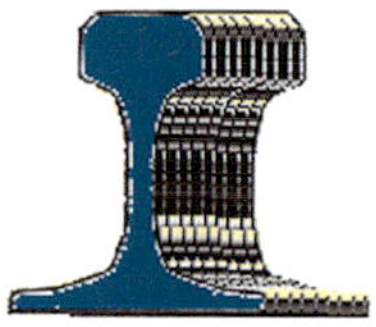

G79 und G80: Vignolschiene

G81

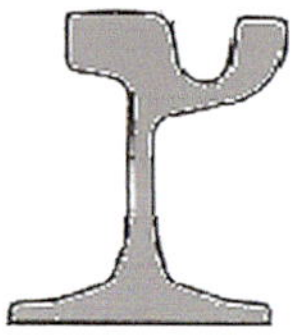

G82

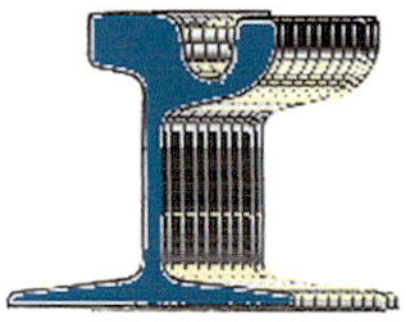

G83

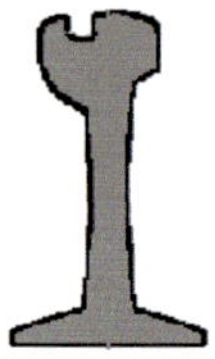

G81 und G82: Rillenschiene

G83 Flachrillenschiene

Spurweite ist der Abstand zwischen den Innenkanten der Schienen eines Gleises. Die häufigste Spurweite ist die von der Eisenbahn übernommene Regelspur von 1.435 Millimeter. Sie wird im Bereich von 0 bis 14 Millimeter unter der Schienenoberkante gemessen. Viele Straßenbahnbetriebe haben auch Meterspur!

G84

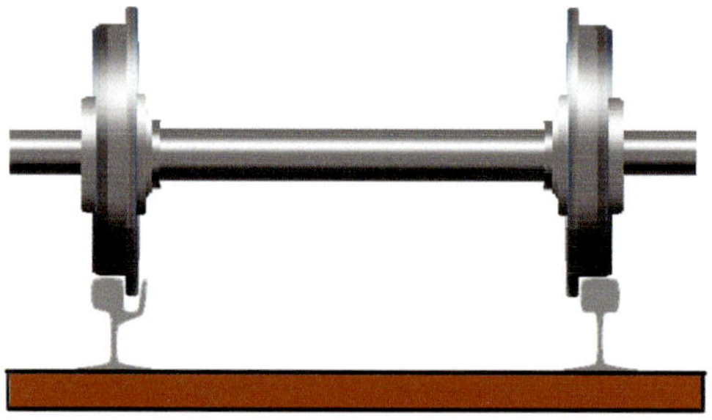

Lauf des Rades: links Rillenschiene, rechts Vignolschiene

G85

Dilationsstoß Form 1

G86

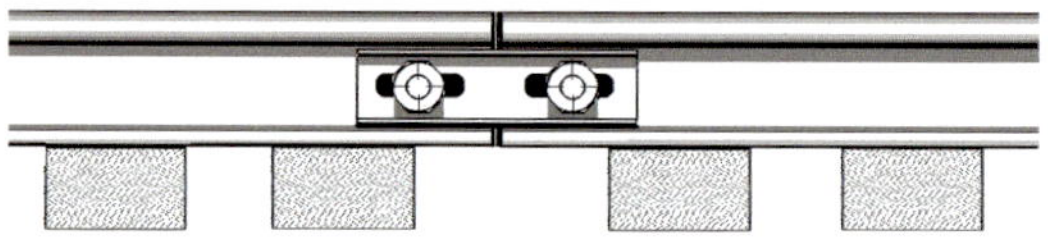

Schienenauszugsvorrichtung Dilatationsstoß Form 2

G87

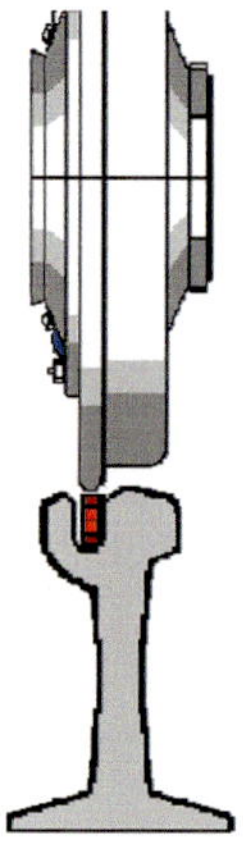

Radlauf bei Fremdkörper in der Rillenschiene

Rillenschienen werden besonders bei Stadt- und Straßenbahnen mit eingedecktem Gleiskörper verwendet. Im Vergleich zur Eisenbahn haben Straßenbahnen schmalere Spurkränze. Wer sein Wissen über das Verhältnis von Radsatz und Spurführung vertiefen möchte, sollte folgende Schrift lesen: "Technische Regeln für die Spurführung von Schienenbahnen nach der Verordnung über den Bau und Betrieb der Straßenbahnen (BOStrab)".

Oft werden in Kurven wie in Geraden dieselben Schienenprofile eingebaut. Lediglich die Zugfestigkeit ist geringer, da die Schienen dann infolge des geringeren Kohlenstoffanteils aufschweißbar sind. Die Kurven haben aufgrund des Durchzwängens des Rades einen höheren Verschleiß, was zur Notwendigkeit des Aufschweißens oder eines häufigeren Schienenwechsels führt.

Da bei vielen Straßenbahnen die Achsen starr an den Rädern befestigt sind, werden die Spurkränze in den Kurven regelrecht durch die Rille gepresst – neben dem Achsabstand ein Grund für das typische Quietschen. Kurvenschmieranlagen *(Bilder 165 bis 167 S. 111)* im Gleis und Spurkranzschmierungen am Fahrzeug wirken diesen Geräuschen entgegen.

In einigen Städten werden in Kurven mit sehr engem Radius Schienen mit breiterer Schienenrille und stärkerer Leitschiene eingebaut. Ist die Rille zu schmal, wird zwangsläufig der Spurkranz aus der Rille gedrückt und das Fahrzeug entgleist. Ebenso gefährlich wirken sich Fremdkörper im Gleis aus *(G87 S. 110)*. Der Fremdkörper hebt dann den Spurkranz aus der Rille. Wird vom Fahrer ein Fremdkörper bemerkt, muss dieser entfernt werden, auch wenn der Zug versehentlich bereits darüber hinweg gefahren ist. Ist der Fremdkörper aus Metall, sollte er vorsichtig entfernt werden, denn aufgrund des Pressvorgangs durch das überrollende Fahrzeug ist er sehr heiß.

Ein wichtiges Bauteil des Gleisoberbaus ist die **Schienenauszugsvorrichtung**, auch **„Dilatationsstoß"** *(G85 und G86 S. 110)* genannt. Diese Auszugsvorrichtung wird vor allem bei Brükken und in offenen Bahnkörpern nötig. Da sich Material bei Wärme ausdehnt und bei Kälte zusammenzieht, verhindern diese Schienenauszugsvorrichtungen unzulässig große Zwangkräfte in der Schiene. Auch dynamische Belastungen

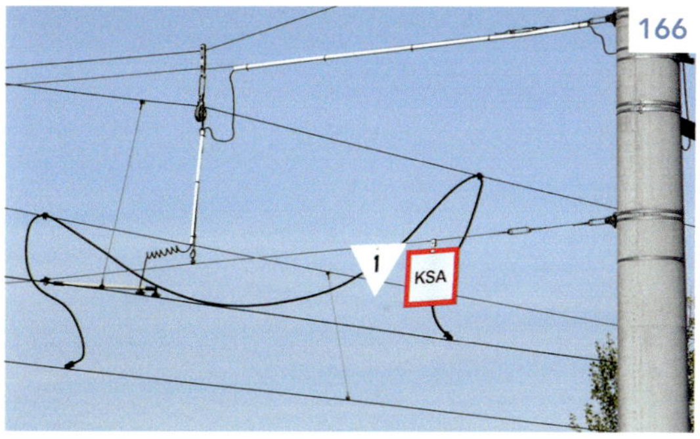

Bild 165 + 166: neue Kurvenschmieranlage (KSA) für straßenbündigen Bahnkörper mit entsprechenden Einzelteilen (KSA-Signal, Schmierstellen und Steuerungsschrank)

Bild 167 + 168: Kurvenschmieranlage für offenen Bahnkörper und Dilatationsstoß

G88

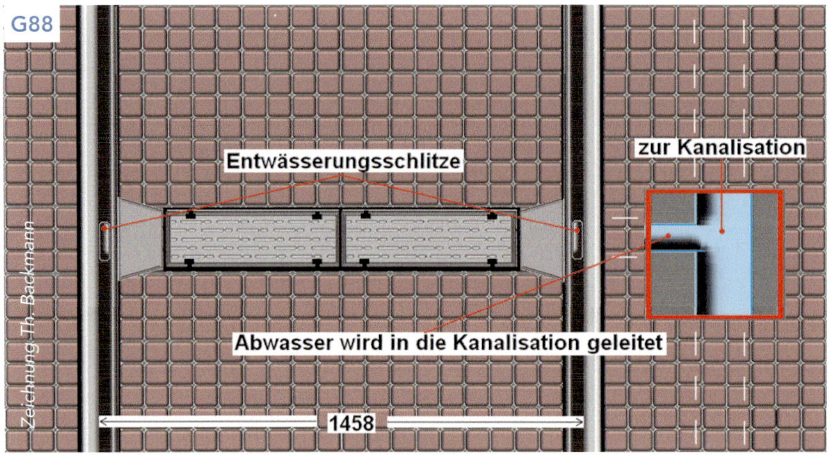

Prinzip der Schienenentwässerung

169

Schienenentwässerung

wie Anfahren und Bremsen werden dadurch gedämpft. Die Bauform besteht meist aus einer fest gelagerten Backenschiene und einer längs verschiebbaren Zunge.

Eine noch nicht erwähnte Schienenart ist die **Flachrillenschiene**. Sie wird bzw. wurde nur in Kreuzungsbereichen und für Herzstücke von Weichen verwendet. Bei einer Flachrillenschiene *(G83 S. 110)* fährt das Rad nicht mehr auf der Lauffläche, sondern nur auf dem Spurkranz. Diese Stücke dürfen nur mit mäßiger Geschwindigkeit befahren werden. Die Höchstgeschwindigkeit legt jeder Verkehrsbetrieb separat fest. Sie beträgt jedoch maximal 25 km/h. Die Flachrillenschiene wird heute durch die teurere **Tiefrillenschiene** ersetzt, wenn es der Winkel des Herzstücks und die Radreifenbreite der Bahnen zulassen. Ist der Winkel des Herzstückes noch so spitz, dass beim Überfahren der Radreifen immer aufliegt und nicht in ein "Loch" fällt, kann eine Tiefrille verwendet werden. Sonst muß Fachrille gebaut werden, damit das Rad duch den Spurkranz über das Herzstück oder die Kreuzung geführt wird. Bei einer rechtwinkligen Kreuzung (90°) ist immer eine Flachrille erforderlich, da es beim Aufeinandertreffen beider Schienenrillen an der gleichen Stelle zu einer Unterbrechung kommt (das Rad würde in das "Loch" fallen) an der das Rad keine Führung mehr hätte und dadurch Entgleisungsgefahr bestehen würde.

Je nach Art und Bandagenbreite der Schienenfahrzeuge oder anderer Gegebenheiten können die Schienenköpfe unterschiedliche Breite und Wölbung haben. Rillenschienen werden grundsätzlich entwässert *(G88 und Bild 169 S. 112)*. Das Abwasser gelangt über Entwässerungsschlitze in den Schienen direkt in die Kanalisation. Damit das Wasser abfließen kann, müssen die Entwässerungsschlitze regelmäßig gereinigt werden *(Bild 170 S. 115)*.

Rad und Schiene müssen aufeinander abgestimmt sein. Ältere Fahrzeuge haben meist eine Bandagenbreite (Radreifenbreite) von 95 Millimetern, während neuere Fahrzeuge 105 Millimeter Bandagen haben. Durch entsprechend breitere Schienenköpfe entstehen mehr Laufruhe und eine höhere Stabilität.

Vom Sinuslauf, spricht man bei Rad-Schiene-Systemen die konisch profiliert sind. Bei einem Radsatz mit konischem Radprofil, der außermittig auf zwei parallelen Schienen steht, sind die Radien der beiden Räder an den Berührungspunkten mit den Schienen unterschiedlich groß. Da die beiden Räder über die Achse starr miteinander verbunden sind und sich daher gleich schnell drehen, vollführt das Rad mit dem

Zur Streckenführung schreibt die BOStrab in § 15 folgendes von (BOStrab § 15, Abs. I, II):

(1) Die Streckenführung und die Lage der Haltestellen müssen den Verkehrsbedürfnissen entsprechen und insbesondere günstiges Umsteigen zu anderen Verkehrsmitteln ermöglichen.

(2) Bogenhalbmesser und Längsneigungen sollen fahrdynamisch günstig sein und hohe Geschwindigkeiten zulassen. Jedoch sollen sich die Geschwindigkeiten für die einzelnen Streckenabschnitte der jeweiligen Straßenraumnutzung und städtebaulichen Situation anpassen; dementsprechend können Bogenhalbmesser und Längsneigungen differenziert werden.

Zu Kreuzungen sieht § 15 BOStrab weiter vor (BOStrab § 15, Abs. III, IV):

(3) Straßenbahnstrecken dürfen Eisenbahnstrecken des öffentlichen Verkehrs nicht höhengleich kreuzen.

(4) Kreuzen Straßenbahnstrecken Eisenbahnstrecken des nichtöffentlichen Verkehrs höhengleich, entscheiden die für die kreuzenden Bahnen zuständigen technischen Aufsichtsbehörden über Art und Umfang der Sicherung.

Bezüglich dieser Regelungen gibt es bei Leipzig die rühmliche Ausnahme: Hier befindet sich in Markkleeberg (Vorort von Leipzig, der vom ÖPNV bedient wird) sogar ein elektrifizierter Bahnübergang zwischen Straßenbahn und Eisenbahn.

Zu Bahnkörpern weist § 16 BOStrab folgendes an (BOStrab vom 23.12.2016 Absätze 1-5)

(1) Bahnkörper umfassen den Oberbau und den ihn tragenden Unterbau, der aus Erd-, Stütz- oder Ingenieurbauwerken bestehen kann.

(2) Der Unterbau muss unter Beachtung der geologischen und hydrologischen Verhältnisse standsicher sein.

(3) Anfallende Wässer müssen ohne Beeinträchtigung des Bahnbetriebes vom Bahnkörper ableitbar sein.

(4) Bahnkörper sind straßenbündige, besondere oder unabhängige Bahnkörper. Straßenbündige Bahnkörper sind mit ihren Gleisen in Fahrbahnen oder Gehwege eingebettet. Besondere Bahnkörper liegen im Verkehrsraum öffentlicher Straßen, sind jedoch vom übrigen Verkehrsraum mindestens durch Bordsteine oder Hecken oder Baumreihen oder andere ortsfeste körperliche Hindernisse getrennt. Zum besonderen Bahnkörper gehören auch Bahnübergänge nach § 20 Absatz 1 Satz 3 mit Vorrang für die Straßenbahn, wenn sie entsprechend § 20 Absatz 3 oder 4 gesichert sind. Unabhängige Bahnkörper befinden sich auf Grund ihrer Lage oder Bauart außerhalb des Verkehrsraums öffentlicher Straßen. Zum unabhängigen Bahnkörper gehören auch die Bahnübergänge nach § 20 Absatz 1 Satz 2.

(5) An den für das Überqueren durch Fußgänger vorgesehenen Stellen über einen besonderen Bahnkörper müssen zwischen diesem und unmittelbar angrenzenden Fahrbahnen Aufstellflächen für Fußgänger vorhanden sein, wenn das durchgängige Überqueren von Bahnkörper und Straße nicht durch Lichtzeichen geregelt ist.

größeren Radius am Berührpunkt einen längeren Weg nach vorne als das Rad mit dem kleineren Radius. Daher lenkt ein zu weit rechts stehender Radsatz nach links, und umgekehrt. Hierdurch kommt es zu einer Schlingerbewegung, die sich in einer nichtlinearen Gleichung darstellen lässt.

3.2 Bahnkörper

Ein Schienenweg besteht aus einem Unterbau und einem Oberbau. Zum Unterbau zählen die künstlich geschaffenen Teile der Trasse eines Verkehrswegs, mit denen vor allem die großen Unebenheiten des Geländes ausgeglichen werden (Rampen, Dämme, Geländeeinschnitte, Brücken). Der Oberbau und insbesondere das Gleisbett dienen der Aufnahme und Verteilung der Kräfte. Die Belastungen entstehen durch Masse, Beschleunigung, Sinuslauf und Geschwindigkeit der Schienenfahrzeuge sowie durch thermische Belastungen und Witterungseinflüsse.

Arten von Straßenbahn-Bahnkörpern:

- straßenbündiger Bahnkörper

(Bilder 176 und 180 S. 117):

Es gilt die StVO und die DFStrab. Die Gleise sind in der Fahrbahn verlegt. Die Bahn fährt gemeinsam mit dem Individualverkehr. Das Gleis ist mit einer Gleiseindeckung versehen

- besonderer Bahnkörper

(Bilder 175 und 181 S. 117):

Es gilt die StVO und die DFStrab. Die Gleise sind durch eine Sperrlinie oder durch ortsfeste Hindernisse wie Bordstein, Leitplanken, Hekken oder Baumreihen sowie Schotterbett von der Fahrbahn getrennt. Die Praxis zeigt aber, dass gerade Sperrlinien oder Bordsteine für ein Fernhalten von Autofahrern, Radfahrern und Fußgängern nicht ausreichend sind. Häufig sind kreuzende oder einmündende Straßen, LSA usw. vorhanden. Auf gepflasterten, besonderen Bahnkörpern dürfen auch Fahrzeuge mit Sondersignal fahren. Ein großer Vorteil ist, dass gepflasterte, besondere Bahnkörper auch von Linienbussen als Busspur genutzt werden können.

170

Mittels Hochdruck werden die Entwässerungsschlitze durchgespült (hier mit dem Zweiwegefahrzeug Unimog).

G87a

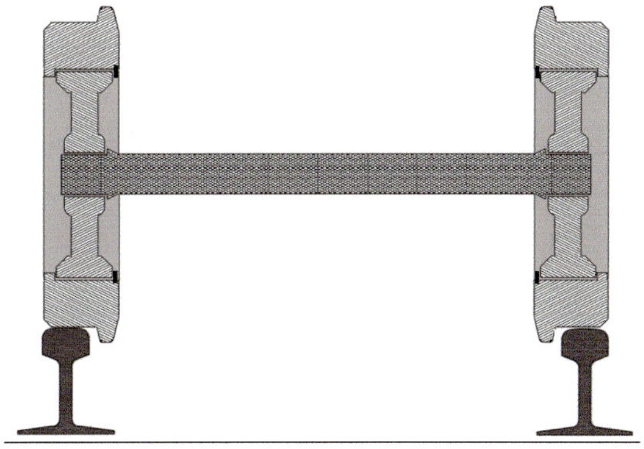

Zeichnung Th. Backmann

Sinuslauf einer Achse auf Vignolschienen

- unabhängiger Bahnkörper

(Bilder 177 und 179 S. 117):

Die vorteilhafteste Ausführung für einen flüssigen und sicheren Straßen- und Stadtbahnbetrieb ist der unabhängige Bahnkörper. Er ist grundsätzlich in offener Bauweise, also als eingeschottertes Schwellengleis oder Rasengleis, häufig mit Vignolschienen, gebaut. Es gilt die DFStrab. Die Gleise sind völlig vom übrigen Verkehr getrennt. Kreuzungen mit Straßen sind als technisch gesicherte Bahnübergänge ausgeführt. Alle Überwege sind mit Andreaskreuzen gekennzeichnet. Schienenfahrzeuge haben grundsätzlich Vorrang.

171

Bahnübergang Leipzig-Markkleeberg

172

Bahnübergang Leipzig-Markkleeberg
(2015 still gelegt)

173

Bahnübergang Leipzig-Markkleeberg, Juni 2009

174

BÜ-Anlage Stahmeln (Leipzig) nach BOStrab

3.3 Weichen und Weichenstraßen

In Deutschland gibt es mehrere unterschiedliche Weichensysteme. Sie haben eines gemeinsam: Sie arbeiten unabhängig vom Fahrstrom. Als Beispiel soll das Weichensystem der Firma Hanning & Kahl vorgestellt werden *(G91 S. 118 und Kasten S. 119)*.

Die Weichensignalisierung ist am Beispiel der Leipziger Straßenbahn dargestellt *(G90 S. 110)*. Der Betrieb kann selbst entscheiden, ob er ein Zwei- oder Dreikammersignal verwendet oder ob die Signale ständig beleuchtet sind oder erst beim Befahren der Empfängerschleife für die Weichensteuerung beleuchtet werden.

- Spitzweiche:

Die Weiche wird mit dem Fahrzeug von der Spitze her befahren. Das Gleis teilt sich.

- Stumpfweiche:

Die Weiche wird mit dem Fahrzeug zuerst vom Herzstück her befahren. Zwei Gleise führen zusammen.

Federweichen (auch als „Rückfallweichen" bezeichnet) gelangen nach dem stumpfen Befahren wieder in die Ausgangsstellung zurück. Die Rückstellkraft wird meist durch Federkraft bewirkt. Federweichen werden häufig in Ausweichen eingleisiger Strecken und in Wendedreiecken verwendet.

Bei der **Linksweiche** besteht die Gefahr, dass der Fahrer bei falscher Weichenstellung dem Gegenzug in die Flanke fährt. An Linksweichen existiert grundsätzlich Begegnungsverbot mit dem Gegenzug, wenn es sich um eine Handweiche handelt. Ausnahmen sind mit dem Signal W22 *(G94 S. 120)* gekennzeichnet. An elektrisch und mechanisch verriegelten Weichen besteht, wenn sie verriegelt sind, in vielen Unternehmen Begegnungserlaubnis. Doch auch in diesem Fall können Betriebsleiter eine Begegnung verbieten. Handweichen, die nach dem Befahren in die Grundstellung zurückzustellen sind, sind mit dem Signal W 21 *(G93 S. 120)* gekennzeichnet.

Grundsatz für das Fahren auf Sicht:
Über Weichen sollst Du schleichen!

175

besonderer Bahnkörper

176

straßenbündiger Bahnkörper

177

unabhängiger Bahnkörper

178

Sicherungsanlage nach BOStrab auf unabhängigem Bahnkörper

179

mit einer historischen Bahn auf unabhängigem Bahnkörper unterwegs

180

straßenbündiger Bahnkörper

181

Rasengleis auf besonderem Bahnkörper

182

eingleisige Behelfsbrücke bei einem Brückenneubau am alten Messegelände in Leipzig

G90

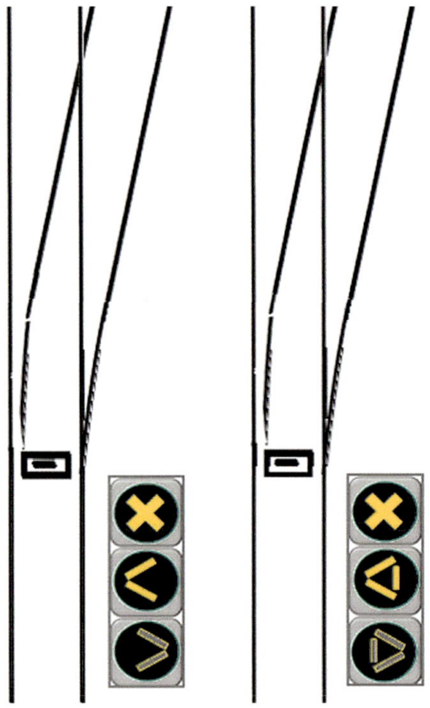

links: nur elektrisch verriegelte Weiche (Basisbalken fehlt)
rechts: elektrisch und mechanisch verriegelte Weiche, zu erkennen am Basisbalken in der Richtungsanzeige. Das Kreuz zeigt die elektrische Verrieglung an.
Wie die Signalisierung an Weichen gemäß der Signale nach BOStrab erfolgt, ist in den einzelnen Unternehmen verschieden. Hier ist die Signalisierung der Leipziger Verkehrsbetriebe (LVB) zu sehen.

G91

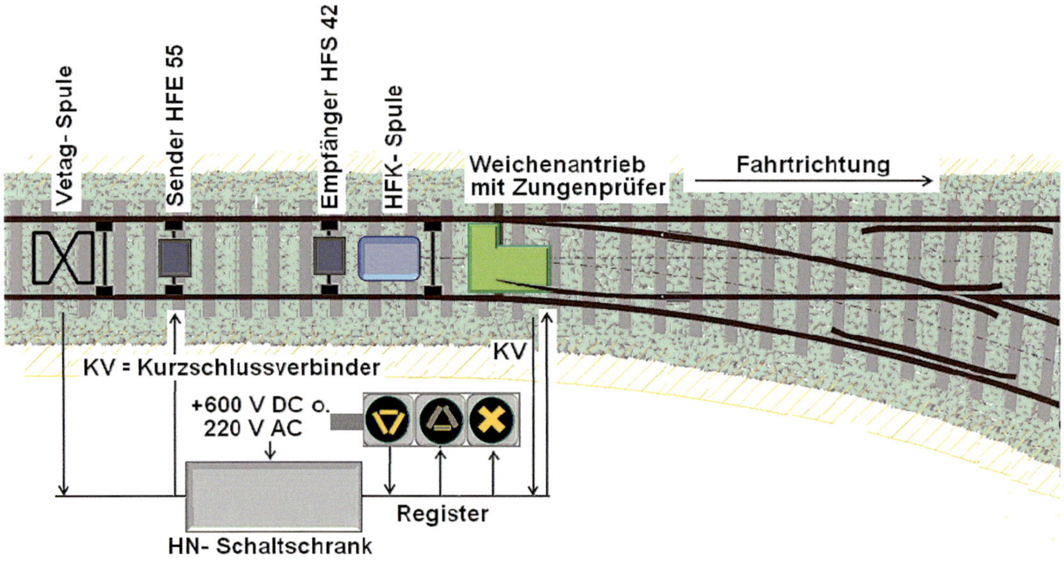

Grafik: Th. Backmann

Darstellung einer elektrisch und mechanisch verriegelten Weiche der Bauart Hanning & Kahl

G92

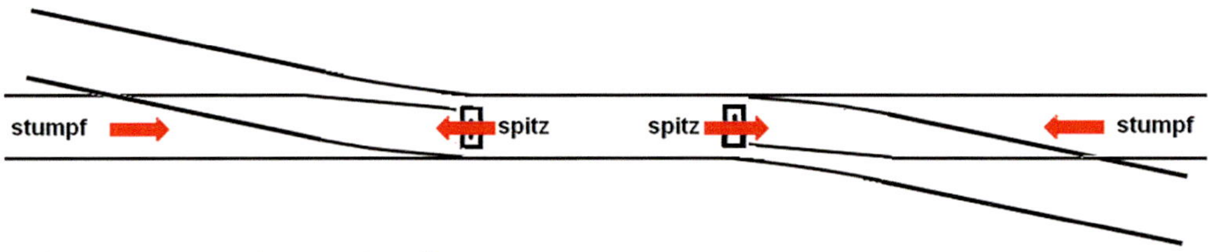

Federweichen an einer eingleisigen Strecke

Dieser Grundsatz gilt nicht für U-Bahnen und Stadtbahnen, die auf Strecken mit Zugsicherung fahren, sondern nur für Straßenbahnen und Stadtbahnstrecken ohne Zugsicherung nach BOStrab.

Zur Sicherheit können Federweichen mit **Signalen** *(Bild 185 S. 121)* ausgestattet werden. Dabei wird das exakte Anliegen der Weiche über Zungenprüfer geprüft. Liegt die Weiche korrekt an, leuchtet das Signal. Fällt das Signal aus, hat der Fahrer die Leitstelle zu verständigen und die Weiche auf ordnungsgemäßes Anliegen oder Schäden zu überprüfen! Gegebenenfalls muss er stehen bleiben und auf die Weichenschlosser (Reparaturteam für Weichen) warten!

Zweirichtungsfahrzeuge sind teurer als Einrichtungsfahrzeuge, dafür benötigen diese beim **Wendevorgang** weniger Platz. Für Einrichtungsfahrzeuge muss eine Gleisschleife *(G97 S. 121)* oder mindestens ein Gleisdreieck gebaut werden, für Zweirichtungsfahrzeuge ist eine Ausfahrtsweiche mit einem Gleisstummel *(G96 S. 120)* ausreichend. Jede Stadt muss aufgrund ihrer eigenen Infrastruktur die entsprechenden Fahrzeuge einkaufen.

Aufbau und Wirkungsweise der elektrisch und mechanisch verriegelten Weiche der Bauart Hanning & Kahl als Beispiel für elektrische Weichen

Weichenstellvorrichtung (mechanischer Teil):

Der Weichenantrieb besteht aus einem Doppelzugmagneten, dessen Hauptbestandteile Spulen mit einem gemeinsamen Anker sind. Wird ein Stellbefehl gegeben, wird der Anker in die entsprechende Spule gezogen und die Stellkraft über einen Hebel in das Antriebsgestänge geleitet. Der Weichenantrieb ist über das Antriebsgestänge mit den Weichenzungen verbunden. In der jeweiligen Endlage der Weichenzungen wird das Antriebsgestänge mechanisch verschlossen. Über das Zungenprüfgestänge wird die einwandfreie Endlage der Weichenzungen durch Zungenprüfer festgestellt. Beide Gestänge werden durch Näherungsschalter überwacht. Nur bei einwandfreier Endlage ergeht der Verrieglungsbefehl an die Weichensteuerung.

Weichensteuerung (elektrischer Teil):

Mittels Impulssteuerung (VETAG) sendet der Wagen über einen Transponder einen kodierten Stellbefehl aus, der von einer Empfängerschleife im Gleis, die sich etwa 31 Meter vor der Weichenspitze befindet, empfangen wird. Sobald ein Stellbefehl eingeht, kann kein weiterer verarbeitet werden. Wird kein Stellbefehl abgegeben, weil die Weiche bereits in der richtigen Lage ist, wird die Verriegelung über einen ständig im Transponder anliegenden Befehl für Straßenbahnen über die VETAG-Schleife ausgelöst. In manchen Unternehmen befindet sich zusätzlich kurz hinter der VETAG-Schleife ein HON-Kontakt an der Fahrleitung. Er besteht aus einem Näherungsschalter, der auf die Bügelkohle reagiert. Er stellt eine zusätzliche Sicherheit dar, da auch er eine Verriegelung ohne Stellbefehl auslöst. Die Verriegelung wird in allen Fällen aufrechterhalten durch einen HFP-Gleiskreis und die HFK-Ortungsspule. Der HFP-Gleiskreis beginnt rund zwölf Meter vor der Weichenspitze und endet kurz vor dieser. In seinem Bereich sind die Schienen gegeneinander isoliert, es werden isolierte Spurhalter verwendet.

Am Anfang des Gleiskreises befindet sich ein Sender, am Ende ein Empfänger. Durch diesen Gleiskreis fließt bei nicht befahrener Weiche ständig eine Spannung von 4,5 Volt mit einer Taktfrequenz von 8,5 kHz. Wenn nun eine Straßenbahn auf den Gleiskreis fährt, wird durch den Achskurzschluss das Sicherheitssystem aktiviert. Gleichzeitig mit dem Gleiskreis wird die HFK-Ortungsspule, die sich direkt bei der Weichenstellvorrichtung befindet, aktiviert. Diese Spule ist eine Resonanzspule, welche die Fahrzeugmasse über sich ortet. Verlassen die Räder der Bahn den Gleiskreis, hält die Ortungsspule die Verriegelung aufrecht, bis das letzte metallische Fahrzeugteil (Kupplung) den Weichenbereich verlassen hat. Erst drei Sekunden danach (Induktionsstrom in der Spule muss erst abklingen) erfolgt die Entriegelung der Weiche und es kann ein neuer Stellbefehl verarbeitet werden *(Bild 186 S. 113)*.

G93

Signal W21

G94

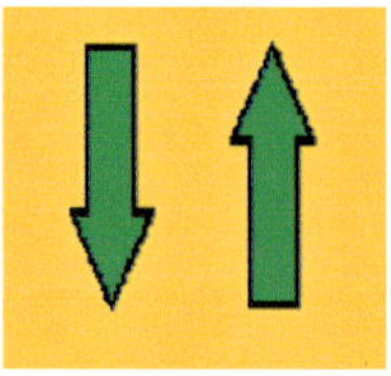

Signal W22

G95

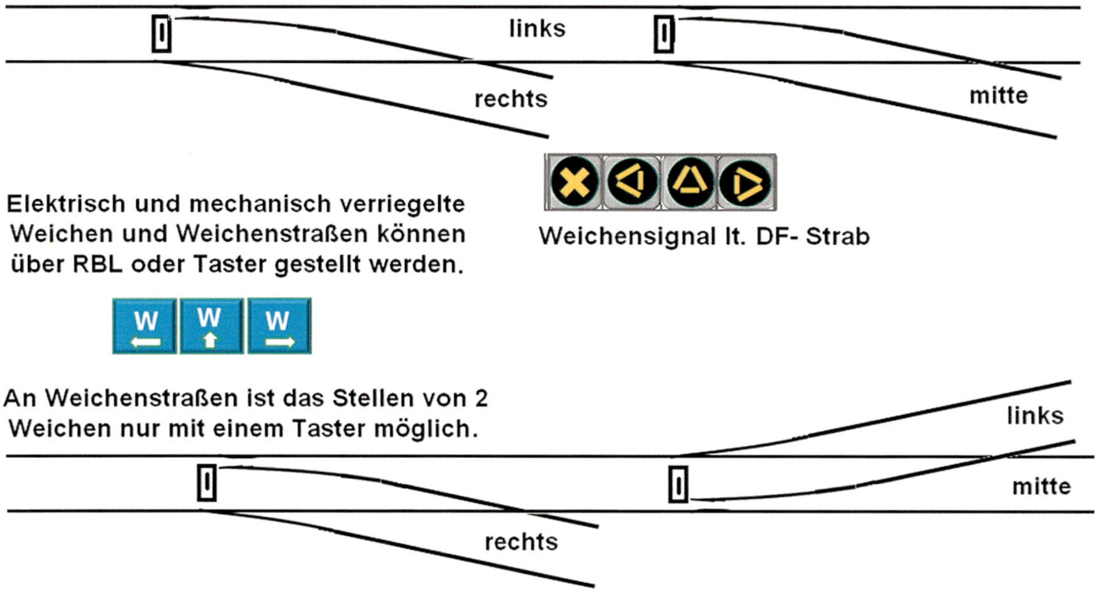

G96

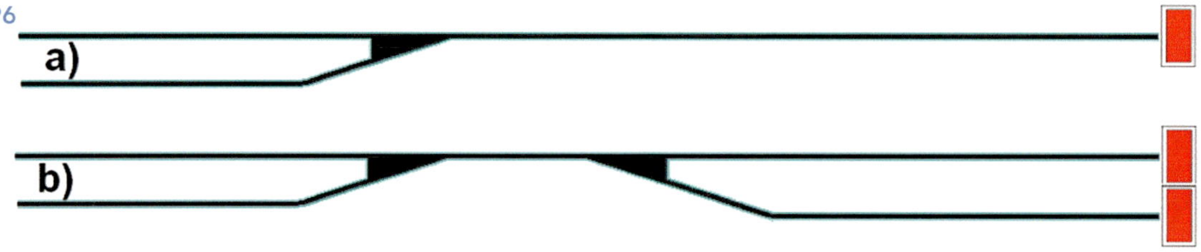

a) Wendestelle für Zweitrichtungsfahrzeuge, b) Wendestelle für Zweitrichtungsfahrzeuge mit Abstellmöglichkeit

In § 17 Oberbau ist in den Ablätzen 7 und 8 folgendes über Weichen geregelt

(7) Eine Weiche ist verschlossen, wenn die beweglichen befahrenen Teile in ihren Endlagen formschlüssig festgelegt und die nicht befahrenen beweglichen Teile in ihren Endlagen mindestens kraftschlüssig festgelegt sind.

(8) Werden Weichen durch Fahrzeugeinrichtungen, darf der Stellvorgang nicht von der Stromaufnahme des Fahrzeugantriebs abgängig sein.

G97

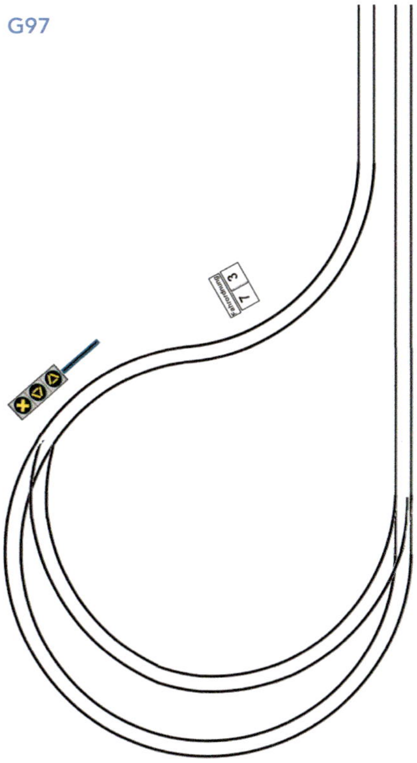

Gleisschleife mit zwei Wendegleisen

183

sperrende Weiche

184

entgleister Wagen

185

signalisierte Federweiche (Rückfallweiche)

186

Innenleben einer elektrisch und mechanisch verriegelten Weiche der Bauart Hanning & Kahl

Exkurs: Teststrecken in Bautzen

187

Zufahrt bzw. Abfahrt der Drehbühne mittels Signalanlage für Spuranzeige und Freigabe

188

Übergang vom asymmetrischen Testgleis auf das symmetrische Gleis der Drehbühne

G98

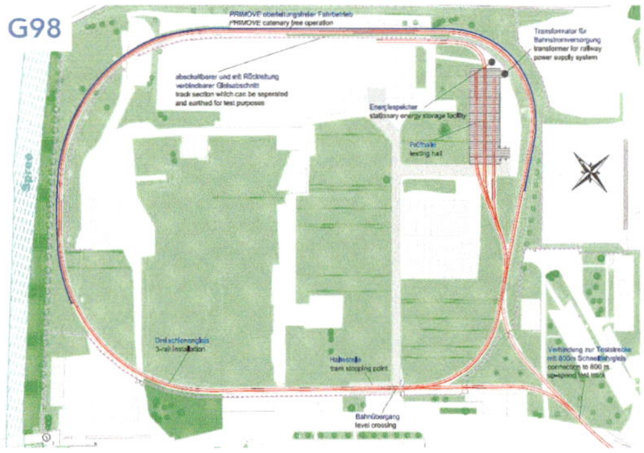

Teststrecke für Dauertests

Das Bautzner Werk von Alstom (ehemals Bombardier Transportation), besitzt zwei hauseigene Teststrecken. Beide sind als Dreischienengleis ausgestaltet, sodass Fahrzeuge mit Meterspur wie auch mit Regelspur 1.435 Millimeter getestet werden können.

Die erste Teststrecke, eine etwa 800 Meter lange Schnell-Fahrstrecke, wurde 2006 in Betrieb genommen. Das Gleis ist für eine Achslast von zwölf Tonnen und eine Geschwindigkeit von 70 km/h ausgelegt. Alle Straßenbahneinheiten werden dort auf Fahreigen- schaften bei verschiedenen Betriebszuständen überprüft. Spezielle Tests können auf einem 50 Meter langen Steilabschnitt durchgeführt werden.

Die kurze Ausfahrt aus der Werkhalle endet in einer Spitzkehre zu einer 42 Meter langen Schwenkweiche, die elektrisch gesteuert und luftkissengelagert ist. Die Meterspur ist bei der Weiche – wie bei der Drehscheibe – zwischen den Regelspurgleisen untergebracht. Der Fahrer muss darauf achten, die Weiche in die richtige Spur zu bringen. Dabei hat er die Lage der Brücke zu prüfen, deren Arretierung manuell vorgenommen wird. Anschließend kann die Fahrt zur Teststrecke beginnen.

Am Ende der Teststrecke befindet sich eine Drehscheibe mit einer Tragfähigkeit von 67 Tonnen. Der Schwenkbereich beträgt aufgrund der Stromzufuhr nicht 360°, sondern nur 210°. Auf der Drehscheibe sind symmetrisch innerhalb des Regelspurgleises die Meterspurgleise angeordnet. Um sicher zu stellen, dass die Drehscheibe an der richtigen Gleisbreite angelegt hat, befinden sich dort Hinweisschilder mit der Aufschrift: „Weiterfahrt nach Spuranzeige und Freigabe mit Schrittgeschwindigkeit!". Mit einem mobilen Funksteuergerät lässt sich die Drehscheibe bedienen. Die eingebaute Lasersteuerung ermöglicht die exakte Positionierung. Ist die Endlage erreicht, erfolgt die automatische Verriegelung, die dann die Änderung der

Grafiken und Fotos: Bombardier Transportation

Streckensignalisierung auslöst. Vor dem Bedienen der Drehscheibe ist selbstverständlich der Stromabnehmer der Bahn abzuziehen.

Die Stromversorgung ist für jedes Fahrzeug optimal angepasst. Bautzen besitzt ein eigenes spezielles Unterwerk, in dem die ankommenden 10 kV in 600 V, 750 V oder 1500 V (für U- und S-Bahnen) je nach Bedarf umgewandelt und abgegeben werden.

Im Jahr 2008 wurde die zweite Teststrecke als Gleisring fertig gestellt. Die „Einweihung" erfolgte mit dem Dortmunder Achtachser der FLEXITY-Classic-Family. Der Testring ist mit einer Bahnstromversorgung von 600 und 750 V versehen, ein System für die Bremsstromrückspeisung in das Fahrleitungsnetz wurde vorbereitet. Ein Bergstück und ein beschrankter Bahnübergang sind Teil der insgesamt 850 Meter langen Strecke, die die Simulation des Linienbetriebs vor der Auslieferung möglich macht.

Auf diesem zweiten Testgelände werden alle notwendigen Dauertests durchgeführt. Zudem können Fahrlehrer und Fahrer ausgebildet werden. Der große Dauertest wird auch „burn-in"-Test genannt. Bauteile, Komponenten, Leiter- platten usw. sind dabei der Langzeitbelastung ausgesetzt. Das Zusammenspiel mit der Software spielt eine gewichtige Rolle. Selbst die Art der städtespezifischen Rückspeisung wird überprüft.

189

Luftbild: Eingezeichnet sind die Teststrecken auf dem Betriebsgelände in Bautzen; auch die Drehbühne ist gut zu erkennen.

G99

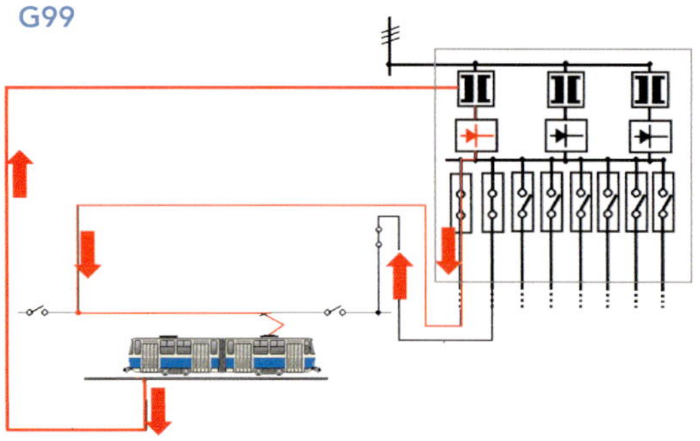

zentrales Unterwerk

G100

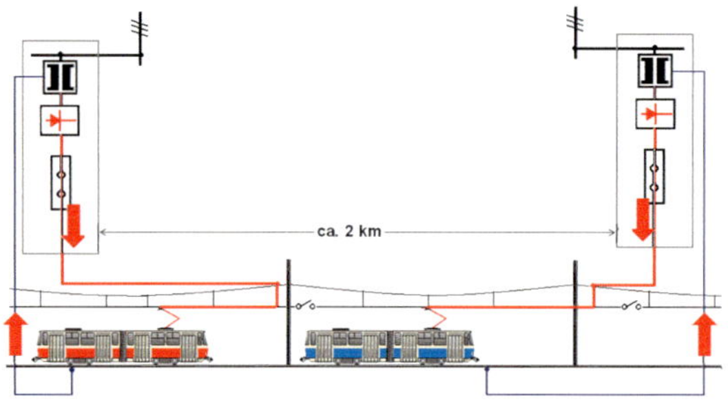

Grafiken: Th. Backmann

dezentrales Unterwerk

G101

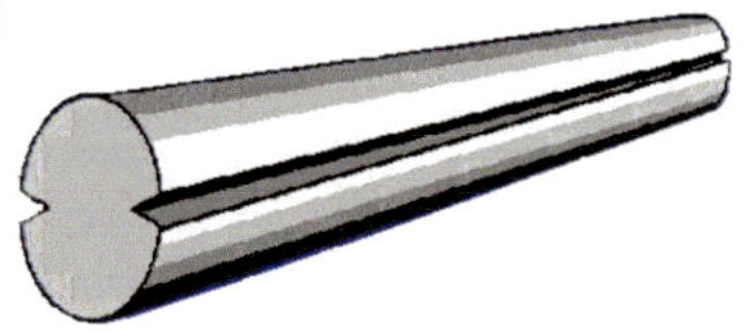

Fahrdraht

Material:	Elektrolytkupfer oder Kupferlegierungen
Bauform:	Rillenfahrdraht
Querschnitte:	100 mm², 120 mm²
Anforderungen:	→ hohe Stromtragfähigkeit → hohe mechanische Festigkeit → geringer Verschleiß → mäßige Zugbelastbarkeit
Herstellung:	aus Rundkupferrollen mittels Drahtziehmaschine, dabei Kaltverfestigung durch Kaltverformung der Kristallstruktur

4. Stromversorgung

4.1 Unterwerke

Das **zentrale Unterwerk** wird häufig in Großstädten verwendet. Das Bahnstromkabelnetz befindet sich unter der Erde. Das hat den Nachteil, dass bei Bauarbeiten anderer Firmen häufig Kabel zerstört werden und die Reparaturen sehr aufwendig sind. Bei zentralen Unterwerken müssen mehr Streckentrenner eingebaut werden. Die Fahrleitung kann sehr filigran ausgelegt sein – ein Fahrdraht Rl 100 ist ausreichend. Sein Profilquerschnitt beträgt 100 mm². Ein Meter Länge dieses Drahtes wiegt rund 0,9 Kilogramm.

Die Stromversorgung des Netzes erfolgt folgendermaßen: Vom Kraftwerk führt eine Zehn-Kilovolt-Leitung ins Unterwerk. Dort wird die Spannung herunter transformiert und gleichgerichtet. Dieser Gleichstrom geht nun auf eine Sammelschiene, von welcher der Strom über einen Schutzschalter im Unterwerk durch meist unterirdische Leitungskabel zum Speisepunkt auf der Strecke gelangt. Für jeden Streckenabschnitt gibt es einen separaten Schutzschalter. Die Speisepunkte sind durch Trennschalter (kurz „Trenner") getrennt. Es liegt Spannung an. Fährt nun ein Wagenzug in den Speiseabschnitt ein, fließt Strom durch den Wagen und verrichtet dort seine Arbeit. Er wird über Radsätze, Schiene und Rückleitungskabel zurück zum Unterwerk geleitet. An den Speisepunkten wird die vom zentralen Unterwerk kommende Gleichspannung (Pluspotential) vom Speisekabel über Speiseschalter in den Fahrdraht eingespeist. Hier befinden sich auch die Blitzableiter, die Überspannungen in die Erde ableiten, sodass keine Schäden in Straßenbahnen entstehen können.

Jeder größere Verkehrsbetrieb besitzt mehrere Unterwerke, da es bei weitläufigen Streckennetzen sonst zu hohen Leitungsverlusten kommen würde.

In manchen Städten finden sich im Gegensatz dazu viele kleine, **dezentrale Unterwerke**. Das gesamte Netz ist dabei mit Kettenwerkfahrleitung ausgestattet. Der Strom kommt wie beim zentralen Unterwerk aus einer Zehn-Kilovolt-Leitung, wird herunter transformiert und gleichgerichtet. Die Einspeisung erfolgt über das Tragseil der Kettenwerkfahrleitung in der Nähe der Streckentrenner. Jedes Unterwerk speist einen etwa zwei Kilometer langen Abschnitt in jeweils zwei Richtungen. Um sich der Rückspeisung der Fahrzeuge besser anpassen zu können, sind die Unterwerke parallel geschaltet. Bei dieser Fahrleitungsart wird in der Regel Fahrdraht RI 120 verwendet, ein Meter davon wiegt rund 1,2 Kilogramm. Als Tragseile werden 2 x 150 mm² Kupfer eingesetzt. Die Kettenwerkfahrleitung ist zwar im Bau teurer, lohnt sich aber durch geringen Aufwand bei der Instandhaltung.

4.2 Fahrleitungsanlagen

Das **Zusammenwirken** von Oberleitung und Stromabnehmer ist entscheidend für die Qualität der Leistungszuführung. Die störungsfreie Leistungsübertragung auf die Triebfahrzeuge unter ständigem elektrischen und mechanischen Kontakt ist wiederum abhängig von Bauart der Stromabnehmer und der Oberleitung. Die Abnutzung von Fahrdraht und Schleifleisten sollte möglichst gering und eine lange Lebensdauer bei geringem Instandhaltungsaufwand gewährleistet sein. Bisher wurden nur für den Hochgeschwindigkeitsbetrieb bei der Eisenbahn detaillierte Untersuchungen durchgeführt. Eine hohe Qualität der Leistungszuführung ist dann erreicht, wenn die Leistungsübertragung kontinuierlich und ohne Unterbrechung der Spannung und des Stroms erfolgt. Die Qualität darf nicht durch unangenehme Störungen der Umwelt wie Frequenzstörungen und Geräusche durch Lichtbögen vermindert werden. Ein Abbrand durch Lichtbögen und mechanischer Abrieb durch hohe Kontaktkräfte würde zu wirtschaftlich untragbarem Verschleiß führen.

Beim **Fahrdraht** handelt es sich um einen Rillendraht aus gut leitendem Elektrolytkupfer oder einer Kupferlegierung. Der Fahrdraht wird wegen der besseren Abnutzung und zur Vermeidung von Rillen in den Schleifleisten des Stromabnehmers grundsätzlich im Zick-Zack verspannt.

Zur Fahrleitungsanlage gehören:

- Fahrdraht
- Längstragseile
- Hänger
- Beiseile und Seile für Verspannungen
- Seilgleiter
- Isolatoren
- Streckentrenner
- Seitenhalter und Kurvenauszüge
- Nachspanneinrichtungen
- Befestigungspunkte
- Schwingungsdämpfer
- Ausleger
- Überspannungsableiter (Blitzschutz)

Die **feste Einfachfahrleitung** wird vorwiegend an starken Steigungen, auf kurvenreichen Strecken oder in engen innerstädtischen Bereichen mit kurzen Längsspannweiten verwendet. Auch in bebauten Endstellenschleifen ist sie zu finden. Sie wird häufig an Hauswänden mittels Rosetten *(Bild 190 S. 126)* befestigt und ist mindestens zweimal gegenüber dem Erdpotential isoliert.

Die **nachgespannte Einfachfahrleitung** mit Gewichten *(Bild 191, 192 und G102 S. 126)* findet Anwendung auf Strecken mit straßenbündigem Gleiskörper. Hier sind größere Längsspannweiten möglich. Ein weiterer Vorteil ist der bessere Stromabnehmerlauf. Witterungsbedingte Temperaturdifferenzen werden mittels Radspannern und Gewichten ausgeglichen. Auf der einen Seite steht das Gewicht der Fahrleitung, auf der anderen Seite ein Festpunkt oder Anker. Das Nachspanngewicht beträgt zum Beispiel in Leipzig 1.000 Kilogramm.

Vorteile:

- optisch unauffällig
- preisgünstiger Neubau
- schnelle Störungsbeseitigung

Nachteile:

- geringer Abstand der Abspannungen
- schlechte elektrische Eigenschaften
- Durchhang des Fahrdrahts
- hoher Fahrdrahtverschleiß durch Längswelle
- schlechtes dynamisches Verhalten des Stromabnehmers
- hohe Instandhaltungskosten
- geringe Streckengeschwindigkeit

Während Nachspanneinrichtungen mit Gewichten im Bau sehr aufwendig sind, lassen sich Nachspanneinrichtungen mit Spiralfeder sehr einfach montieren *(Bild 196 a und b S. 127)*. Herkömmliche Radspanner benötigen viel Platz. Nachspanneinrichtungen mit Feder wirken äußerlich filigraner, weil die Feder oben am Mast angebracht ist *(Bild 196 c S. 127)*.

Die Vorteile sind:

- minimaler Lagerhaltungs- und Wartungsaufwand
- konstante Kraft über gesamte Nachspannlänge

190

alte Wandrosette

191

mit Radspannern nachgespannte Einfachfahrleitung

192

Foto und Grafik: Th. Backmann

Prinzip der mit Radspannern nachgespannten Einfachfahrleitung

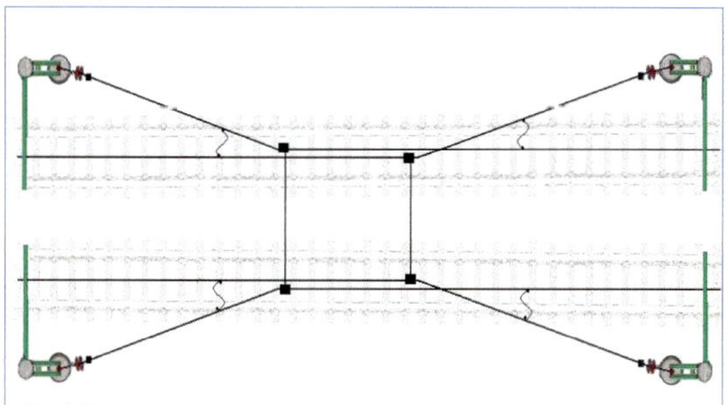

G102

Prinzip der mit Radspannern nachgespannten Einfachfahrleitung

193

Anheben des Fahrdrahts bei einer Einfachfahrleitung

194

Durchhang des Fahrdrahts bei einer Einfachfahrleitung

195

kein Durchhang des Fahrdrahts (aus der Sicht eines Oberleitungsmeßwagens)

196

Kettenwerkfahrleitung im besonderen Bahnkörper

- für jede Mastform geeignet
- einfache Installation
- konstanter Zug in kompaktester Form
- ein Federpaket erzeugt die Nachspannkraft
- das Federpaket ist durch Stahlseile an einer Umlenkrolle mit verschiedenen Scheiben befestigt

Durch die Spiralfeder und die Eksenter-Scheiben ist eine korrekte Nachspannung bei jeder Außentemperatur möglich.

Die **Kettenwerkfahrleitung** *(Bild 193 – 196 S. 126)* ist die heute übliche Bauform auf allen Strecken mit Stadtbahn- oder beschleunigtem Straßenbahnbetrieb. Sie ist für hohe Geschwindigkeiten und höhere Stromwerte geeignet. Der Durchhang ist gering und das Tragseil wird zur Stromübertragung mitgenutzt.

Vorteile:

- gute elektrische Eigenschaften
- höhere Streckengeschwindigkeit
- geringer Fahrdrahtdurchhang
- gutes dynamisches Verhalten des Stromabnehmers
- günstiges Verhalten bei Fahrdrahtriss
- große Feldlängen, wenig Stützpunkte
- geringe Instandhaltungsaufwendungen

Nachteile:

- optisch auffällig
- teurer Neubau
- aufwendige Störungsbeseitigung

Streckentrenner trennen Fahrleitungsabschnitte und Speisebezirke voneinander. Viele

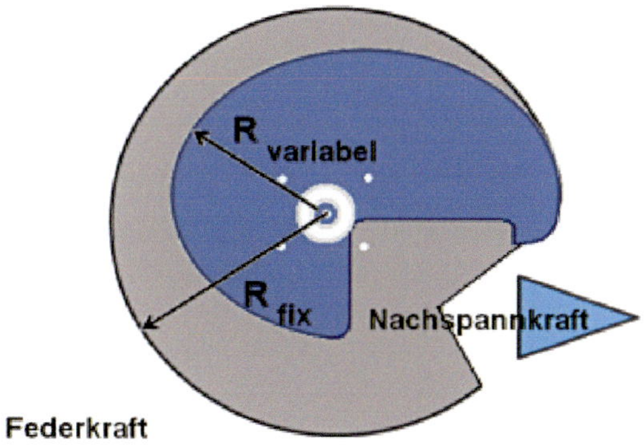

Arbeitsweise der Federnachspanneinrichtung

196 a

auseinandergenommene Federspanneinrichtung

196 b

Einbau der ersten Federnachspannung in Leipzig

196 c

die Nachspanneinrichtung am Mast

196 d

Skala zur Anzeige der Nachspannkraft

G106

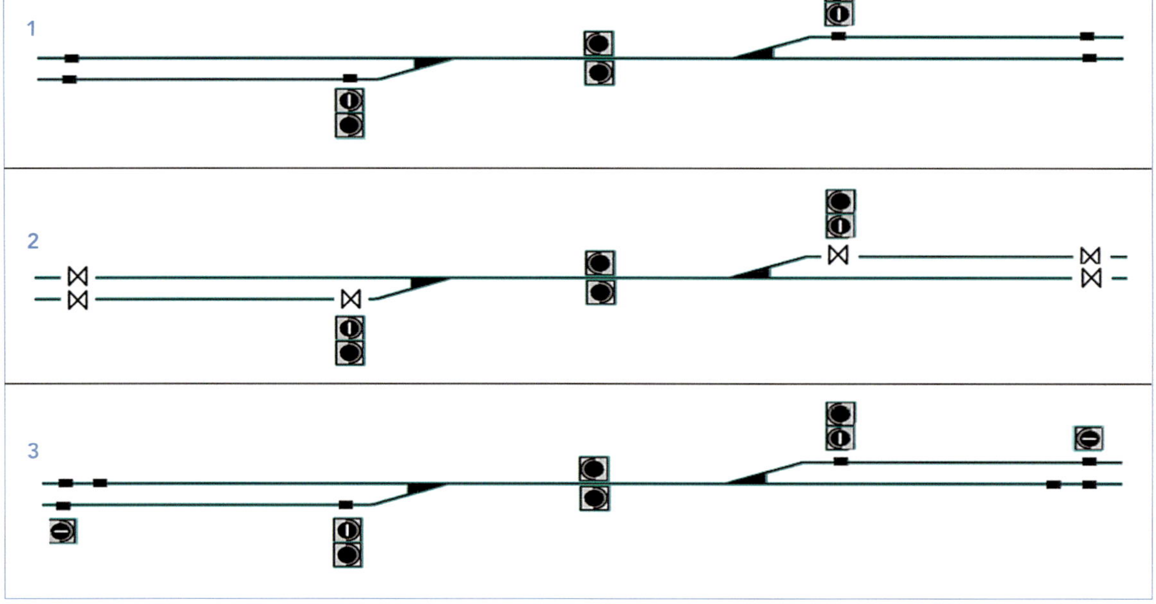

1) Anlage mit Anmeldekontakt → Einfahrkontakt mit Einfahrsignal → Zwischensignalen und → Auszählkontakt

2) die gleiche Anlage, nur nicht mit Oberleitungskontakten, sondern mit Empfängerschleifen (VETAG – Schleifen)

3) Anlage mit Deckungssignal + Deckungssignalkontakt → Hauptsignal mit Hauptsignalkontakt→ Zwischensignalen → Auszählkontakten

Alle Anlagen sind in der Grundstellung gezeichnet. Die dritte Anlage ist das Leipziger Beispiel. Hier wird am Deckungssignalkontakt und an den Auszählkontakten die Anzahl der Stromabnehmer-Schleifleisten gezählt. Nur bei Übereinstimmung der ein- und ausgefahrenen Schleifkohlen schaltet die Anlage wieder auf Grundstellung zurück und kann erneut befahren werden.

G107

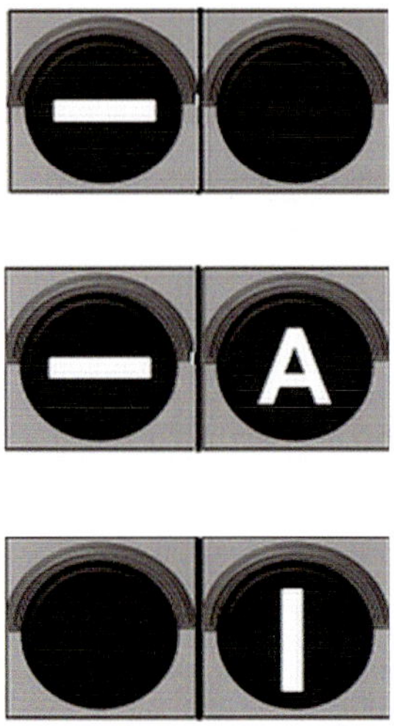

Signal FO > FO und Anforderung > F1

G103

St 7, Signal Streckentrenner

G104

St 3, Signal „Farbstrom ausschalten" (vor verschiedenen Brücken bzw. Unterführungen)

G105

St 4, Signal „Einschalten wieder erlaubt" (nach Brücken bzw. Unterführungen)

Streckentrenner sind **schaltbar**. Sie können also im Havariefall mittels Schalter überbrückt und zwei Abschnitte über einen Speisepunkt versorgt werden. Das hat allerdings zur Folge, dass die Fahrzeuge in diesem Doppelabschnitt nur mit niedrigem Sollwert und so Strom sparend wie möglich fahren müssen, um eine Netzüberlastung zu vermeiden.

Nicht schaltbare Trenner isolieren wie auch die schaltbaren Trenner benachbarte Fahrleitungsabschnitte voneinander. Dadurch wird gewährleistet, dass mehrere Wagenzüge zur gleichen Zeit anfahren können. Streckentrenner, die stromlos befahren werden, sind mit dem Signal St 7 (weißes T auf blauem Grund, *siehe Grafik G103 S. 128)* gekennzeichnet. Ist ein Trenner nicht gekennzeichnet, darf er „mit Strom" befahren werden. In diesem Fall werden häufig die Kufen des Trenners unter Strom gesetzt. Die Art und Bauform (mit oder ohne Strom befahrbar) der Streckentrenner hängen vom einzelnen Verkehrsbetrieb ab.

Absicherung von eingleisigen Streckenabschnitten ohne Zugsicherungsanlage (Fahren auf Sicht)

Die **Fahrsignalanlagen** arbeiten mit Oberleitungskontakten oder Empfängerschleifen im Gleis. Es gibt sie mit oder ohne Deckungssignal. Auch ob Zwischensignale verwendet werden, ist individuell verschieden. Über die Art und Weise des Baus entscheidet der Betriebsleiter.

Einheitlich sind nur die verwendeten Signale nach SOStrab (Signalordnung Straßenbahn). Die BOStrab sagt dazu: „Fahrsignalanlagen müssen im betriebsbedingt notwendigen Umfang vorhanden sein, insbesondere an Stellen, an denen eingleisige Streckenabschnitte im Zweirichtungsbetrieb befahren werden; dabei muss die Fahrsignalanlage so geschaltet sein, dass der Abschnitt jeweils nur für eine Richtung freigegeben und die freigegebene Richtung nur bei unbesetztem Abschnitt gewechselt werden kann."

Nur in der Grundstellung des Signals darf in die Anlage eingefahren werden. Danach schalten die entsprechenden Signale auf: „Frei" oder „Fahrtbegehren angefordert – Strecke belegt".

Die meisten Fahrsignalanlagen werden mit der Fahrleitungsspannung (600 V, 750 V) betrieben. Im Fall einer Stromstörung speichern sie ihr Signalbild etwa 15 Minuten über Batterie (es ist während dieser Zeit also noch sichtbar). Wenn sich ein Wagenzug während der Stromstörung in der Anlage befindet und die Störung länger als 15 Minuten dauert, schalten sich die Fahrsignale aus. Bei Wiederzuschaltung des Fahrstroms stehen die Signale der Anlage auf "**gesperrt**", so dass die Verkehrsleitstelle (Betriebsleitstelle) sicher stellen muss, dass sich beim Zuschalten der Anlage, kein Fahrzeug mehr im eingleisigen Abschnitt befindet. Gegebenenfalls muss die Leitstelle vorher mittels Funk die Züge aus dem eingleisigen Abschnitt hinaus geleiten. Sollte es zu einer Gegenüberstellung kommen, muss die Memorycard im Schaltschrank der jeweiligen Anlage gezogen werden, die dann eine Auswertung aller Schaltungen und Signalbilder (Genauigkeit 1/10 Sekunde) erlaubt. In vielen Städten ist es üblich, bei Gegenüberstellungen in eingleisigen Streckenabschnitten von beiden beteiligten Fahrern eine Vorkommnismeldung anfertigen zu lassen und diese bei der entsprechenden Bearbeitungsstelle abzugeben.

Mehr über Fahrleitungsanlagen ist in der VDV Richtlinie 550 nachzulesen.

4.3 Stromschienenanlagen bei U-Bahnen

Stromschienen *(Bilder 197 und 198 S. 130)* dienen der Stromzuführung von elektrisch angetriebenen Schienenfahrzeugen. Die Stromschiene ist ein starrer Leiter und meist neben den Fahrschienen isoliert angeordnet. In der Regel dient sie der Übertragung eines Gleichstroms. Im Geltungsbereich der BOStrab werden Stromschienen bei den Voll-U-Bahn-Systemen in Berlin, Hamburg, München und Nürnberg angewendet. Bei den mit Gleichstrom betriebenen S-Bahnen in Berlin und Hamburg kommen ebenfalls Stromschienen zur Anwendung. Diese gehören jedoch zum Geltungsbereich der Eisenbahn-Bau- und Betriebsordnung (EBO) und werden hier nicht betrachtet. Die fahrzeugseitige Stromabnahme erfolgt durch einen als Schleifschuh ausgebildeten Stromabnehmer.

Gegenüber der Stromzuführung durch eine Oberleitung ergeben sich Vor- und Nachteile.

Vorteile:

- durch den großen Querschnitt der Stromschiene wird dem Triebstrom ein geringer Widerstand entgegengesetzt
- für Tunnelstrecken kann das Tunnelprofi kleiner geplant werden
- relativ einfacher Aufbau

197

Stromschienenbauform für die Stromabnahme von oben im Kleinprofilnetz der Berliner U-Bahn. Deutlich sind die Isolatoren unterhalb der Stromschiene und die seitlichen Schutzabdeckungen erkennbar.

198

Stromschienenbauform für die Stromabnahme von unten im Großprofilnetz der Berliner U-Bahn. Der Stützpunkt trägt den Isolator und die Stromschienenbefestigung samt Stromschiene und Abdeckung. Erkennbar ist ebenfalls der Stromabnehmer eines U-Bahn-Fahrzeugs.

199

Stromschienanordnung in einer Weiche. Im Bereich der Zungenvorrichtungen befindet sich die Stromschienenlücke, jeweils davor und dahinter die Stromschienenauf- und -abläufe.

200

Stromschienentrennstelle an einer Weiche mit dem Signal St 3

- hohe Lebensdauer
- geringer Wartungsaufwand

Nachteile:

- Höhe der zu übertragenden Spannung ist begrenzt (bis 1500 Volt Gleichstrom)
- besonderer Schutz gegen Berührung erforderlich

4.3.1 Bauformen

Bei den deutschen U-Bahnen werden zwei unterschiedliche Bauarten verwendet.

1. Bauform für die Stromabnahme von oben
2. Bauform für die Stromabnahme von unten

Beide Bauformen befinden sich seitlich vom Gleis, außerhalb des Lichtraumprofils.

Die Bauform für die **Stromabnahme von oben** ist die ältere und wird bei den deutschen U-Bahnen nur noch auf den Kleinprofilstrecken der Berliner U-Bahn verwendet. Gegenüber der Bauform für die Stromabnahme von unten ist sie einfacher aufgebaut, bietet aber durch die nach oben offene Schleiffläche weniger Schutz gegen Berührung. Dies ist insofern vertretbar, da durch die Bahnsteighöhe und die gegenüber dem öffentlichen Raum abgeschlossenen Gleisanlagen die Stromschienen für die Fahrgäste nicht zugänglich sind.

Die Bauform für die **Stromabnahme von unten** ist bei deutschen U-Bahnen am weitesten verbreitet. Der aufwendigere Aufbau der Stromschienenbefestigung ermöglicht zugleich einen besseren Berührungsschutz durch eine Isolierabdeckung, die die Stromschiene oben und an den Seiten umschließt.

4.3.2 Aufbau

Bisher wurden Stromschienenprofile mit der Bezeichnung Str 40 St aus Stahl verwendet, die auch heute noch im Einsatz sind. In neueren Stromschienenanlagen werden Aluminium-Verbundstromschienen eingesetzt, bei denen die Schleiffläche aus Edelstahl besteht.

Die Stromschienen sind in der Regel durch Schweißungen miteinander verbunden. Zum Ausgleich der temperaturbedingten Längenänderung werden in bestimmten Abständen Ausgleichsstöße angeordnet, bei denen die Stromschienen durch geschraubte Laschen miteinander verbunden sind. An diesen Verbindungsstellen entsteht eine Dehnungslücke.

Durch die Bauart des Schleifschuhs ist eine unterbrechungsfreie Stromabnahme möglich. Bedingt durch die Gleisanlage, beispielsweise an Weichen und Kreuzungen, ist eine Unterbrechung der Stromschienen erforderlich.

Bei **Stromschienenlücken** ist die Unterbrechung der Stromschiene kürzer als der geringste Abstand der Stromabnehmer der kleinsten betriebsfähigen Triebwageneinheit (zum Beispiel Doppeltriebwagen). Da ein Triebwagen auf jeder Wagenseite in der Regel zwei Stromabnehmer hat, ist eine unterbrechungsfreie Stromversorgung gewährleistet.

Bei einer **Stromschienentrennstelle** ist die Unterbrechung größer als der größte Abstand der Stromabnehmer der kleinsten betriebsfähigen Triebwageneinheit. Diese Trennstellen erfordern in der Regel das Ausschalten des Fahrstroms während des Überfahrens. Zur Kennzeichnung dieser Stelle ist dann das Signal St 3 – Ausschaltsignal – gemäß BOStrab aufgestellt.

Stromschienenauf- und -abläufe dienen vor und hinter Stromschienenlücken und Stromschienentrennstellen zur sicheren Führung des Stromabnehmers.

Ähnlich der Oberleitungsanlage bei Straßen- und Stadtbahnen ist auch die Stromschienenanlage in mehrere Speiseabschnitte unterteilt, die den Unterwerken zugeordnet sind. Die Speiseabschnitte sind durch Stromschienentrennstellen voneinander getrennt.

5. Rechnergestütztes Betriebsleitsystem

Das **ITCS (Intermodal Traffic Control System)** stellt – vereinfacht gesagt – die Verbindung zwischen den Vorgaben der Planung und dem tatsächlichen Betrieb her. Hauptsächlich werden

- Kommunikation zwischen Leitstelle und Fahrzeug,
- Fahrplanlageüberwachung einschließlich Anschlusssicherung sowie
- die Fahrgastinformation gesteuert.

Grundlage bildet die Versorgung mit Fahrplan- und Streckendaten (Fahrzeiten, Fahrtrouten, Zuordnung der Fahrzeuge auf Umläufe, Entfernungen zwischen den Haltestellen etc.).

Im Fahrplanbüro werden die Reisezeiten ermittelt und daraus die Anzahl der Fahrzeuge (in der Fachsprache „Kurse" genannt) berechnet. Dies geschieht in größeren Betrieben mit entsprechenden Computerprogrammen.

Doch es geht auch sehr einfach mit Zettel und Bleistift:

Fahrzeit von A → B
+ Fahrzeit von B → nach A
+ Wendezeit in A und in B

Taktzeit

Auf Grundlage des Fahrplans werden im Dienstplanbüro Dienstpläne erstellt und dem Fahrpersonal sowie der Leitstelle übermittelt. Jeder Fahrer weiß dadurch, wann er welchen Dienst fährt. Aber auch die Leitstelle muss für Störungsfälle die Dienstpläne kennen.

Die Fahrplan- und Streckendaten werden im ITCS-Leitrechner hinterlegt und in die Bordrechner der Fahrzeuge **(integriertes Bordinformationssystem, IBIS)** geladen. Das IBIS stellt einen wesentlichen Bestandteil des ITCS dar und koordiniert alle Funktionen des ITCS im Fahrzeug.

Der Fahrer gibt vor dem Ausrücken Linie und Kurs ein. Das Gerät kennt die „Ausrückroute", stellt das Fahrtziel ein und zeigt sofort an, wie viel Zeit noch bis zur Abfahrt bleibt. Vom Verlassen des Betriebshofs an werden automatisch Haltestellenansagen und -anzeigen, Entwerter und Fahrkartenautomaten in den Fahrzeugen gesteuert, Lichtsignalanforderungen ausgelöst und – sofern im System programmiert – Weichen gestellt. Einige Betriebe wünschen die Programmierung der Weichen nicht, sondern empfinden es als sicherer, wenn der Fahrer die Weichen mittels Taster stellt. Andere Betriebe dagegen (wie Leipzig) sehen eine solche Programmierung als Erleichterung für den Fahrer an.

Auf dem Display zeigt das IBIS *(G108 S. 125)* dem Fahrer Anschlüsse und die aktuelle Fahrplanlage des Kurses an (+ oder – und die Minuten der Verspätung oder Verfrühung). Steht auf dem Display des IBIS-Geräts eine 0, ist der Kurs pünkt-

Auf dem IBIS-Display gebräuchliche Abkürzungen:

AWM = Antwortmodul, auch „Ortsbake" genannt (Infrarotbake)
TAE = Telegrammauswerteeinheit ((Kreuzungssteuergerät)
FLM = Fahrzeuglesemodul (Fahrzeuglesegerät)
FEE = Funkempfangseinheit/Antenne (Funkempfänger)

Zusammenfassung: Was leistet das RBL?

- verbindet Fahrer und Leitstelle
- zeigt Standorte der Kurse und deren Pünktlichkeit an
- dynamische Fahrgastinformation
- Anschlusssicherung
- beeinflusst Lichtsignalanlagen
- zählt Fahrgäste automatisch

lich. An jeder Endstelle stellt sich das IBIS auf die neue Route ein und ändert selbstständig die Zielanzeigen.

Eine wichtige Funktion zur Beschleunigung und Attraktivitätssteigerung des ÖPNV stellt die Beeinflussung von Lichtsignalanlagen dar. Dafür existieren verschiedene Systeme.

Eines der Systeme ist das Bake/Funk-System. Dabei sind entlang der Strecke Infrarotbaken installiert. Bei Vorbeifahrt an einer solchen Bake wird vom Infrarotempfänger am Fahrzeug die Adresse der Bake gelesen *(G110 S. 133)*. Anhand dieser werden vom Bordrechner wegstreckenabhängig Funktelegramme ausgesendet, von der Auswerteeinheit an der Kreuzung verarbeitet und über entsprechende Kontakte an das LSA-Steuergerät weitergeleitet. Diese Telegramme enthalten alle wichtigen Informationen wie Linie, Ziel und Weginformationen, damit die Kreuzung für das Fahrzeug auch in der richtigen Richtung freigegeben wird. Nach dem gleichen System funktioniert die Ansteuerung von Pollern oder Schranken, wenn Bahnen oder Busse durch Bereiche fahren, die kein anderer Verkehrsteilnehmer benutzen soll. In einigen Betrieben werden die Baken außerdem zur Ortung der Fahrzeuge benutzt. Außerdem werden die Fahrzeuge permanent über GPS (Global Positioning Systemgeortet). Wenn die Lichtzeichenanlage mit der entsprechenden Software ausgerüstet ist, erfolgt die Anmeldung in zunehmenden Maße über GPS.

Auch automatische Fahrgastzählsysteme in den Fahrzeugen können über das IBIS gesteuert werden. Da alle für den Betrieb notwendigen Daten im IBIS gespeichert sind, funktioniert das System autonom.

Die Kommunikation zwischen Leitstelle und Fahrzeug wird über Sprech- und Datenfunk hergestellt. Über die Sprechfunkverbindung zwischen Fahrer und Leitstellenmitarbeiter können Informationen auch selektiv, also nur an einzelne Kurse oder Linien gegeben werden. Per Datenfunk kann die Leitstelle Anweisungstexte auf das Bordrechnerdisplay übertragen. Fahrer haben die Möglichkeit, beispielsweise codierte Meldungen oder Notrufe abzusetzen. Von den Fahrzeugen werden regelmäßig der aktuelle Standort und die Fahrplanlage übertragen. In der Leitstelle werden die von den Fahrzeugen übertragenen Daten auf dem Bildschirm dargestellt. Die Leitstelle ist so in der Lage, die Pünktlichkeit der gesamten Fahrzeugflotte zu überwachen und kann bei Störungen sofort reagieren. Anhand der gewonnenen Daten wird eine Vielzahl von Funktionen automatisch durchgeführt. Als Beispiel sei die Anschlusssicherung genannt. Lediglich bei der Überschreitung gewisser Grenzwerte, wie zum Beispiel bei großer Verspätung, erfolgt eine Meldung auf dem Arbeitsplatz des zuständigen Disponenten. Dieser muss dann betriebliche Entscheidungen treffen und Maßnahmen einleiten.

Dem gleichen System (Standortinformation und Fahrplanvergleich) liegt die **dynamische Fahrgastinformation (DFI)** zugrunde. Die Anzeiger an den Haltestellen zeigen dadurch die tatsächliche Abfahrtszeit der einzelnen Kurse an. Auch zusätzliche Informationstexte wie Störungs- oder Veranstaltungshinweise können von der Leitstelle an die DFI-Anzeigen übertragen werden. Als Rückfallebene bei Störungen in der Datenübertragung wird in manchen Verkehrsbetrieben noch der Soll-Fahrplan hinterlegt. Diese Art der Fahrgastinformation in Echtzeit findet weitere Verbreitung zum Beispiel bei der Fahrzeitanzeige auf Mobiltelefonen oder im Internet.

G108

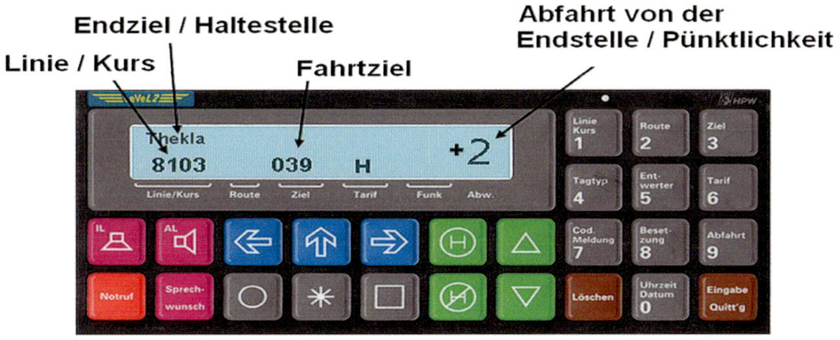

Bedienteil des IBIS-Geräts im Fahrzeug

G109

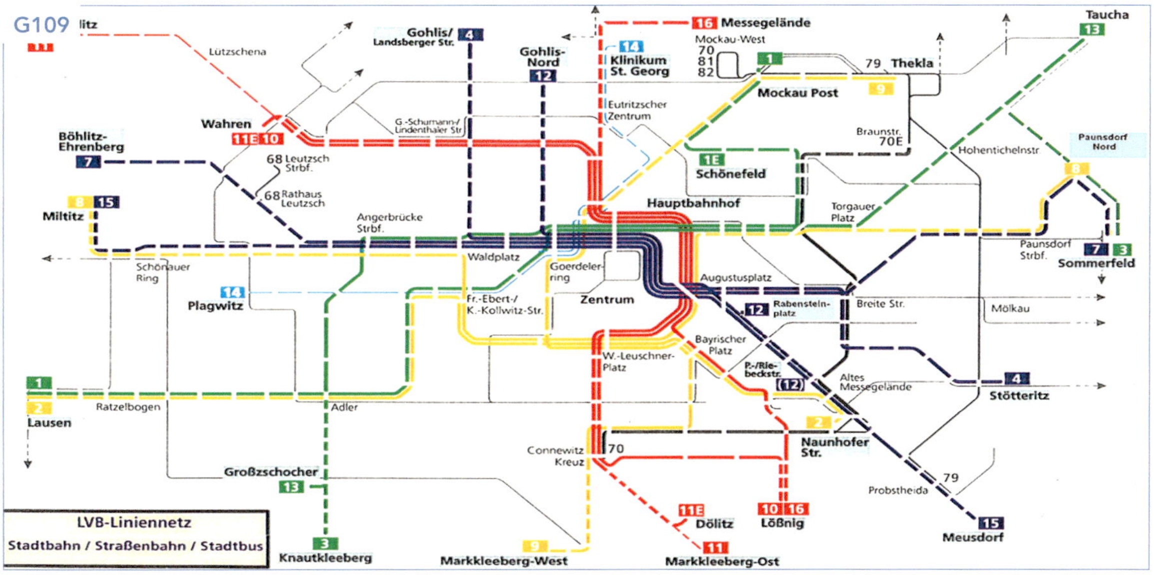

Leipziger Liniennetz 2008

G110

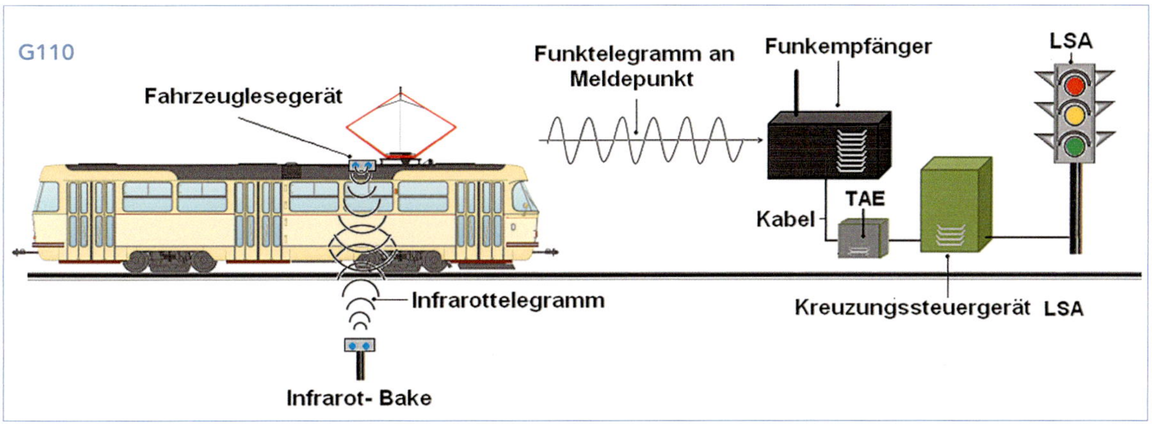

Grafik: R.-R. Scholze

Funktionen des RBL zur „Freischaltung" der LSA für die Straßenbahn

Teil 3
Fahrdynamik Straßenbahn

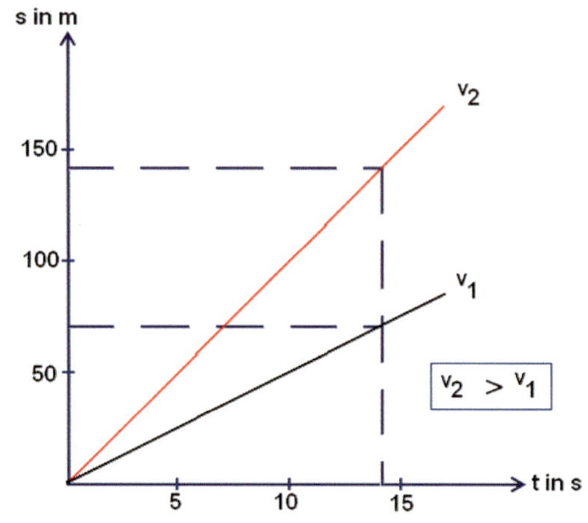

1. Weg-Zeit-Diagramm bei gleichförmiger Bewegung

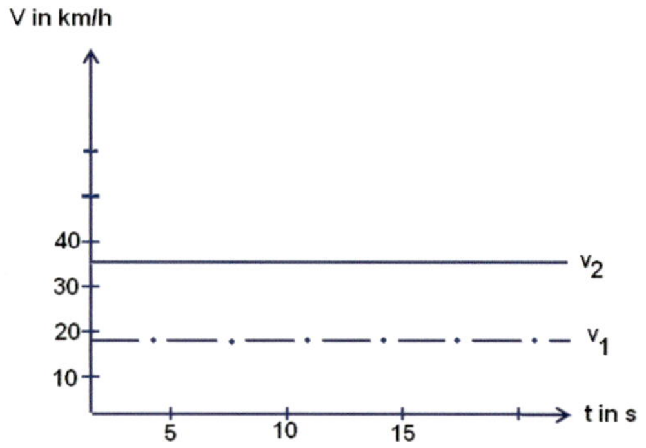

2. Geschwindigkeits-Zeit-Diagramm bei gleichförmiger Bewegung

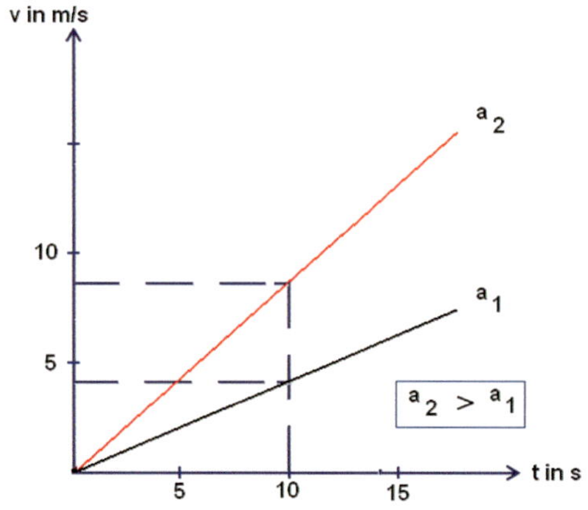

3. Geschwindigkeits-Zeit-Diagramm bei gleichmäßig beschleunigter Bewegung

1. Allgemeines

Teil 3 zeigt dem Straßenbahnfahrer, wie er sich im Dienst in fahrdynamischer Hinsicht zu verhalten hat. Selbstverständlich können dabei nicht alle in der täglichen Praxis vorkommenden Situationen erfasst werden.

Die Tätigkeit eines Fahrzeugführers erfordert überlegtes und entschlossenes Handeln, für das der Straßenbahnfahrer das entsprechende Wissen „abrufbereit" verinnerlicht haben muss. Neben umfangreichen Kenntnissen über die Technik des Straßenbahnbetriebs gehören dazu auch Grundkenntnisse über fahrdynamische Zusammenhänge.

Selbstverständlich wird von keinem Fahrzeugführer erwartet, dass er beim Anhalten vor einer „Halt"-Lichtzeichenanlage tiefgründige Berechnungen über Fahrzeugbesetzung, Haftreibung, Fahrgeschwindigkeit und Gefälle anstellt, um anschließend den Bremsweg zu ermitteln. Aber er sollte sehr wohl wissen, dass sich bei einer Verdoppelung der Fahrgeschwindigkeit der Bremsweg vervierfacht, um nicht den Zug mit der Schienenbremse zum Anhalten bringen zu müssen und dabei Verletzungen von Fahrgästen zu riskieren. Die Hauptaufgabe eines Straßenbahnfahrers ist, neben der Gewährleistung der Sicherheit, die Realisierung eines umfassenden Kundendienstes gegenüber den Fahrgästen. Dazu gehört ein sauberer Fahrstil! Zudem sollte die Fahrweise Strom sparend und Material schonend sein.

2. Grundbegriffe der Bewegung (Dynamik)

Die Fahrdynamik untersucht Bewegungsvorgänge von Fahrzeugen. Mit ihrer Hilfe werden die während der Fahrt auf das Fahrzeug einwirkenden Kräfte erfasst. Die Fahrdynamik ermöglicht es, den Fahrzeugantrieb sowie die Bremsanlage richtig zu bemessen, Fahrzeiten zu ermitteln, den Energieverbrauch rationell zu gestalten, eine weitgehend unfallfreie Fahrweise zu entwickeln oder Unfallhergänge zu rekonstruieren.

Geschwindigkeit

Unter der **Geschwindigkeit** eines Fahrzeugs versteht man die in der Zeiteinheit zurückgelegte Wegstrecke:

v = Geschwindigkeit in m/s s = Weg in m t = Zeit in s	$v = \frac{s}{t}$

Schnellere und einfachere Berechnung in km/h (V = km/h):

Da die Geschwindigkeit von Straßenbahnen üblicherweise in km/h angegeben wird, ist folgende Umrechnung vorzunehmen:

v = Geschwindigkeit in m/s
V = Geschwindigkeit in km/h = (3,6 × v)

Legt zum Beispiel ein Straßenbahnfahrzeug eine Strecke von 140 Metern in 14 Sekunden zurück, so fährt es mit folgender Geschwindigkeit:

$$v = \frac{s}{t} = \frac{140}{14} = 10 \text{ m/s}$$

$$V = 3{,}6 \times v = 3{,}6 \times 10 = 36 \text{ km/h}$$

Umgekehrt (von km/h in m/s) lautet der Rechenweg:

$$v = \frac{V}{3{,}6}$$

Diese Geschwindigkeit wird in Abbildung 1 und 2 auf S. 136 als v_2 bezeichnet. Wenn in der gleichen Zeit (14 Sekunden) das Fahrzeug nur eine Strecke von 70 Metern anstatt 140 Metern zurücklegt, so ist die Geschwindigkeit niedriger (v_1). Wie aus Abbildung 2 ersichtlich ist, liegt v_1 wesentlich unter v_2.Voraussetzung ist allerdings, dass das Fahrzeug weder beschleunigt, noch verzögert wird. In diesem Fall spricht man von **gleichförmiger** Bewegung.

Beschleunigung und Verzögerung

Unter Beschleunigung beziehungsweise Verzögerung wird die Änderung der Geschwindigkeit in der Zeiteinheit verstanden. Beschleunigung bedeutet eine Erhöhung der Geschwindigkeit, Verzögerung dagegen eine Verringerung.

$$a = \frac{v_e - v_a}{t}$$

a	= Beschleunigung bzw. Verzögerung	m/s²
v_e	= Endgeschwindigkeit	m/s
v_a	= Anfangsgeschwindigkeit	m/s
t	= Zeit	t

Wenn beispielsweise ein Straßenbahnfahrzeug eine durchschnittliche Beschleunigung von 0,8 m/s² aufbringt, so bedeutet das, dass die

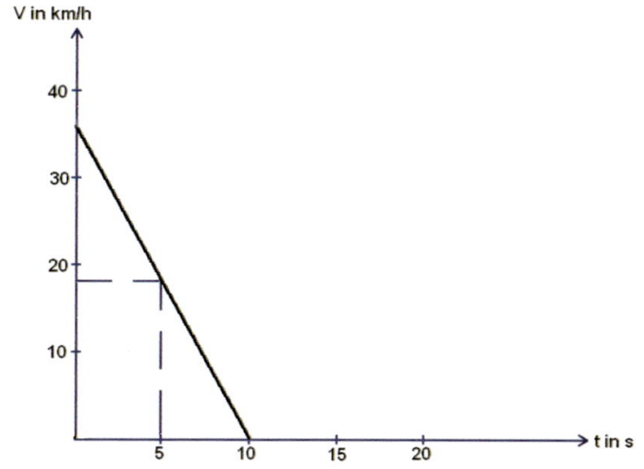

4. Geschwindigkeits-Zeit-Diagramm bei gleichmäßig verzögerter Bewegung

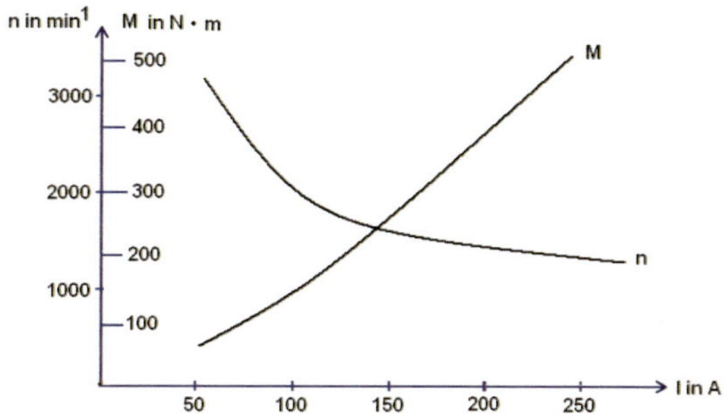

5. Motorkennlinien des T4D-Fahrmotors (ohne Feldschwächung)

Geschwindigkeit in einer Sekunde um 0,8 m/s ansteigt. Aus dem Stillstand ($v_a = 0$) heraus fährt das Fahrzeug nach der

1. Sekunde 0,8 m/s
2. Sekunde 1,6 m/s
3. Sekunde 2,4 m/s (...)
10. Sekunde 8,0 m/s

$$V_e = 3{,}6 \times v_e = 3{,}6 \times 8 = 28{,}8 \text{ km/h}$$

Schaltet der Triebwagenführer also nach der zehnten Sekunde den Fahrstrom aus, so hat das Fahrzeug eine Geschwindigkeit von 28,8 km/h erreicht. An Abbildung 3 auf S. 136 lässt sich ablesen, wie die Geschwindigkeit nach jeder Sekunde ansteigt (Kurve für a_2). Bei einer geringeren Beschleunigung a_1 hat das Fahrzeug nach zehn Sekunden erst eine Geschwindigkeit von 4 m/s = 14 km/h erreicht. Wenn der Triebwagenführer also die Höchstgeschwindigkeit in kurzer Zeit anstrebt, muss er eine hohe Beschleunigung wählen. Das bedeutet, den höchstmöglichen Sollwert zu benutzen, ohne dabei die Haftzugkraft zu überschreiten.

Ein weiteres Beispiel soll die Verzögerung verdeutlichen. Bei Bremsbeginn wird am Tachometer die Anfangsgeschwindigkeit 36 km/h abgelesen. Nach 5 Sekunden zeigt das Tachometer 18 km/h an. Wie hoch ist die Verzögerung?

$$v_a = \frac{V_a}{3{,}6} = \frac{36}{3{,}6} = 10 \text{ m/s}$$

$$v_e = \frac{V_e}{3{,}6} = \frac{18}{3{,}6} = 5 \text{ m/s}$$

$$a = \frac{v_e - v_a}{t} = \frac{5 - 10}{10} = \frac{-5}{10} = -0{,}5 \text{ m/s}^2$$

$$a = -0{,}5 \frac{\text{m}}{\text{s}^2}$$

Anhand dieses Beispiels wird deutlich, dass die Verzögerungswerte ein **negatives Vorzeichen** tragen. Wie der Kurvenverlauf in Abbildung 4 auf S. 137 erkennen lässt, kommt das Fahrzeug nach zehn Sekunden zum Stillstand.

Wichtiger als der Zusammenhang zwischen Verzögerung, Geschwindigkeit und Zeit ist der Zusammenhang zwischen Verzögerung, Geschwindigkeit und **Weg**. Nachstehende Beziehung stellt den Zusammenhang her. Die Geschwindigkeit kann direkt in km/h eingesetzt werden. Die Beschleunigung aus dem Stillstand errechnet sich aus der Endgeschwindigkeit und dem zurückgelegtem Weg.

$$a = \frac{v^2}{2s}$$

Die Endgeschwindigkeit ist in m/s einzusetzen, der zurückgelegte Weg in Metern. Da üblicherweise die Geschwindigkeit von Fahrzeugen in km/h angegeben wird und 3600 s einer Stunde sowie 1.000 m einem Kilometer entsprechen, lässt sich rationeller mit einer zugeschnittenen Größengleichung arbeiten.

$$\frac{\text{m}}{\text{s}} = \frac{\text{km/h}}{3{,}6} \quad \text{das entspricht} \quad a = \frac{V^2}{2 \times 3{,}6^2 \times s}$$

Also ergibt sich die Beschleunigung:

$$a = \frac{V^2}{25{,}92 \times s}$$

Wenn das Fahrzeug also nach 15 Metern 20 km/h fährt, rechnet man:

$$a = \frac{400}{25{,}92 \times 15}$$

Das ist rund 1 m/s²!

Wird die Gleichung nach dem Bremsweg aufgelöst, so lautet sie:

$$s = \frac{V^2}{25{,}92 \times a}$$

Merke:
Der Bremsweg aus verdoppelter Geschwindigkeit ist bei gleicher Bremsverzögerung viermal so groß!

Bei dieser Gleichung wird vorausgesetzt, dass die Bremsung immer zum Stillstand des Fahrzeugs führt (Ve = 0).
Zwei wesentliche Erkenntnisse lassen sich daraus ableiten:

- Je größer die Verzögerung, umso kürzer der Bremsweg. Das bedeutet für den Triebwagenführer: Im Gefahrenfall muss er eine hohe Verzögerung durch die Betriebsbremse anstreben und zusätzlich mittels Schienenbremsen die Verzögerung erhöhen.
- Je höher die Geschwindigkeit, umso länger der Bremsweg. Er steigt quadratisch mit der Geschwindigkeit. Das bedeutet beispielsweise bei einer Verzögerung von 1 m/s², dass der Bremsweg
  – aus 20 km/h etwa 15 m lang ist,
  – aus 40 km/h nicht nur doppelt so lang wird, sondern mit 60 m sogar das Vierfache beträgt, wenn nicht eine höhere Bremsstufe gewählt wird.

Beispiel: Der Bremsweg aus einer Geschwindigkeit von 55 km/h beträgt 45 m. Wie hoch ist die Verzögerung?

$$a = \frac{V^2}{25{,}92 \times s} = \frac{55 \times 55}{25{,}92 \times 45} \sim 2{,}6\ \text{m/s}^2$$

Kurvenfahrt

Eine 50 Meter lange Kurve mit einem Radius von 30 Metern soll von einem Tatra-Großzug (zwei Triebwagen plus ein Beiwagen) durchfahren werden. Der Abstand von der ersten bis zur letzten Achse liegt bei 40 Metern. Da die Kurve nicht überhöht ist, ergibt sich die zulässige Geschwindigkeit nach der Formel:

$$V_e = 3{,}32 \times \sqrt{R} = 3{,}32 \times \sqrt{30} = 18\ \text{km/h}$$

1. Der Fahrer beschleunigt aus dem Stand am Beginn der Kurve mit a = 1,1 m/s. Mit welcher Geschwindigkeit fährt die letzte Achse des Beiwagens in die Kurve ein?

$$s = \frac{V^2}{25{,}92 \times a} \longrightarrow$$

$$V = \sqrt{25{,}92 \times s \times a} = \sqrt{25{,}92 \times 40 \times 1{,}1} = 33\ \text{km/h}$$

Diese Geschwindigkeit ist viel zu hoch, es besteht Entgleisungsgefahr!

2. Der Fahrer fährt mit 15 km/h in die Kurve ein und beschleunigt mit 0,5 m/s². Welche Geschwindigkeit hat die erste Achse des ersten Triebwagens am Kurvenende?

$$s = \frac{V_e^2 - V_a^2}{25{,}92 \times a} \longrightarrow$$

$$V_e = \sqrt{25{,}92 \times s \times a + V_a^2}$$

$$V_e = \sqrt{25{,}92 \times 50 \times 0{,}5 + 15^2} = 30\ \text{km/h}$$

Daraus resultiert: Es unerlässlich, die Beschleunigung entweder niedriger zu wählen, oder den Fahrstrom zwischendurch abzuschalten.

Anhalteweg

Der Anhalteweg eines Fahrzeugs setzt sich aus dem Reaktionsweg und dem Bremsweg zusammen. Unter Reaktionsweg ist der Weg zu verstehen, den das Fahrzeug vom Augenblick des Erkennens einer Gefahr bis zum Beginn der Bremsung zurücklegt. Übliche Reaktionszeiten liegen bei einer halben bis einer Sekunde.

Beispiel Gefahrenfall: Der Fahrer eines Niederflurwagens erkennt bei einer Geschwindigkeit von 65 km/h in etwa 80 Metern, dass das Überwachungssignal am Bahnübergang nicht mehr leuchtet. Sein Fahrzeug erlaubt eine mittlere Verzögerung bei Gefahrenbremsung von 2,77 m/s². Bringt er den Niederflurwagen noch vor dem Bahnübergang zum Stillstand?

Der Reaktionsweg bei einer zugestandenen Reaktionszeit von einer Sekunde ergibt sich aus:

$$s = \frac{V^2}{3{,}6} \times t = \frac{65}{3{,}6} \times 1 = 18\ \text{m}$$

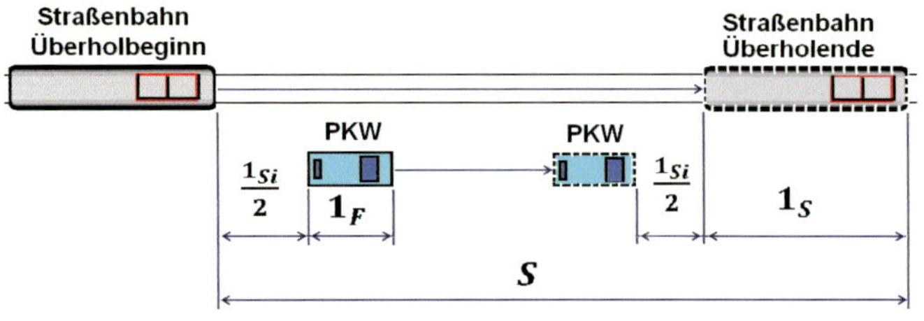

Überholweg

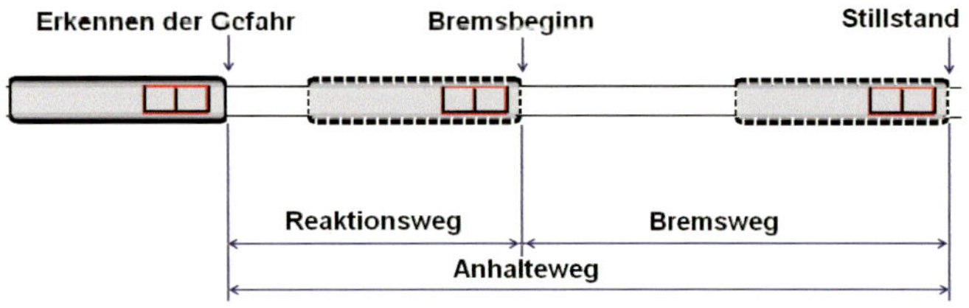

Anhalteweg

Der Bremsweg beträgt:

$$s = \frac{V^2}{25{,}92 \times a} = \frac{65^2}{25{,}92 \times 2{,}77} = 59 \text{ m}$$

Somit liegt der Anhalteweg bei 18 + 59 = 77 Metern! Im Fall kann der Fahrer noch vor dem Gefahrenpunkt sein Fahrzeug anhalten.

Überholen

Beim Überholen legt das Fahrzeug einen Weg zurück, der sich nach folgender Gleichung errechnen lässt:

$$S = \frac{(1_S + 1_F + 1_{Si}) \times V_S}{V_S - V_F}$$

1_S	Länge des überholenden Straßenbahnzugs	m
1_F	Länge des zu überholenden Fahrzeugs	m
1_{Si}	Sicherheitsabstand	m
V_S	Geschwindigkeit des Straßenbahnzugs	km/h
V_F	Geschw. des zu überholenden Fahrzeugs	km/h

Als Faustregel für den Sicherheitsabstand 1_{Si} gilt:

$$1_{Si} \triangleq V_F$$

Beispiel: Ein Niederflurgelenkwagen (45 Meter Länge) überholt mit 50 km/h einen mit 30 km/h fahrenden Traktor mit Anhänger (Gesamtlänge 13 Meter). Wie lang ist der Überholweg?

$$S = \frac{(45 + 13 + 50) \times 50}{50 - 30} = 270 \text{ m}$$

Je geringer die Geschwindigkeitsdifferenz ist, umso größer wird der Überholweg *(siehe Abbildung links)*. Genauso steigt der Überholweg bei größeren Fahrzeuglängen!

Quelle: Berechnungen zur Fahrdynamik aus „Technik und Fahrdynamik" (Ausgaben 1981 + 1995), Dipl. Ing. Steffen Schulze

Wahl der richtigen Formel

Welche Formel Anwendung findet, richtet sich einerseits danach, um welche Art der Bewegung es sich handelt, andererseits danach, welche Werte bereits bekannt sind. Man unterscheidet drei Formen von geradlinigen Bewegungen, die für die Fahrdynamik von großer Bedeutung sind:

- gleichförmige Bewegung
- gleichmäßig beschleunigte Bewegung
- gleichmäßig verzögerte Bewegung (Bremsung)

Unter der gleichförmigen Bewegung ist die Bewegung des Fahrzeugs mit konstanter Geschwindigkeit ohne Richtungsänderung zu verstehen. Von der gleichmäßig beschleunigten Bewegung dagegen spricht man, wenn das Fahrzeug seine Geschwindigkeit konstant gleichmäßig erhöht. Wenn v = 0 ist, beschleunigt das Fahrzeug aus dem Stand. Die gleichmäßig verzögerte Bewegung wird bei Fahrzeugen auch Bremsung genannt, die Anfangsgeschwindigkeit ist also größer als die Endgeschwindigkeit.

Weitere Möglichkeiten für fahrdynamische Berechnungen nach aktuellem Stand:
Seit der letzten Formelreform wird ein Delta vor einen Term gesetzt, wenn eine Änderung eingetreten ist. Am Beispiel der Geschwindigkeit v bedeutet das: Δv ist die Änderung der Geschwindigkeit (Vektor $\vec{v}$). Sie wird in m/s angegeben. Eine solche Änderung ergibt sich, wenn zwei zusammengehörige Geschwindigkeiten subtrahiert werden.

$$\Delta v = |\vec{v}_2 - \vec{v}_1|$$

$\vec{v}_1$ ist die Geschwindigkeit vor dem Ereignis, $\vec{v}_2$ die Geschwindigkeit danach. Das Δv ist die Differenz der Geschwindigkeitsvektoren. Dabei werden sogar Änderungen der Richtung berücksichtigt, wenn der Betrag der Geschwindigkeit gleich bleibt.
Eine Berechnung ohne Delta ist durchaus möglich. Die Erläuterung dient daher der Vollständigkeit. Es gelten weiterhin die aufgeführten Formeln.

Formeln

$$v = \frac{s}{t} \qquad t = \frac{s}{v} \qquad s = vt$$

$$v = at \qquad v = \sqrt{2as} \qquad v = \frac{2s}{t} \qquad v_m = \frac{s}{t}$$

$$s = \frac{vt}{2} \qquad s = \frac{at^2}{2} \qquad s = \frac{v^2}{2a} \qquad a = \frac{v}{t}$$

$$a = \frac{2s}{t^2} \qquad a = \frac{v^2}{2s} \qquad t = \frac{v}{a} \qquad t = \sqrt{\frac{2s}{a}}$$

$$v = \frac{s}{t} \qquad v = \tan \delta \qquad t = \frac{2s}{v}$$

Beispielrechnung:
Welche Zeit benötigt eine mit 80 km/h fahrende Stadtbahn, um 50 m zurückzulegen?

$$v = \frac{s}{t} \quad \text{umstellen nach} \quad t = \frac{s}{v}$$

dann km/h in m/s umwandeln:

$$\frac{80\ \text{km} \times 1000\ \text{m} \times \text{h}}{\text{h} \times \text{km} \times 3600\ \text{s}} = 22{,}2\ \frac{\text{m}}{\text{s}}$$

Einsetzen der gegebenen Größen:

$$t = \frac{50\ \text{m}}{22{,}2\ \text{s}} = 2{,}25\ \text{s}$$

Die Stadtbahn legt bei 80 km/h die 50 m in 2,25 Sekunden zurück!

Die Maßeinheiten der Fahrdynamik sind:

v	=	Geschwindigkeit in m/s (Meter pro Sekunde)
s	=	zurückgelegte Strecke in m (Meter)
t	=	Zeit in s (Sekunde)
a	=	Beschleunigung in m/s²
δ	=	Anstieg der s, t Kurve rad

3. Fahrzeugkräfte und Widerstände

Die **Zugkraft**
- leistet Arbeit gegen die Trägheits- und Widerstandskräfte.
- ist notwendig zur Erzeugung und Erhaltung des Bewegungszustands.
- ist abhängig von einem ausreichenden Rad-Schiene-Kraftschluss.

Der Rad-Schiene-Kraftschluss (Haftzugkraft) bestimmt wesentlich das Beschleunigungsvermögen, die Steigfähigkeit, die Bremswege und damit die maximal fahrbare Geschwindigkeit von Schienenfahrzeugen.
Die Kräfte zwischen Rad und Schiene μ hängen ab von
- Materialeigenschaften → Stahl auf Stahl
- Zwischenmedium → Schmutz, abgeriebenes Material, Bitumen, Oxidschichten, Laub, Sand, Schnee
- Gesamtzugkraft des Fahrzeugs → die stets kleiner oder wenigstens gleich groß wie die Haftzugkraft sein muss
- Flächenpressung → Auflage der Lauffläche des Rades auf der Fläche des Schienenkopfs
- Haftgewicht

Zu unterscheiden gilt es Streckenwiderstandskräfte und Zugwiderstandskräfte.
- Zu den **Streckenwiderstandskräften** gehören Neigungskraft, Bogenwiderstand und Weichenwiderstand.
- Als **Zugwiderstandskräfte** wirken Rollwiderstand, Lagerwiderstand, Getriebewiderstand, Anfahrwiderstand, Luftwiderstand und die dynamische Widerstandskraft.

3.1 Streckenwiderstände

Neigungskraft
Sie ist Energie erhaltend und setzt potenzielle in kinetische Energie um und umgekehrt.
Neigungen werden in ‰ angegeben.

> Umrechnung von ‰ in %: 2 ‰ = Promille = 2×10^{3} = 2/1000 = 1/500 = 0,002 = 0,2 %

Bogenwiderstandskraft
Darunter ist ein erhöhter Fahrwiderstand im Gleisbogen zu verstehen. Die Ursachen dafür sind das Anlaufen der Radsätze am Schienenkopf und die Gleitbewegungen der Räder, verursacht durch verschieden zurückzulegende Wege innen und außen. Die Räder „drängeln" durch die Schienenrille oder am Schienenkopf.
Weichenwiderstandskraft
Sie wird verursacht durch Stöße und Reibvorgänge zwischen Rädern und Herzstücken der Weiche. Die Weichenwiderstandskraft ist so klein, dass sie bei Berechnungen vernachlässigt werden kann.

3.2 Zugwiderstände

Anfahrwiderstandskraft
Sie ist die Zusammenfassung der beim Anfahren zu überwindenden Widerstände (Schmierfilmaufbau in Lagern, Trägheit Getriebe, Achse, Rad usw.). Der Anfahrwiderstand klingt sehr schnell ab.

> Trägheitsgesetz:
> Jeder starre Körper ist bemüht, in seiner Ruhelage zu verharren!

Rollwiderstandskraft
Sie ist die Rollreibung beim Abrollen des Rades. Der Rollwiderstand nimmt mit der Radaufstandskraft und der Fahrgeschwindigkeit leicht zu. Sie wird in fahrdynamischen Berechnungen meistens als fahrzeugabhängige Konstante betrachtet.
Luftwiderstandskraft
Die zu verdrängende Luft bildet den Luftwiderstand. Dieser ist beeinflussbar durch die Form der Fahrzeugfront und steigt quadratisch mit der Geschwindigkeit (aerodynamische Form).
Lagerwiderstandskraft
So bezeichnet man alle Reibung in allen Lagern im Fahrzeug. Die Reibung in Gleitlagern ist größer als die Reibung in Wälzlagern.
Getriebewiderstandskraft
Sie fasst die Widerstände der zur Kraftübertragung benötigten Bauteile zusammen. Sie entsteht über die Motorzugkraft und die Übersetzung sowie Bauform des Getriebes. Für erste Berechnungen muss der Getriebewiderstand durch Messung ermittelt werden.

Dynamische Widerstandskraft

Darunter sind Schwingungsbewegungen während der Zugfahrt *(siehe Fahrzeugbewegungen)*, unebene Gleislage, Beschleunigungs- und Bremsvorgänge, Fliehkräfte und Arten der Federung zu verstehen. Schwingungsdämpfung führt zu Energieverlust. Je höher die Geschwin-digkeit, desto stärker ist die dynamische Widerstandskraft durch Fahrzeugbewegungen.

Faktoren des Bremswegs

Die Streckenwiderstände wie auch die Zugwiderstände spielen bei den Faktoren, die den Bremsweg beeinflussen, eine Rolle.
Diese Faktoren sind:

- Geschwindigkeit
- Streckenverhältnisse (Steigung, Gefälle)
- Schienenverhältnisse
- Behängung
- Besetzung
- Anzahl und Art der eingesetzten Bremsen

Zurückgelegte Wege:

Der Reaktionsweg ist der Weg vom Erkennen der Gefahr bis zum Einsetzen der Bremse, der Bremsweg vom Einsetzen der Bremse bis zum Stillstand des Fahrzeugs und der Anhalteweg der gesamte Weg vom Erkennen der Gefahr bis zum Stillstand.

Reaktionsweg + Bremsweg = Anhalteweg

Die roten Pfeile in der Abb. rechts stellen die entlasteten Achsen, die grünen Pfeile die belasteten Achsen dar. Die **Achsentlastung** verhält sich beim Bremsen genau umgekehrt zum Fahren. Da bei schlechter Haftreibung die entlasteten Achsen beim Fahren stets zuerst rollieren und beim Bremsen zuerst blockieren, sind alle Schienenfahrzeuge mit Sandstreuern vor den vorderen Antriebsrädern ausgestattet. Die Betätigung der einzelnen Sandstreuer ist verschieden. Es gibt in historischen Fahrzeugen mechanische Sandstreuer, die über einen Seilzug oder ein Gestänge bedient werden. Dabei wird der Sandbehälter geöffnet und der Sand fällt über ein Rohr oder einen Schlauch auf die Schienen. Elektrische Sandstreuer , die heute auch schon historisch sind, arbeiten über einen Schalter und ein Schütz. Der Fahrer betätigt einen Hand- oder Fußschalter, dieser lässt das Schütz anziehen. Dadurch öffnet der Sandstreuer, über das Fallprinzip fällt der Sand auf die Schiene.

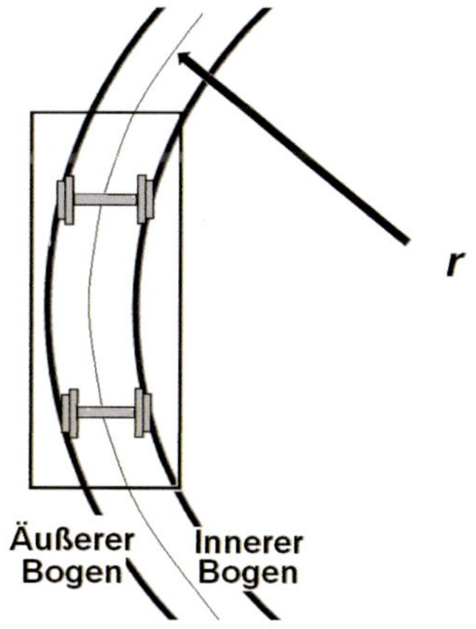

Der Bogenwiderstand richtet sich nach dem Radius r.

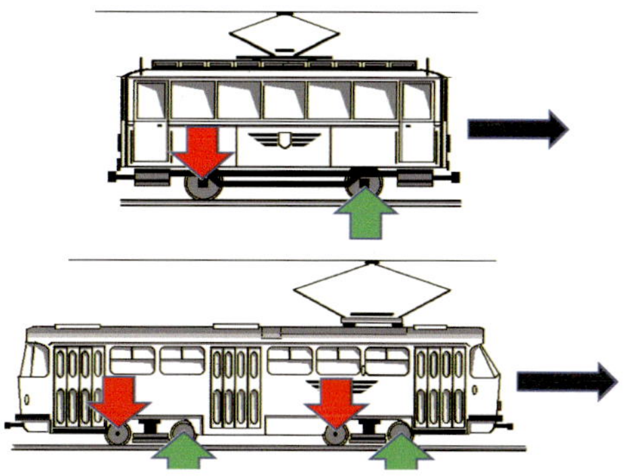

Achsenbelastung und Entlastung beim Fahren → entlastete Achsen

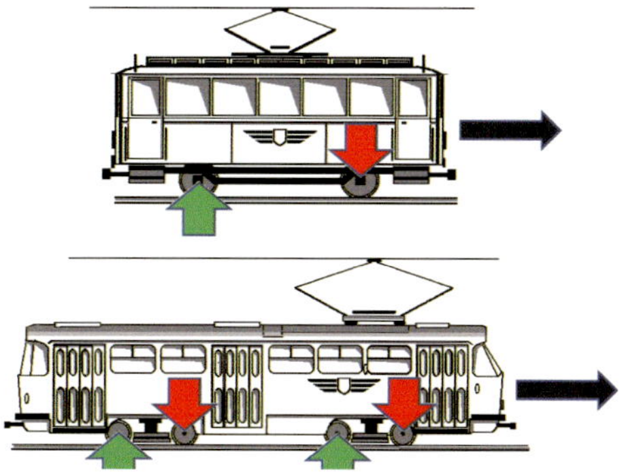

… und beim Bremsen → belastete Achsen

201

Handsandstreuer eines T4D

202

pneumatischer Sandstreuer eines NGT 12 (Notbefüllung), normale Befüllung erfolgt von außen

203

Strassenbahn in Matsuyama

Die heute gebräuchlichste Variante sind pneumatische Sandstreuer. Der Sand wird mit Druckluft zwischen Rad und Schiene geblasen. Pneumatische Sandstreuer sind in jeder Hinsicht am effektivsten: Sie benötigen weniger Sand und bringen ihn genau zwischen Rad und Schiene, sodass er optimal wirken kann.

Nur mit Sand ist es möglich, auf schlüpfrigen Schienen die Haftzugkraft zwischen Rad und Schiene zu erhöhen. Im Gefahrenfall sind bei den meisten Fahrzeugen die Sandstreuer (außer mechanische Sandstreuer) so eingestellt, dass sie beim Betätigen der Schienenbremsen automatisch eingeschaltet werden. In neueren Fahrzeugen wird der Sand automatisch über die Steuerung auch als Gleitschutz oder Schleuderschutz eingesetzt.

Ein Wort zu guter Letzt …

… noch zur Umweltverträglichkeit von Straßenbahnen: Auch wenn der Strom, den die Straßenbahn verbraucht, von Kohle- oder Ölkraftwerken stammt, so hat sie trotzdem einen großen Vorteil gegenüber dem Bus: Die Straßenbahn verschmutzt nicht die Luft. Davon profitieren besonders Anwohner von Straßenbahnstrecken, in denen aufgrund des dichten Autoverkehrs die Umweltverschmutzung ohnehin sehr groß ist.

Da Strom im Gegensatz zu Dieselkraftstoff auch aus umweltfreundlichen Quellen gewonnen werden kann (Solarenergie, Windkraftwerke), deren Bedeutung weiter steigen wird, besitzt die Straßenbahn größeres Zukunftspotenzial als Busse mit Verbrennungsmotoren.

Teil 4

Lernübungen

Lernauftrag 1:

Erstellung einer Dokumentation zum Thema „Einteilung, Aufbau und Gestaltung von Schienenfahrzeugen"

Erstellen Sie zum oben genannten Thema eine Dokumentationsmappe. Gehen Sie dabei auf die folgenden Schwerpunkte näher ein:

- Einteilung der Straßenbahnen/Stadtbahnen

Nach welchen Kriterien können Straßenbahnen/Stadtbahnen klassifiziert werden?
Erklären Sie diese Einteilungen näher.

- Rechtsnormen in Bezug auf den Betrieb von Straßenbahnen/Stadtbahnen

Ermitteln Sie die wichtigsten Rechtsnormen für den Bau- und Betrieb von Straßenbahnen/Stadtbahnen. Fassen Sie die wichtigsten Inhalte zusammen. Verwenden Sie dazu die BOStrab!

- technischer Aufbau von Straßenbahnen/Stadtbahnen

Stellen Sie einen grundlegenden Aufbau von Straßenbahnen/Stadtbahnen dar.

- Vorstellung ausgewählter Straßenbahn/Stadtbahntypen

Stellen Sie einen Straßenbahn/Stadtbahntyp Ihrer Heimatstadt vor. Gehen Sie dabei auf die folgenden Punkte näher ein:

- Fahrzeugkonzept (optional)
- Fahrzeugmaße
- Fahrzeugdaten (technische Daten des Herstellers)
- Gestaltung des Fahrzeugführerplatzes

Beachten Sie bei Ihrer Arbeit die Grundregeln der Erstellung einer Facharbeit und die wichtigsten Zitierregeln!

Lernauftrag 2:

Gegenüberstellung von Merkmalen der verschiedenen Grundformen der Wagenkonstruktion

Welche Bauweise von Wagenkästen ist heute geläufig und warum?

____

____

____

____

____

____

____

Merkmale:

aufgesetzter Wagenkasten:

mittragender Wagenkasten:

selbsttragender Wagenkasten:

Lernauftrag 3:

Multiple Choice

1. Wie erfolgt die Energieumwandlung in einem Elektromotor?

A ❑ Elektromotoren sind Antriebsmaschinen. Sie nehmen elektrische Energie auf und formen sie in mechanische Energie um.

B ❑ Durch Erzeugung einer Temperaturdifferenz zwischen Hauptpolen und Anker entsteht eine Drehbewegung.

C ❑ Die als Stromerzeuger arbeitenden Fahrmotoren setzen Bewegungsenergie frei, die zur Geschwindigkeitserhöhung führt.

2. Wo wird der Bremsstrom erzeugt?

A ❑ im Unterwerk

B ❑ in den als Generator geschalteten Fahrmotoren

C ❑ im Umformer der Kleinspannungsanlage

3. Wann wirkt die generatorische Bremse nicht?

A ❑ wenn der Stromabnehmer nicht an der Fahrleitung liegt

B ❑ wenn die Schienenbremsen eingeschaltet sind

C ❑ wenn die Räder sich nicht drehen

4. Warum dreht sich der Anker im Reihenschlussmotor?

A ❑ Die Wärmeenergie sorgt für eine Temperaturdifferenz zwischen Feld und Anker.

B ❑ Das Magnetfeld der Hauptpole lenkt den Anker als stromdurchflossenen Leiter ab.

C ❑ Durch Veränderung der an den Hauptpolen angelegten Spannung entsteht eine Potentialdifferenz zur Ankerspule.

5. Warum dreht sich der Drehstrom-Asynchronmotor?

A ❑ Durch die an der Ständerwicklung angelegte Spannung wird im Motor ein rotierendes Magnetfeld erzeugt, das im kurz geschlossenen Anker einen Strom induziert.

B ❑ Der vom Strom durchflossene, in Reihe zum Feld geschaltete Anker baut ein entgegen gesetztes Magnetfeld auf, sodass er in Drehbewegung versetzt wird.

C ❑ Der induzierte Ankerstrom baut ebenfalls ein Magnetfeld auf, das in Wechselwirkung zur Ständerwicklung steht, sodass ein Drehmoment erzeugt wird.

6. Wie sind Feld und Anker im Reihenschlussmotor geschaltet?

A ❑ parallel

B ❑ in Reihe

C ❑ teilweise in Reihe und teilweise parallel

7. Welches Bauteil eines Fahrmotors ist beweglich?

A ❑ Anker

B ❑ Hauptpole

C ❑ Stator

8. Wann sind als Generator arbeitende Gleichstrom-Reihenschlussmotoren bei Fahrzeugen mit einer Widerstandssteuerung kurz geschlossen?

A ❑ am Anfang des Bremsvorgangs bzw. bei hohen Geschwindigkeiten

B ❑ am Ende des Bremsvorgangs bzw. bei sehr niedrigen Geschwindigkeiten

C ❑ nie, da sonst der Überstromauslöser ansprechen würde

9. Welche Möglichkeiten der Drehzahlreglung von Fahrmotoren werden im Straßenbahnbetrieb während der Fahrt angewendet?

A ❑ Kommutatorverdrehung

B ❑ Vorwiderstände

C ❑ Feldschwächung

D ❑ Änderung der Frequenz des rotierenden Magnetfeldes

10. Was kennzeichnet eine U-Bahn?

A ❑ Sie fährt auch auf straßenbündigen Bahnkörpern.

B ❑ Sie fährt nur mit Zugsicherungsanlage.

C ❑ Sie fährt immer unter der Erde.

D ❑ Sie hat keine Kreuzungen mit anderen Verkehrsmitteln.

E ❑ Sie fährt in einem unabhängigen Gleisnetz.

11. Was versteht man unter dem „Bremsweg"?

A ❑ Der Bremsweg entspricht der Strecke, die vom Wirken der Bremse bis zum Stillstand des Fahrzeugs zurückgelegt wird.

B ❑ Der Bremsweg entspricht der Sandspur.

C ❑ Der Bremsweg ist der Weg, den das Fahrzeug vom Erkennen der Gefahr bis zum Stillstand zurücklegt.

12. Wie setzt sich der Anhalteweg zusammen?

A ❑ aus dem Weg, den das Fahrzeug vom Erkennen der Gefahr bis zum Einsetzen der Bremswirkung zurücklegt

B ❑ aus dem Weg, den das Fahrzeug vom Erkennen der Gefahr bis zum Stillstand zurücklegt

C ❑ aus der Sandspur und dem Weg, den das Fahrzeug während der Reaktionszeit zurücklegt

13. Was verstehen Sie unter dem Begriff „Reaktionsweg"?

A ❑ den Weg, der vom Betätigen der Bremse bis zum Stillstand des Fahrzeugs zurückgelegt wird

B ❑ den Weg, den das Fahrzeug in der Zeit vom Erkennen der Gefahr bis zum Betätigen der Bremse zurücklegt

C ❑ den Weg, der vom Erkennen der Gefahr bis zum Stillstand des Fahrzeugs zurückgelegt wird

14. Welche Aussage ist richtig?

A ❑ Kleine Widerstände ermöglichen hohe Stromstärken.

B ❑ Kleine Widerstände sorgen für niedrige Stromstärke.

C ❑ Große Widerstände ermöglichen eine hohe Stromstärke.

15. Welche der aufgeführten Spannungen wird als Kleinspannung bezeichnet?

A ❑ 230 V

B ❑ 24 V

C ❑ 600 V

16. Welche Möglichkeiten gibt es zur Kühlung der Fahrmotoren?

A ❑ Kühlung durch Lüfterrad auf der Ankerwelle des Fahrmotors (Eigenbelüftung)

B ❑ Kühlung durch separate Lüfter mit Luftkanälen zum Fahrmotor (Fremdbelüftung)

C ❑ Kühlung durch geschlossenen Wasserkreislauf (Wasserkühlung)

D ❑ Elektromotore benötigen keine Kühlung.

17. Wie lautet das Wirkprinzip einer FSB?

A ❑ Eine Federspeicherbremse bremst generell mit einem Hilfsmittel (Strom, Flüssigkeit oder Luft) und wird über die Feder gelöst.

B ❑ Eine Federspeicherbremse bremst generell mit der Feder und wird mit einem Hilfsmittel (Strom, Flüssigkeit oder Luft) gelöst.

C ❑ Eine Federspeicherbremse bremst generell über einen Bremszylinder mit Bremsbacken und Bremstrommeln.

18. Durch das Getriebe wird die Motordrehzahl …

A ❑ erhöht.

B ❑ verringert.

C ❑ 1:1 übertragen.

19. Liegt ein besonderer Bahnkörper innerhalb des Verkehrsraums einer öffentlichen Straße?

A ❑ nein

B ❑ ja

20. Werden Rillenschienen entwässert?

A ❑ ja

B ❑ nein

C ❑ nur in Haltestellen

21. Wie arbeitet die Schienenbremse?

A ❑ Durch Stromzuführung zur Schienenbremsspule bildet sich ein Magnetfeld. Die Schienenbremse wird an den Schienenkopf angepresst. Durch Gleitreibung entsteht eine starke Bremswirkung.

B ❑ Durch Stromzuführung zum Eisenkern wird dieser magnetisch und schweißt sich auf der Schiene fest.

C ❑ Durch Abschalten des Haltemagneten fallen die Schienenbremsen. Durch Schleifen mit dem Schleifschuh entsteht eine starke Bremswirkung.

22. Mit welchen Bremsarten müssen Straßenbahnen im Personenverkehr ausgerüstet sein?

A ❑ Feststellbremse

B ❑ Zusatzbremse

C ❑ Betriebsbremse

23. Was ist eine Hüllkurve?

A ❑ Als Hüllkurve bezeichnet man eine Kurve im Straßenverlauf mit geringem Radius.

B ❑ Als Hüllkurve bezeichnet man den Platzbedarf, den ein Fahrzeug bei der Durchfahrt durch einen Tunnel nach oben und seitlich benötigt.

C ❑ Als Hüllkurve bezeichnet man den maximalen Platzbedarf, den ein Fahrzeug in jeder Situation einer Kurvenfahrt benötigt.

24. Was verstehen Sie unter elektromagnetischer Induktion?

A ❑ Elektromagnetische Induktion ist die Differenz von Stromstärke und Spannung.

B ❑ Elektromagnetische Induktion ist das Entstehen einer elektrischen Spannung in einem elektrischen Leiter, der von einem veränderlichen Magnetfeld umgeben wird.

C ❑ Elektromagnetische Induktion ist das Entstehen eines elektrischen Widerstands, der größer ist als das magnetische Feld des gesamten Leiters.

25. Was zeichnet ein Jakobsdrehgestell aus?

A ❑ Es kann unter jedem beliebigem Einzeltriebwagen verwendet werden.

B ❑ Es wird nur in bestimmten Niederflurwagen verwendet.

C ❑ Es nimmt zwei Wagenkastensektionen auf.

26. Benennen Sie die Schienenteile:

1.) ______________________________

2.) ______________________________

3.) ______________________________

4.) ______________________________

5.) ______________________________

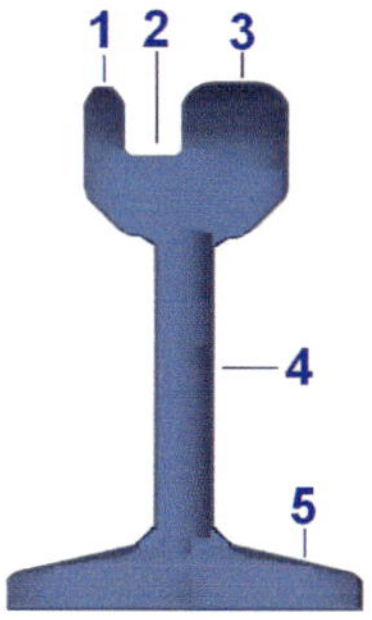

27. Was ist eine Linksweiche?

A ❑ Eine Linksweiche ist eine Weiche, an der man bei falscher Weichenstellung dem Gegenzug in die Flanke fahren kann.

B ❑ Eine Linksweiche ist eine Federweiche an eingleisigen Streckenabschnitten.

C ❑ Als Linksweiche wird eine Weiche bezeichnet, deren Zungen an der linken Seite anliegen.

28. Warum ist die Fahrleitung im Zick-Zack verspannt?

A ❑ damit die Bügelkohlen gleichmäßig abgenutzt werden

B ❑ damit die Fahrleitung nicht reißt

C ❑ weil es besser aussieht

29. Über welche Bremsarten muss eine Straßenbahn im Linienbetrieb verfügen und wie heißen die dazu gehörigen Bremssysteme?

____________________ ____________________

____________________ ____________________

____________________ ____________________

30. Welche Aussagen sind richtig?

A ❑ Bei einer Reihenschaltung teilt sich die Spannung auf die Verbraucher auf, aber jeder Verbraucher erhält den vollen Strom.

B ❑ Bei einer Reihenschaltung teilt sich der Strom auf die Verbraucher auf, aber jeder Verbraucher erhält die volle Spannung.

C ❑ Bei einer Parallelschaltung teilt sich der Strom auf die Verbraucher auf, aber jeder Verbraucher erhält die volle Spannung.

D ❑ Bei einer Parallelschaltung teilt sich die Spannung auf die Verbraucher auf, aber jeder Verbraucher erhält den vollen Strom.

31. Nennen Sie mindestens 3 Antriebsarten (Lage von Motor und Getriebe) von Straßenbahnen.

____________________ ____________________

____________________ ____________________

____________________ ____________________

32. Welche Aufgabe hat ein Bahnräumer (Schienenräumer)?

A ❑ durch Hindernisse hervorgerufene Entgleisungsgefahr zu verhindern

B ❑ Personen bei Unfällen von den Rädern fern zuhalten

C ❑ den Gleiskörper zu säubern

33. Welche Arten von Federungen finden Sie allgemein in Fahrzeugen?

A ❑ Blattfederung, Schraubenfederung, Daunenfederung

B ❑ Blattfederung, Schraubenfederung, MEGI- Federung

C ❑ Luftfederung, Stoßdämpfer

34. Welche Aufgaben hat ein Bordnetzumformer (BNU) in heutigen Fahrzeugen?

A ❑ Erzeugung von 24 V für Batterie und Bordnetz

B ❑ Erzeugung von Drehstrom für die Asynchronmotoren

C ❑ Erzeugung von Wechselstrom 400 V/230 V und 50 Hz

35. Was bedeuten ÖPNV und SPNV?

1. ÖPNV:

2. SPNV:

Lernauftrag 4:

In einer Veranstaltung sollen Sie die derzeit aktuellsten Fahrzeuge des Schienenfahrzeugmarkts vorstellen.

- Stellen Sie in einer Powerpoint-Präsentation jeweils einen Fahrzeugtyp Ihrer Firma vor.
- Erläutern Sie dazu die jeweiligen Fahrzeugmaße und die technische Ausrüstung wie Motoren, Fahrwerk, Bremssysteme und Steuerung mit ihren Vor- und Nachteilen.
- Stellen Sie dar, welches Fahrzeug aus technischer Sicht für Ihre Heimatstadt als Neubeschaffung geeignet wäre.

Nutzen Sie für Ihre Arbeit auch das Internet!

Lernauftrag 5:

Sie als FiF-Azubi sind von Ihrem Ausbilder beauftragt worden, in einem Seminar für interessierte Senioren Ihres Verkehrsbetriebs, die früher als Fahrer oder Fahrzeugschlosser gearbeitet haben, einen Vortrag über Antriebstechnik in Niederflurwagen zu halten.

- Erläutern Sie die gängigen Antriebstechniken in Niederflurwagen.
- Zeigen Sie auf, welche Möglichkeiten es gibt, 100 Prozent Niederfluranteil zu erreichen.
- Vergleichen Sie Vor- und Nachteile der einzelnen Antriebe.
- Veranschaulichen Sie Ihren Vortrag mit einer Powerpointpräsentation oder mit stark vereinfachten Modellen an der Pinwand (zum Beispiel aus Pappe).
- Zeigen Sie, in welchen Wagentypen sich die einzelnen Antriebe befinden.

Nutzen Sie auch das Internet!

Lernauftrag 6:

Was ist das?
Bezeichnen Sie die Teile 1-6!

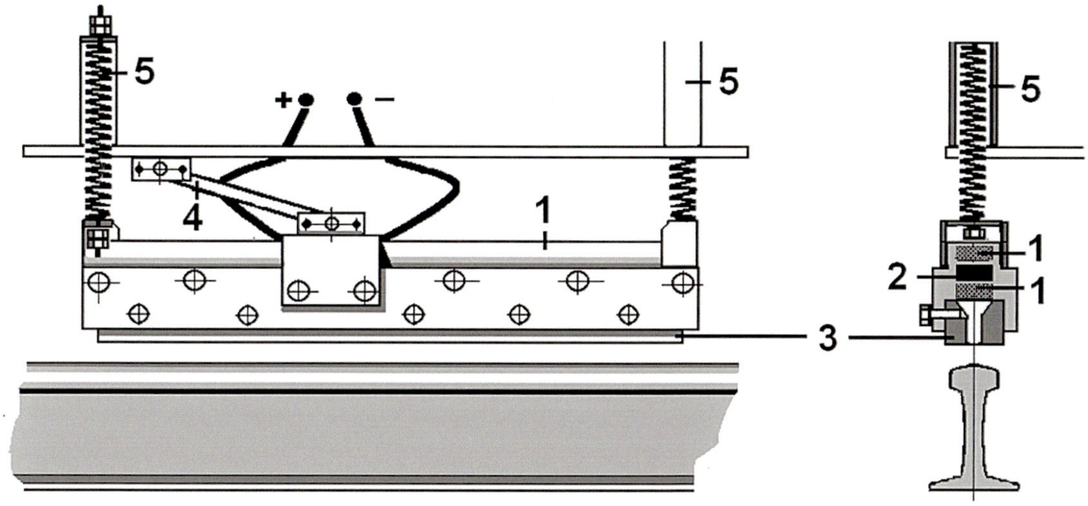

Lernauftrag 7:

Bezeichnen Sie alle Bauteile des Reihenschlussmotors.

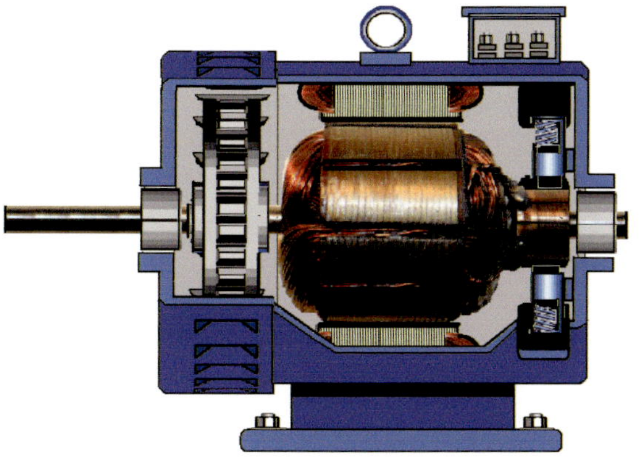

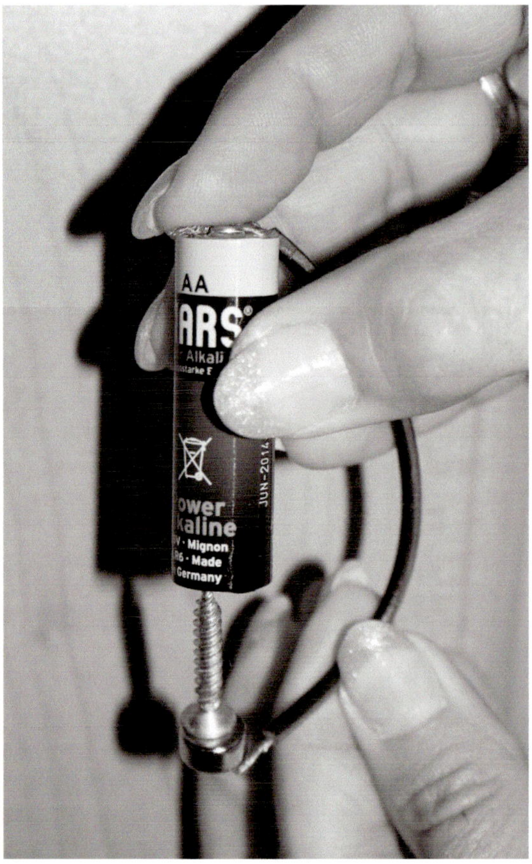

Bauanleitung für einen einfachen Motor

Lernauftrag 8:

Der einfachste Elektromotor der Welt

Hängen Sie einen runden Magneten und eine Schraube an den einen Pol einer runden Batterie (oder Akku) und verbinden Sie mit einem Draht den anderen Pol mit dem Magneten. Dadurch gerät der Magent in schnelle Drehbewegung. So erhalten Sie einen sehr einfachen und schnell herstellbaren Elektromotor. Achtung, der Draht am oberen Pol der Batterie wird je nach Leistung etwas warm!

Quelle: frei nach Wikipedia „Spielwiese" von H. Joachim Schliechting/Christian Ucke

Lernauftrag 9:

Praxisvergleich:
Die im Folgenden aufgeführten Höchstgeschwindigkeiten gelten nur für Leipzig. Die Höchstgeschwindigkeit an Weichen setzt jeder Verkehrsbetrieb selbst fest. Tragen Sie im Feld dahinter die bei Ihnen geltenden Höchstgeschwindigkeiten ein:

Federweichen (spitz) (Rückfallweichen)	15 km/h	______
Handweichen (spitz)	15 km/h	______
Handweichen/rückstellpflichtig (W22) (spitz)	15 km/h	______
Handweichen mit Begegnungserlaubnis (spitz)	15 km/h	______
elektrisch verriegelte Weichen (spitz)	15 km/h	______
elektrisch und mechanisch verriegelte Weichen (spitz)	25 km/h	______
stumpfe Weichen	25 km/h	______
defekte elektrisch und mechanisch verriegelte Weichen, wenn die Zungen anliegen	15 km/h	______

Lernauftrag 10:

Eine Straßenbahn fährt mit 50 km/h gleichförmiger Geschwindigkeit auf straßenbündigem Bahnkörper. Der Fahrer schaut rechtwidrig 7 Sekunden auf sein Handy. Wieviel Meter legt er im "Blindflug" zurück?

____

Antworten der Multiple Choice Aufgaben:

1	A
2	B
3	C
4	B
5	A, C
6	B
7	A
8	B
9	B, C, D
10	B, D, E
11	A
12	B
13	B
14	A
15	B
16	A, B, C
17	B
18	B
19	B
20	A
21	A
22	A, B, C
23	C
24	B
25	C
26	1-Leitschiene,2-Schienenrille, 3-Schienenkopf, 4-Schienensteg, 5-Schienenfuß
27	A
28	A
29	Betriebsbremse = generatorische Bremse Feststellbremse = Federspeicherbremse Zusatzbremse = Schienenbremse
30	A, C
31	Tatzlagermotor, Radnabenmotor, Kardanwellenantrieb, Einzelradantrieb
32	A, B
33	B, C
34	A, C
35	ÖPNV = Öffentlicher Personen Nahverkehr SPNV = Schienen Personen Nahverkehr

Quellenangaben und Danksagung:

Material und Texthinweise über U-Bahnen stammen von Dipl.-Ing. Stefan Nikisch (Nürnberger Verkehrsbetriebe).
Im Bereich Fahrleitung unterstützten mich Dipl.-Ing. Jörg Bambor und Dipl.-Ing. Volker Bäsel.
Im Bereich Gleisbau half mir Dipl.-Ing. Matthias Bischoff.
Über Stromschienen und Zugsicherungsanlagen schrieb Dipl.-Wirt.-Ing. (FH) Stephan Weber.
Berechnungen zur Fahrdynamik stellte mir Dipl. Ing. Steffen Schulze zur Verfügung.
Dipl.-Ing. Rolf Roland Scholze gab mir Ratschläge zum RBL.
Herzlichen Dank auch der Firma Pfisterer.
Besonderen Dank Herrn Konrad Klahre von Bombardier Transportation (Bautzen) für die Hilfe zu den Artikeln PRIMOVE-System und Testring Bautzen sowie für die zahlreichen zur Verfügung gestellten Fotos und Zeichnungen.

- Martin Pabst „Straßenbahn Fahrzeuge" Band 1-3 (GeraMond-Verlag)
- Mäurich/Matthes/Stößel „Straßenbahnen" transpress Verlag von 1979
- Zeitschrift „Straßenbahn Nahverkehr"
- VDV „Stadtbahnen in Deutschland"
- VDV „Der Straßenbahner"

Die Fotos wurden von folgenden Kollegen und Freunden zur Verfügung gestellt:
Bombardier Transportation
Dipl.-Ing. Steffen Schulze
Dipl.-Ing. Rolf-Roland Scholze
Gunnar Sattler
Burkhardt Schulz
Horst Schwark
Dipl.-Ing. Jörg Bambor
Jens Karkuschke
Sebastian Naumann
Petra Uhlig
Harald Bobach
Oliver Wadewitz
Dipl.-Wirt.-Ing. (FH) Stephan Weber

Die Zeichnungen erstellten:
Thomas Backmann
Dipl.-Wirt.-Ing. (FH) Stephan Weber
Mathias Präg

Korrekturleser:
Dipl.-Ing. Jens Strobel – Technik (IFTEC – Leipzig)
Dipl.-Ing. Jörg Bambor – Stromversorgung + Fahrleitung (IFTEC – Leipzig)
Dipl.-Ing. Rolf-Roland Scholze – RBL (LVB)
Dipl.-Ing. Stefan Nikisch – U-Bahnen (Nürnberger Verkehrsbetriebe)
Dipl.-Wirt.-Ing. (FH) Stephan Weber
Dipl.-Ing. Steffen Schulze

Dieses Buch entstand mit freundlicher Unterstützung von Dipl.-Ing. Steffen Schulze, Leiter der Fahrschule Leipzig von 1976 bis 2001 und mein Vorgesetzter von 1986 bis zu seinem Ausscheiden in den Vorruhestand 2001.
Er stellte mir zahlreiche Fotos zur Verfügung und gab mir konstruktive Kritik und Hilfe.
Ich möchte mich auf diese Weise ganz herzlich bedanken.

Renate Backmann;
Fahrlehrerin, Trainerin und Lektorin
Meister für Transport und Betriebstechnik
Mitglied im Prüfungsausschuss der IHK
Prüferin Straßenbahn im Auftrag des Betriebsleiters BOStrab

Steffen Schulze als Fahrer in den 60er Jahren

Galerie

mit der Fahrschule Leipzig unterwegs

mit dem Combino durch Erfurt

NGT 8 von Siemens

beide Fahrschulwagen der LAB heute

Docklands, London 1998

Galerie

T1 in der CSSR

T2 in der CSSR

T3 in der CSSR

Pullmannwagen in Leipzig um 1960 mit Schaffnerin an der Endstelle

Pullmann-Triebwagen Typ 22

längst vergessene Leipziger Linie 22E in den 60ern mit Typ 29

Was macht das Pferd in der Leipziger Straßenbahn?

KT4D in der CSSR

Galerie

Schnee zur Leipziger Frühjahrsmesse in den 60ern

Fahrschulwagen Typ 22 etwa 1980

Karlsruhe, Tullastrasse, Wagen 822, Zwei-
system-Stadtbahnwagen, Hochflur, GT 8-100C

Karlsruhe, Tullastraße, Betriebshof Ost

Bad Herrenalb, Wagen 588 des GT 8-80C, Fünftürer

FLEXITY Classic von Bombardier

elektrifizierter Bahnübergang DB und Strab in
Markkleeberg

Variobahn in München

Galerie

Citadis in Montpellier, Frankreich

NGT 12, FLEXITY Classic XXL

achtachsiger Gelenkwagen der Firma WAGO in Karlsruhe

„Gläserner Leipziger" als Linienwagen

Heck-an-Heck-Traktion 1979 in Leuna

Scharfenberg-Kupplung am Einrichtungsstadtbahnwagen in KA 01, Kuppeln für Y-Fahrt

Straßenbahn in Zwickau

„Offener Leipziger" in Dresden, ein T4D-Sonderfahrzeug für Stadtrundfahrten

Galerie

T4D-MC Tatra

Foto: Lars Güttner

Vario LF in Brno (Tschechische Republik)

APM am Flughafen in Frankfurt/Main

Foto: Jens Strobel

Schienenschleifzug

Galerie

Foto: Bas Meijer

Avenio von Siemens in Den Haag mit Fußsteuerung

Foto: Hippoattack

DLR London

Foto: Stefan Baguette

Ehemaliger Wagen der DLR London in Kassel, wieder mit Fahrer

Foto: Qualle

Koeln_Flexity Swift_Bombardier

Galerie

Mehrere Baureihen_Shinkansen

Transrapid in Shanghai in Deutschland keine Chance in China beliebt

Wagen der Londoner DLR von Bombardier

Die Armatur zeigt die Leipziger Bahn NGT 10.

Galerie

Flexity Berlin

T6A2 Triebwagen mit B6A2 Beiwagen, Leipzig (CKD)

Schienenschleifwagen mit Jakobsdrehgestell, Leipzig (2009 außer Betrieb genommen)

Galerie

Köln Bombardier Flexity swift

Münchner U-Bahnzug Adtranz, Siemens

als Schienenschleifwagen umgebauter Tatra, Leipzig (2009 in Betrieb genommen)

Straßenbahn in Rom

Galerie

Straßenbahn in Mailand

Straßenbahn 2020 in Naumburg

Straßenbahn in Naumburg

Straßenbahn in Naumburg